BIBLIOTHÈQUE

DES MERVEILLES

PUBLIÉE SOUS LA DIRECTION

DE M. ÉDOUARD CHARTON

LA LUMIÈRE

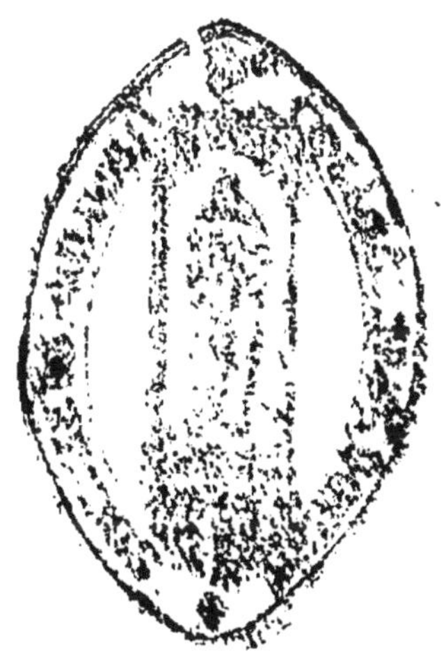

1122. — PARIS, IMPRIMERIE A. LAHURE
Rue de Fleurus, 9

BIBLIOTHÈQUE DES MERVEILLES

LA LUMIÈRE

PAR

M. MOITESSIER

PROFESSEUR A LA FACULTÉ DE MÉDECINE DE MONTPELLIER

DEUXIÈME ÉDITION

ILLUSTRÉE PAR G. TAYLOR, JAHANDIER, ETC.

DE 121 VIGNETTES

PARIS

LIBRAIRIE HACHETTE ET Cie

79, BOULEVARD SAINT-GERMAIN, 79

1880

AVANT-PROPOS

Est-il rien de plus merveilleux que la faculté donnée à l'homme d'entretenir avec la nature de continuelles relations? Que serait notre existence sur cette terre si nous étions condamnés à vivre dans une ignorance absolue de tout ce qui se passe autour de nous; si nos sens n'apportaient à notre intelligence les aliments nécessaires à l'entretien de son activité? Cette intelligence, elle-même, le plus noble attribut de notre être, que serait-elle, si elle n'était constamment fécondée par nos sensations? Ces sensations ne sont-elles pas la source première, l'origine nécessaire de toutes nos idées?

Cette conversation mystérieuse de l'homme avec la nature s'effectue par l'intermédiaire d'instruments spéciaux, construits avec une irréprochable perfection, appropriés d'une façon admirable aux fonctions qu'ils sont destinés à remplir. A chacun est dévolu un rôle nettement défini, sans qu'il y ait d'empiétement possible sur les attributions de ses voisins. Les organes des sens ont chacun leur mission spéciale: dociles à la voix faite pour leur commander, ils restent indifférents à l'appel de toute excitation étrangère.

Parmi les diverses formes que peut revêtir en nous la faculté de sentir, il en est une qui, plus que toute autre, contribue à étendre ou à perfectionner nos relations avec la nature. Il serait difficile, sans doute, d'établir, parmi nos sensations, un ordre hiérarchique, de les classer d'après leur utilité relative; toutes ont, dans l'harmonie de la vie, une égale part d'importance: elles se complètent mutuellement et nous font connaître, par la diversité des notions qu'elles nous fournissent, les différents aspects du monde extérieur.

Cependant, si l'on compare le mode d'action des organes chargés de recueillir nos impressions, on ne saurait s'empêcher d'attribuer à celui de la vision un rôle privilégié. Les sens du toucher, du goût, s'exercent au contact même des corps matériels ou sapides; ceux de l'odorat et de l'ouïe étendent un peu plus loin leurs fonctions; mais combien est bornée la sphère de leur activité, si on la compare à celle de la vision!

L'œil est l'organe de l'espace; pour lui, le monde n'est plus limité à la terre que nous foulons sous nos pieds. Sa pénétration semble se jouer des distances; elle s'étend jusqu'aux points les plus reculés de l'univers, elle franchit, avec une incroyable facilité, l'immensité des régions célestes.

La nature a imposé à la plupart de nos sens d'étroites limites, que rien ne saurait élargir. Nous pouvons, il est vrai, perfectionner, par l'éducation et l'exercice, le mode de fonctionnement de nos organes; nous pouvons bien rarement étendre le champ de leur activité. La vision seule possède, sous ce rapport encore, un remarquable privilège.

Le génie de l'homme a su, par l'invention des instruments d'optique, agrandir la faculté de voir et nous faire pénétrer dans un monde qui semblait défier toutes les ressources de notre organisation. Que l'œil ardent de l'astronome sonde les abîmes infinis de l'espace, que celui du naturaliste scrute les mystères les plus intimes du monde des infiniment petits; à chaque instant, quelque révélation inattendue nous dévoile de nouvelles merveilles de la création.

Comme tous les organes des sens, l'œil obéit à un seul mode d'excitations extérieures. La lumière est, pour lui, l'agent provocateur de toute sensation; et si, par accident, quelque cause étrangère vient à agir sur lui, il transforme toujours en perception lumineuse l'ébranlement qu'il a reçu. Mais combien sont multiples les impressions qu'il est capable de nous transmettre! De tous les agents physiques, la lumière est le plus mobile dans ses allures, le plus varié dans ses manifestations. Chacune de ses manières d'être éveille en nous une sensation spéciale, dénotant à la fois la complication de l'appareil visuel et l'admirable sûreté avec laquelle il fonctionne.

La lumière n'a pas seulement pour mission d'établir, entre les êtres qui voient et la nature qu'ils contemplent, un lien insaisissable et mystérieux; elle exerce encore, dans l'économie de l'univers, un rôle immense dont l'importance ne saurait être méconnue. L'homme, depuis son apparition sur la terre, a instinctivement admis sa bienfaisante influence. La lumière n'est-elle pas la compagne inséparable de la vie? Et doit-on s'étonner de voir les populations primitives vouer un culte à l'astre radieux dont les rayonns donent la vie à tout ce qui se meut et respire sur la terre?

Les poètes de toutes les époques ont deviné cette intime corrélation, affirmée aujourd'hui par la science. C'est surtout dans le règne végétal qu'apparait cette étroite solidarité entre la lumière et la vie. On ne peut concevoir l'évolution de la plus humble plante sans l'intervention de l'agent lumineux. Les aliments du végétal, répandus dans l'atmosphère sous la forme d'un gaz invisible, sont élaborés par une fragile feuille aidée par l'action des rayons solaires, et transformés en bois, en fleurs, en produits de toute nature. Feuilles, fleurs et fruits, dit M. Moleschott, sont des êtres tissés d'air et de lumière ; et l'on pourrait déduire des différents états lumineux de l'atmosphère le degré d'intensité avec lequel un jardin en fleur doit impressionner notre odorat.

Les animaux n'échappent pas à cette excitation vivifiante : bien que liés à l'activité lumineuse d'une manière moins intime, ils en subissent sans cesse l'influence ; dans toutes les périodes de leur existence, ils sont soumis à son empire. Au point de vue intellectuel et moral, plus encore qu'au point de vue physique et matériel, l'homme est tributaire de la lumière ; son action se reflète dans toutes les œuvres de l'art, de la poésie, de la science même.

L'étude des phénomènes lumineux a été, de tout temps, le point de mire des philosophes ; mais combien de talents ont épuisé leurs efforts devant de stériles recherches ! Les anciens ne possédaient sur la lumière que quelques notions relatives à sa propagation et à sa réflexion. Vers la fin du dix-septième siècle, seulement, on voit l'optique entrer dans la voix du progrès, qu'elle devait parcourir avec une prodigieuse rapidité.

Les découvertes de Newton jettent les premiers fondements d'une science qui, grâce au génie de Huyghens, de Joung, de Fresnel, s'élève d'un bond à la place d'honneur qu'elle occupe aujourd'hui. L'optique est une science toute moderne ; elle est, en même temps, une des plus avancées. Nous allons essayer de montrer par quel enchaînement d'idées elle a parcouru, en si peu de temps, les diverses phases de sa rapide évolution.

LA LUMIÈRE

I

SOURCES DE LUMIÈRE

Sources naturelles. — Le soleil et les étoiles. — Étoiles filantes. — Manifestations électriques. — Volcans. — Sources artificielles. — Combustion. — Production de chaleur et de lumière. — La flamme. — Pouvoir rayonnant des corps solides. — Lumière de Drummond. — Éclairage au magnésium. — Lumière électrique. — Régulateur de Foucault. — Tubes de Geissler. — Photométrie. — Loi du carré des distances. — Éclat relatif de quelques sources lumineuses.

Nous ne saurions nous engager dans l'étude des phénomènes si variés engendrés par la lumière, avant d'avoir abordé une question préliminaire, d'une extrême importance dans le sujet qui va nous occuper. Le merveilleux organe destiné à provoquer en nous les sensations lumineuses a besoin, pour manifester son activité, d'une excitation spéciale; dans les conditions normales et physiologiques, cette excitation est exercée à distance par les objets extérieurs. Mais tous les corps de la nature ne possèdent pas, il s'en faut de beaucoup, le pouvoir magique d'éveiller ces sensations. Il suffit de contempler ce qui se passe autour de nous pour saisir bien vite, parmi les objets accessibles à nos regards, des différences fondamentales.

Dès que le soleil se montre à l'horizon, la nature entière, quelques instants avant endormie et silencieuse, semble se réveiller et parler à nos yeux. Pendant que l'astre du jour nous inonde de ses rayons, tous les objets terrestres revêtent une éclatante parure et luttent avec lui pour fasciner nos regards. Cependant le soleil règne toujours en maître souverain sur cette scène grandiose; ses moindres caprices en modifient à tout instant l'aspect, et dès que, le soir, ses dernières lueurs nous abandonnent, la nature, assombrie de nouveau, nous dérobe ses splendeurs jusqu'au retour de l'astre qui la domine.

Il existe donc une différence essentielle, au point de vue de leur mode d'action, entre le soleil et un objet soumis à l'influence de ses rayons; l'un et l'autre sont pour nous l'origine d'impressions lumineuses, mais tandis que le pemier possède en lui-même la propriété de provoquer ces impressions, le second brille d'un éclat d'emprunt. La lumière qu'il nous envoie est sous la dépendance absolue de celle qu'il reçoit du soleil; il redevient obscur et inerte dès qu'il est soustrait à son influence. Nous verrons bientôt par quel mécanisme se fait cette transmission lumineuse d'un corps à un autre; arrêtons-nous pour le moment à l'examen des causes capables d'engendrer spontanément de la lumière.

Les sources lumineuses peuvent se ranger en deux groupes distincts : les unes, que nous appellerons cosmiques, ont leur origine dans les espaces célestes ou sur le globe que nous habitons; nous en subissons l'influence sans pouvoir en modifier l'action. Les secondes ont été créées par l'homme pour subvenir à ses besoins quand il est privé des premières; on les nomme sources artificielles.

Le soleil est pour la terre la source de lumière la plus puissante et la plus féconde; il répand à lui seul sur notre globe une quantité de lumière incomparablement supérieure à celle que nous recevons de toutes les autres sources naturelles réunies. Il ne faudrait pas conclure cependant à une faiblesse absolue de ces dernières : les étoiles sont, comme le soleil, des centres lumineux d'une grande puissance ; beaucoup possèdent même un éclat certainement plus considérable ; mais, à cause de leur prodigieux éloignement, elles n'exercent, pour ainsi dire, aucun effet utile sur l'éclairement de notre globe ; leur pâle radiation s'efface devant l'intensité puissante des rayons solaires ; aussi ne sont-elles visibles que pendant la nuit, lorsqu'elles n'ont plus à lutter contre l'éblouissante clarté dont nous inonde le soleil.

Tous les astres ne partagent pas cependant avec le soleil et les étoiles le privilège d'émettre spontanément de la lumière. La lune, les planètes et leurs satellites sont, comme la terre, des masses d'une obscurité absolue ; si nous les voyons briller pendant la nuit d'un éclat comparable à celui des étoiles, c'est grâce à la lumière qu'elles empruntent au soleil ; elles agissent sur ses rayons comme de gigantesques miroirs et les renvoient autour d'elles dans toutes les directions.

D'autres manifestations lumineuses apparaissent souvent à la surface de notre globe ou dans l'atmosphère qui l'enveloppe ; mais elles diffèrent beaucoup des précédentes par leur nature et leur mode de production. Citons d'abord ces éclatants météores qui sillonnent le ciel pendant la nuit, comme des fusées d'artifices. Ces myriades d'étoiles filantes, ces bolides étincelants dont l'éclat éphémère a si longtemps dérouté la curiosité de la science, nous ont enfin dévoilé leur origine. Ce sont des astres infiniments petits, obscurs comme la terre et les planètes, se dérobant par leur exiguïté à tous nos moyens d'observation ; ils circulent en nombre prodigieux autour du soleil, animés d'une énorme vitesse, obéissant aux lois de la gravitation.

Lorsque la terre, dans sa course annuelle, rencontre un de ces essaims de corpuscules météoriques, son attraction les fait dévier de leur orbite normal et les force à se rapprocher tellement de nous, qu'un grand nombre traversent les régions supérieures de notre atmosphère. Là ils ont à vaincre la résistance que leur opposent les couches d'air, le frottement les échauffe et l'élévation de leur température peut aller jusqu'à l'incandescence. Quelquefois leur marche devient assez inclinée pour qu'ils rencontrent la surface de la terre; nous assistons alors à la chute d'un aérolithe.

L'électricité atmosphérique est aussi une cause fréquente de dégagement spontané de lumière. La plupart des orages sont accompagnés d'éclairs et de tonnerres, manifestations de formidables décharges électriques; d'autres fois ce sont des effluves lumineuses s'échappant silencieusement des nuages et illuminant le ciel dans une immense étendue. Aux mêmes causes se rattachent ces brillantes aurores boréales dont l'éclat parvient rarement jusqu'à nous, tandis que dans les régions polaires elles éclairent d'une manière presque continue de leur féerique illumination les longues nuits hibernales de ces tristes contrées.

Signalons enfin les volcans terrestres : leurs bouches béantes lancent dans l'atmosphère, à des hauteurs souvent prodigieuses, des torrents de matériaux incandescents, dont les lueurs rougeâtres se projettent à d'énormes distances autour de leurs cratères.

Nous nous bornerons, pour le moment, à cette simple énumération des sources naturelles de lumière; leurs allures capricieuses, la faiblesse relative de leur éclat, effacent presque leur rôle au milieu des phénomènes lumineux si grandioses engendrés par le soleil. Mais aux yeux du savant tous les faits ont leur importance: la pâle lumière d'une étoile, l'éclat fugitif d'un bolide ont le même intérêt que l'éblouissante clarté du soleil. Nous aurons à signaler, chemin faisant, mille révélations inattendues dont la science est redevable à une étude sévère de phénomènes en apparence insignifiants.

Les procédés destinés à nous fournir artificiellement de la lumière doivent arrêter un instant notre attention, à cause de leur importance pratique. Si l'homme n'avait à sa disposition d'autre source lumineuse que le soleil, il serait condamné, comme la plupart des animaux, à régler tous les actes de sa vie sur les mouvements de cet astre. Tel a été peut-être le sort des populations primitives. Cependant cette période d'ignorance a certainement été de courte durée : l'homme a connu de très bonne heure, on n'en saurait douter, l'art de faire du feu, et le feu engendre à la fois chaleur et lumière, ces deux magiques agents dont l'influence domine tous les progrès de la civilisation.

Presque toutes les combustions donnent lieu à un dégagement simultané de lumière et de chaleur. Ces deux ordres de manifestations semblent même si intimement liés l'un à l'autre, que dans le langage ordinaire on les confond presque toujours : dire qu'un corps brûle, c'est dire qu'il devient à la fois un foyer calorifique et un centre lumineux. Cette manière d'envisager le phénomène contient pourtant une erreur fondamentale : la chaleur est, il est vrai, une conséquence nécessaire de toute combustion ; la production de lumière en est, au contraire, complètement indépendante ; elle fait très souvent défaut et a besoin, pour se manifester, d'influences spéciales.

Il faut, avant tout, que la température atteigne un degré convenable. Une barre de fer, par exemple, progressivement échauffée, commence à devenir rouge sombre vers 600 degrés environ ; peu à peu son éclat augmente et passe au rouge cerise éblouissant, entre 900 et 1000 degrés. Les corps liquides éprouvent les mêmes modifications, quand la chaleur ne les altère pas : un bain de métal en fusion se comporte à cet égard comme une masse solide. Les gaz eux-mêmes deviennent incandescents lorsqu'ils sont fortement échauffés.

L'éclat lumineux d'un corps chaud dépend encore d'une autre condition tout aussi importante, liée à la nature même de la substance échauffée : il est en relation étroite avec une propriété spéciale que l'on appelle pouvoir *émissif* ou *rayonnant*. Les corps solides la possèdent au plus haut degré, les gaz au contraire en sont presque entièrement dépourvus. Un jet d'hydrogène enflammé est presque complètement invisible malgré sa température prodigieusement élevée, tandis qu'une masse solide brille d'un vif éclat à une température relativement basse.

Ces deux conditions interviennent constamment dans toutes les sources artificielles de lumière ; de leur réunion provient l'intensité du pouvoir éclairant.

Toutes les combustions sont sous la dépendance de certaines actions chimiques, dont l'effet est de porter à une haute température des matériaux solides ou gazeux. Un morceau de bois qui brûle est décomposé par la chaleur inséparable de toute action chimique. Parmi les produits de cette décomposition, les uns sont gazeux et combustibles : portés à une haute température, ils deviennent lumineux. Un autre est solide, c'est le charbon, qui se consume plus lentement et donne lieu également à un dégagement de lumière.

Des actions du même ordre se produisent dans une lampe ou dans une bougie : l'huile ou la cire, décomposées par la chaleur, donnent naissance à des gaz inflammables qui brûlent au moment même de leur formation, en dégageant assez de chaleur pour devenir incandescents. Le gaz de nos usines a une origine analogue : la houille employée pour sa préparation est chauffée dans de grands vases de fonte où elle subit une décomposition partielle ; il en résulte un abondant dégagement de produits gazeux très complexes, que l'on recueille dans de vastes gazomètres. De là ils se rendent, par une canalisation spéciale, dans tous les quartiers d'une ville, où ils alimentent des milliers de becs.

Une usine à gaz fabrique à l'avance les produits destinés à engendrer la lumière ; elle les tient en réserve jusqu'au moment de leur consommation. Une bougie prépare les mêmes matériaux et les brûle à mesure qu'elle les engendre ; c'est une usine en miniature, toujours prête à fonctionner : la chaleur d'une simple allumette suffit pour la mettre en activité.

Nous disions, il y a un instant, que les gaz étaient à peu près dépourvus de pouvoir rayonnant : cette affirmation semble en opposition flagrante avec les données de l'expérience, puisque toutes nos flammes, parfois si éclairantes, résultent de l'incandescence de principes gazeux. Cette apparente contradiction, loin de constituer une anomalie, va nous fournir au contraire une rigoureuse confirmation de la règle générale.

Il arrive fréquemment à une flamme mal réglée de devenir fumeuse; elle dépose alors une épaisse couche de poussière noire sur les objets environnants. Une lampe qui file, une chandelle mal mouchée, un bec de gaz trop largement ouvert, donnent lieu à ces inconvénients avec une intensité trop souvent incommode. Cette couche de noir de fumée n'est autre chose qu'un dépôt de charbon très divisé : elle provient d'une combustion incomplète des produits gazeux, due à un défaut d'harmonie entre leur proportion et la quantité d'air destiné à les brûler. Les gaz décomposés sont alors réduits, en partie au moins, en leurs principes élémentaires, au nombre desquels se trouve le carbone : ce charbon, très divisé, se dépose en fine poussière sur tous les objets ambiants.

Le même effet se produit à divers degrés dans toutes nos flammes usuelles; il est même une condition nécessaire de l'éclat que nous leur demandons. N'oublions pas que le charbon est une substance toujours solide : à ce titre il jouit d'un pouvoir rayonnant considérable. Disséminées dans l'intérieur de la flamme, ces fines particules partagent sa très haute température et rayonnent énergiquement de la lumière dans toutes les directions. La présence de ces poussières charbonneuses peut d'ailleurs être facilement démontrée : il suffit de promener rapidement dans la flamme d'une bougie ou d'un bec de gaz une feuille de papier blanc pour la recouvrir d'une couche opaque de noir de fumée.

Quant à leur influence, on peut la mettre en évidence de la manière suivante : si nous parvenons à détruire, en les brûlant, ces particules de charbon, nous devrons évidemment diminuer le pouvoir éclairant d'une flamme, mais sa température deviendra plus élevée, puisque nous brûlerons dans le même espace et dans le même temps une quantité plus considérable de combustible. Il suffira, pour atteindre un pareil résultat, d'introduire dans l'intérieur de la flamme une quantité d'air suffisante pour en brûler tous les éléments. Ces conditions sont réalisées d'une manière très simple dans les becs de gaz de laboratoire, destinés surtout à produire de la chaleur.

Le gaz est enflammé à l'extrémité d'un tube de cuivre muni inférieurement d'ouvertures permettant un libre ac-

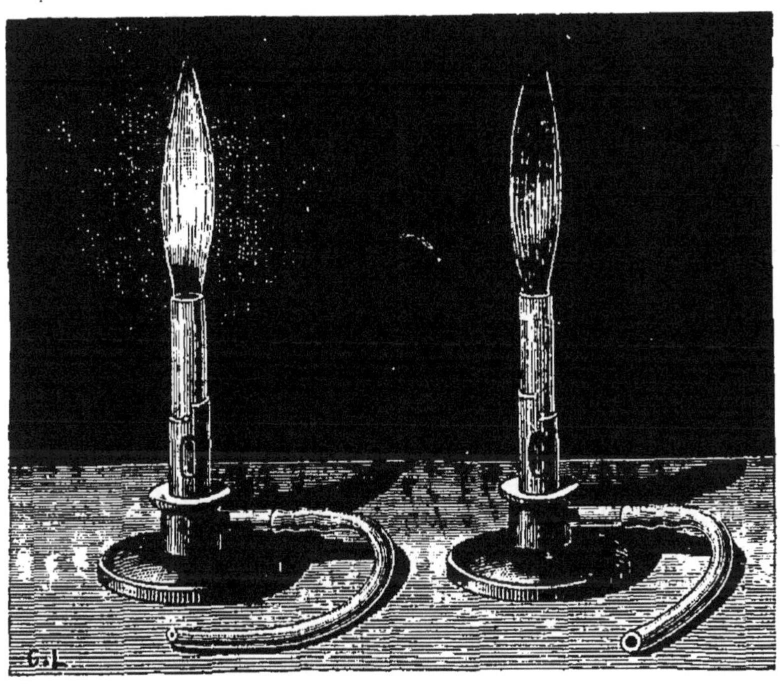

Fig. 1. — Production de chaleur ou de lumière par la combustion du gaz d'éclairage.

cès à l'air (fig. 1). Une virole mobile sert à modifier la grandeur des ouvertures, et par conséquent la quantité d'air qui se mélange au gaz combustible. On parvient à obtenir ainsi soit une flamme très chaude et peu éclairante, soit une flamme lumineuse et moins chaude, en réglant convenablement l'arrivée de l'air.

La flamme d'une simple bougie permet de constater d'un seul coup d'œil l'influence de l'action de l'air sur son pouvoir éclairant. Quand on l'examine avec attention, on la voit formée de plusieurs couches concentriques qui se recouvrent mutuellement. A l'extérieur, on observe d'abord une enveloppe très pâle, à peine visible, portée à une très haute température ; là la combustion est complète, grâce à l'accès facile de l'air qui afflue sans obstacle autour des gaz combustibles. Immédiatement après vient une zone éclatante, c'est la partie utile de la flamme au point de vue de la production de la lumière. La combustion y est incomplète, de fines particules de charbon flottent dans cette région, leur pouvoir émissif diffuse énergiquement la lumière. Enfin, autour de la mèche apparaît un espace obscur dans lequel la combustion est à peu près nulle ; l'oxygène de l'air, absorbé par les parties périphériques, n'arrive plus jusqu'au centre ; l'échauffement y devient trop faible pour porter les gaz à l'incandescence. Cette région contribue pour la plus large part à rendre les flammes fumeuses, lorsqu'elle atteint des dimensions trop considérables.

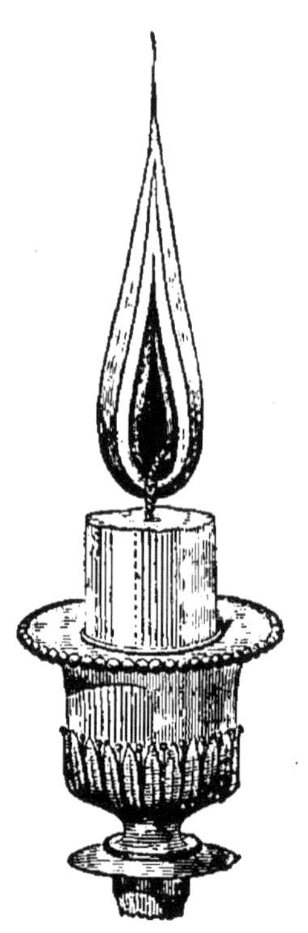

Fig. 2.
Flamme d'une bougie.

On a imaginé, en s'appuyant sur ces principes, des moyens d'obtenir un éclairage d'une très grande puissance. La solution du problème consiste évidemment à porter à une température aussi élevée que possible une substance douée d'un pouvoir émissif considérable. Ces conditions sont réalisées de la manière la plus heureuse dans le chalumeau de Drummond, si fréquemment employé aujourd'hui dans les expériences d'optique.

La source calorifique est un jet d'hydrogène dont la combustion est alimentée par un courant d'oxygène. Les deux gaz, contenus dans des gazomètres distincts, se rendent séparément dans un chalumeau formé de deux tubes concentriques : l'extérieur, largement ouvert, est destiné à l'hydrogène ; l'intérieur, terminé par une petite ouverture, laisse écouler l'oxygène.

On obtient ainsi un dard enflammé, sans éclat, mais dont la température est prodigieusement élevée. Tous les métaux y fondent avec la plus grande facilité : le platine lui-même, ce métal réfractaire à l'action de nos foyers les plus énergiques, entre immédiatement en fusion. Quelques substances résistent cependant sans s'altérer à cette haute température : leur pouvoir rayonnant atteint alors une puissance extraordinaire, et la lumière émise acquiert une telle intensité, que l'œil a de la peine à en soutenir l'éclat.

Un simple bâton de chaux vive suffit pour opérer cette transformation de la chaleur en lumière ; soumis à l'action du dard enflammé, il devient aussitôt incandescent et projette autour de lui une éblouissante clarté. On substitue souvent à la chaux la magnésie, dont la lumière est plus vive et surtout plus blanche. Quelquefois enfin on remplace l'hydrogène par le gaz d'éclairage ; le résultat obtenu est notablement inférieur au précédent, mais soit par raison d'économie, soit pour se soustraire aux embarras de la préparation de l'hydrogène, c'est à lui qu'on donne le plus souvent la préférence.

On a beaucoup parlé, il y a quelque temps, d'un nouveau mode d'éclairage qui semblait appelé à rendre de très grands services ; malheureusement la pratique n'a pu suffisamment en régulariser l'action. Nous voulons parler de l'éclairage au magnésium. Ce métal, autrefois très rare, s'obtient aujourd'hui facilement et à un prix relativement peu élevé, grâce aux nouveaux procédés introduits dans la science par M. Deville. Si on approche un fil ou un ruban de magnésium de la flamme d'une simple bougie, le métal ne tarde pas à brûler avec la plus grande facilité, en produisant une lumière éblouissante, presque comparable à

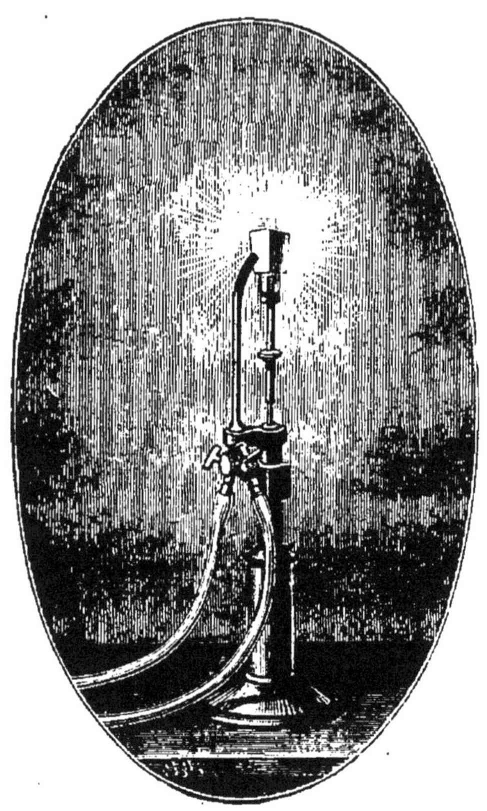

Fig. 3. — Chalumeau de Drummond.

l'éclat du soleil. Ici, comme dans l'appareil de Drummond, l'intensité lumineuse est due à la haute température qui accompagne l'oxydation du magnésium et à la formation d'un nouveau composé infusible, la magnésie, dont le pouvoir rayonnant est énorme.

Malgré d'aussi brillants résultats, les applications pratiques de l'éclairage au magnésium sont encore très limitées, surtout au point de vue scientifique. La combustion du fil métallique, se propageant rapidement de proche en proche dans toute sa longueur, donne lieu à un mouvement continuel du point lumineux, qui ne peut être assujetti à une position fixe et déterminée. On a essayé il est vrai, de remédier à ce grave inconvénient en déroulant le métal à l'aide d'un mécanisme d'horlogerie, avec une vitesse égale à celle de sa combustion, mais cette méthode

Fig. 4. — Appareil pour l'éclairage au magnésium.

est bien loin de résoudre la difficulté, car le fil ne brûle pas toujours avec la même vitesse ; il en résulte des extinctions fréquentes, si le mouvement est un peu trop lent, et des déplacements inévitables du foyer de lumière, s'il est trop rapide. De plus, la magnésie qui se forme ne tarde pas à se déposer sous forme de poussière sur les objets environnants et couvre d'un voile opaque les appareils optiques destinés à recueillir ou à diriger la lumière.

L'éclairage au magnésium a cependant reçu quelques utiles applications dans les cas où la fixité du point lumineux cesse de devenir indispensable. Sa lumière, très riche en rayons photogéniques, permet d'obtenir aisément des photographies de souterrains inaccessibles aux rayons du soleil. L'intérieur des monuments égyptiens, les cavernes, les grottes célèbres, les catacombes, éclairés par ce puissant moyen, ont pu être explorés dans leurs plus intéressants détails, et les dessins photographiques obtenus dans ces conditions ne le cèdent en rien à ceux que produit la lumière du soleil.

Fig. 5. — Catacombes éclairées par la lumière du magnésium.

Enfin, il est une source de lumière auprès de laquelle pâlissent toutes celles que nous venons de décrire, et qui est appelée à jouer un rôle immense dans les progrès de l'industrie humaine, nous voulons parler de l'éclairage électrique. Quand l'on réunit par deux cylindres de charbon les pôles d'une forte pile, ils commencent par s'échauffer et ne tardent pas à arriver à l'incandescence. Si on les éloigne alors avec précaution, le courant continue à passer de l'un et l'autre, malgré l'intervalle qui les sépare, en produisant une lumière tellement éblouissante, qu'il serait imprudent de la fixer sans protéger les yeux par des écrans fortement colorés. Cette gerbe lumineuse a reçu le nom d'arc voltaïque.

La figure 6 montre une image amplifiée des charbons, obtenue par projection sur un écran. La faible lueur réunissant les deux tiges constitue l'arc voltaïque; quant aux deux baguettes de charbon, elles deviennent incandescentes; c'est à elles qu'est dû tout le dégagement de lumière. On remarque, de plus, qu'elles sont inégalement échauffées : la pointe communiquant avec le pôle positif de la pile rougit sur une plus grande étendue, et se creuse d'une cavité; le charbon négatif, au contraire, relativement obscur, prend une forme conique. Enfin on observe de nombreux globules de matières fondues, ruisselant à leur surface; ce sont des impuretés contenues dans les charbons, liquéfiées sous l'action de cette haute température.

Que se passe-t-il dans ce remarquable phénomène? Est-ce la combustion du charbon au contact de l'air qui est la cause de cet éblouissant éclairage? Évidemment non, car l'expérience réussit aussi bien dans le vide absolu; l'incandescence se produit aussi facilement au sein de l'eau qu'au milieu de l'air. Cette haute température, qui dépasse 2000 degrés, est une conséquence du courant électrique; quant à l'éclat de la lumière, il provient, comme dans les cas précédents, du pouvoir émissif considérable des tiges de charbon.

Les actions chimiques qui s'accomplissent dans chacun des couples de la pile produisent de la chaleur comme toutes les actions chimiques, mais cette chaleur, au lieu de se manifester au point même de sa production, chemine dans les conducteurs, transformée en électricité, pour reprendre sa forme primitive, accumulée et concentrée, pour ainsi dire, entre les deux cônes de charbon.

Cependant, les charbons ainsi échauffés au contact de l'air ne sauraient échapper à la combustion; on les voit, en effet, se raccourcir rapidement, et l'espace qui les sé-

Fig. 6. — Image amplifiée des cônes de charbon pendant la production de l'arc voltaïque.

pare devient bientôt assez grand pour s'opposer au passage du courant. Il faut alors les rapprocher à mesure qu'ils se consument et maintenir entre leurs extrémités la distance exactement nécessaire au succès de l'expérience. L'éclairage électrique serait resté sans utilité pratique si on n'eut imaginé des moyens de remédier à ce grave incon-

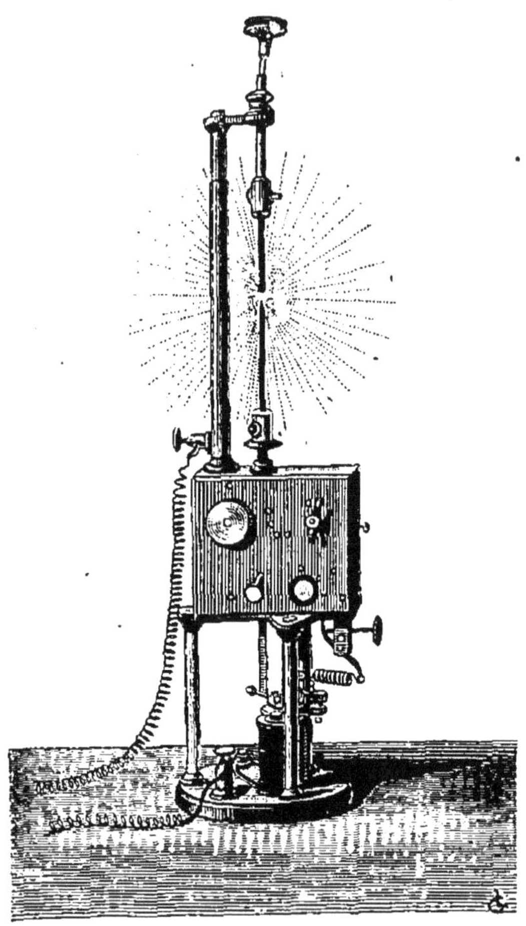

Fig. 7. — Régulateur de la lumière électrique de Foucault.

vénient; le problème a été heureusement résolu par une ingénieuse invention de Foucault.

La figure 7 représente la forme la plus parfaite du régulateur de Foucault. L'électricité elle-même est chargée de régler la distance des deux charbons : un double mécanisme d'horlogerie leur communique un mouvement de rapprochement ou de recul et peut passer de l'activité au repos sous l'action d'un petit levier commandé par l'armature d'un électro-aimant. Le courant de la pile circule en même temps dans les deux crayons et dans le fil de l'électro-aimant, auquel il communique une puissance en rapport avec sa propre intensité. Or, cette intensité dépend surtout de la distance qui sépare les deux charbons : sont-ils trop écartés, le courant, affaibli par la résistance résultant de leur éloignement, diminue la puissance magnétique de l'électro-aimant; son armature, obéissant à un ressort, met en liberté un des moteurs, et les charbons se rapprochent; sont-ils au contraire trop près l'un de l'autre, la puissance de l'aimant augmente, domine celle du ressort, le premier moteur est alors embrayé, pendant que le second entre en activité et produit un mouvement de recul.

Le régulateur est ordinairement placé dans l'intérieur d'une boîte cubique à parois opaques, munie d'une ouverture destinée à recevoir divers instruments d'optique; cette disposition est très commode pour toutes les expériences scientifiques. La figure 8 représente le régulateur de Foucault appliqué à l'éclairage d'un microscope photo-électrique.

L'éclairage électrique ainsi régularisé se prête à toutes les exigences de la science ou de l'industrie; son éclat prodigieux et sa fixité absolue rendent son application très utile dans tous les cas où l'on a besoin d'une vive lumière. Déjà dans la plupart de nos phares il a remplacé l'éclairage à l'huile et augmenté d'une manière très considérable la portée de ces précieux signaux. Dans bien des cas l'électricité est utilisée pour éclairer pendant la nuit de nombreux ouvriers; l'emploi de cette source lumineuse serait l'objet de bien plus nombreuses applications si son prix élevé n'était encore un obstacle à sa production. Il est permis d'espérer cependant que les efforts de la science ne tarderont pas à atténuer cette difficulté. On se passe déjà des piles d'un entretien si pénible et si dispendieux; les machines magnéto-électriques, mises en mouvement par de puissants moteurs, produisent, avec une notable économie des effets bien supérieurs à ceux des piles les plus intenses. Les sources magnétiques sont aujourd'hui

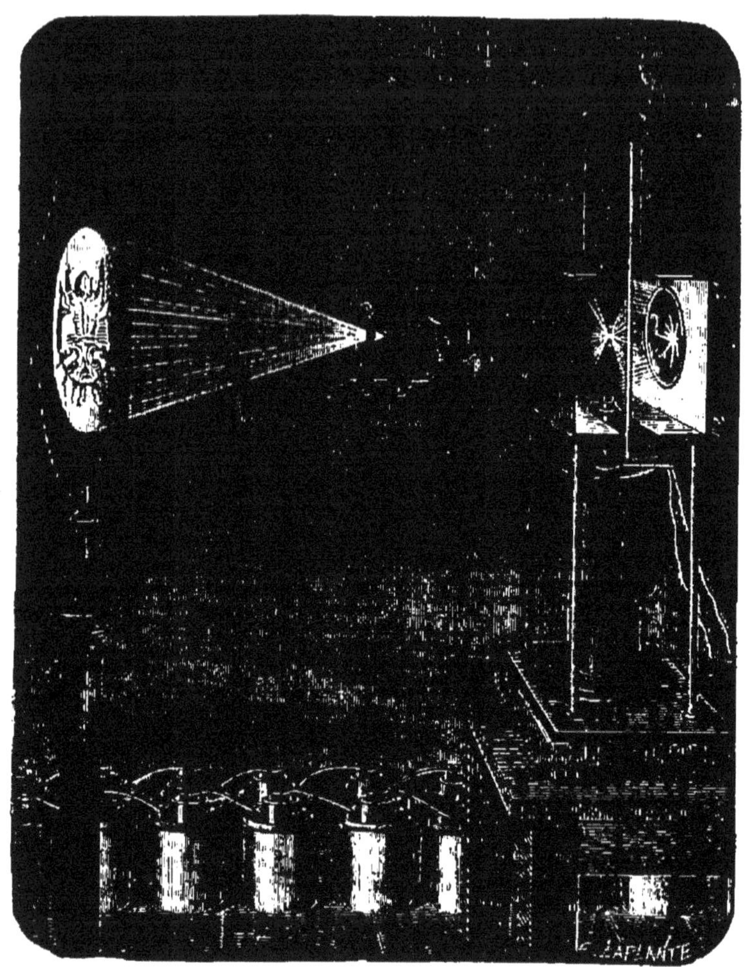

Fig. 8. — Lumière électrique appliquée aux projections microscopiques.

les générateurs industriels de la lumière électrique.

Dès les premiers temps de sa découverte, on a songé à appliquer l'arc voltaïque à l'éclairage des rues et des places publiques dans les grandes villes; il semblait qu'un de ces foyers lumineux, placé dans une position convenable, pourrait remplacer avec avantage et économie les centaines de becs de gaz disséminés sur un grand espace. Malheureusement, les résultats ont été, comme on aurait dû le prévoir, bien au-dessous des espérances. L'éclairage d'une ville réclame avant tout une division très grande des sources lumineuses; c'est le seul moyen de diffuser la lumière dans tous les sens et d'éviter ces ombres portées impénétrables qui plongent dans une complète obscurité tous les points qu'elles atteignent. Malgré de nombreuses tentatives faites pour obvier à ces inconvénients, la question semblait ne pas avoir de solution pratique lorsque, tout récemment, une heureuse découverte de M. Jabloskoff a ouvert une voie nouvelle à l'industrie de l'éclairage.

Ce savant a montré qu'à l'aide d'appareils d'une extrême simplicité, on pouvait distribuer entre un grand nombre de becs lumineux le courant d'un générateur électrique, presque aussi facilement que le gaz engendré dans une usine.

Des expériences faites sur une grande échelle n'ont pas tardé à affirmer l'importance de cette découverte et, bien que de nombreux perfectionnements soient encore nécessaires, on peut dire que l'application industrielle de l'électricité à l'éclairage public est aujourd'hui résolue.

La lumière de l'arc voltaïque n'est pas la seule que l'électricité soit capable d'engendrer. Tout le monde connaît ces brillantes étincelles qui jaillissent de nos machines électriques à l'approche d'un corps conducteur ; ces étincelles deviennent la source d'une lumière douce, et continue en apparence, si on les fait jaillir dans un air raréfié. La quantité très faible d'électricité développée par les meilleures machines ne permet pas cependant d'obtenir de très brillants effets : on a recours de préférence aux appareils d'induction, dont la puissance est, sous ce rapport, énormément plus considérable. La bobine de Ruhmkorff est le type le plus parfait de ces instruments.

La bobine de Ruhmkorff a pour résultat essentiel de transformer en électricité de tension le courant continu

Fig. 9. — Travaux de nuit éclairés par la lumière électrique.

d'une pile ; non seulement les étincelles acquièrent ainsi une intensité presque effrayante, mais elles se succèdent à de si courts intervalles, qu'un jet continu de lumière semble se produire entre les deux pôles de l'appareil. Si l'on fait communiquer ces deux pôles avec les armatures d'un tube de verre contenant un gaz très raréfié, l'étincelle cesse aussitôt de se manifester : à sa place apparaît une brillante lueur illuminant silencieusement toute la capacité du tube et dont la couleur dépend de la nature du gaz qu'il renferme. Dans l'air cette lumière est bleuâtre, elle est verte dans l'acide carbonique, pourpre dans l'azote, rouge dans l'hydrogène.

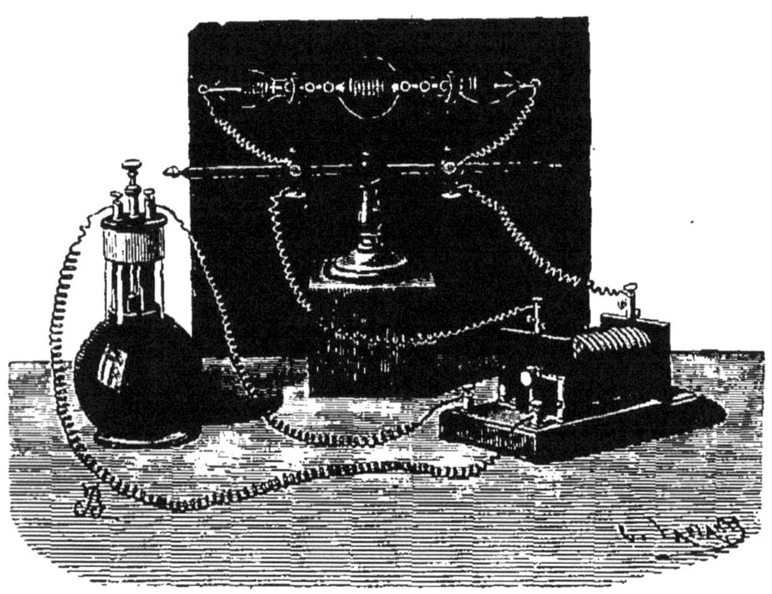

Fig. 10. — Tube de Geissler en communication avec une bobine de Ruhmkorff.

La forme des tubes n'est pas sans influence sur l'apparence de ce magnifique phénomène. Présentent-ils une succession d'étranglements et de renflements, la lumière possède des aspects très variés dans ses différentes portions : pâle et diffuse dans les parties élargies, elle se concentre et augmente d'intensité dans les défilés étroits qu'elle est obligée de franchir. En même temps apparaissent des stries obscures qui établissent un contraste des plus élégants avec l'éclat des parties voisines; le pinceau le plus habile est impuissant à rendre l'admirable délicatesse de cette lumière stratifiée.

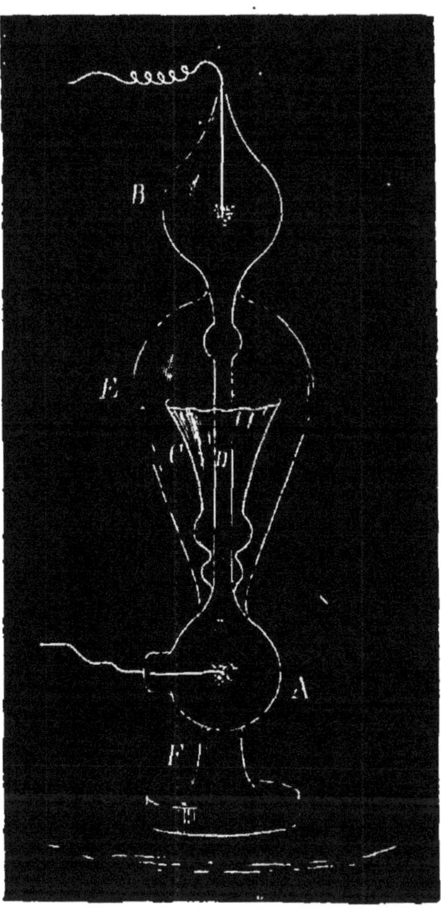

Fig. 11. — Tube de Geissler à cascade.

Ces appareils bien simples, connus sous le nom de tubes de Geissler, sont susceptibles de recevoir les dispositions les plus variées : tantôt un flot lumineux semble couler dans un long serpentin; d'autres fois une coupe de cristal reçoit une cascade de feu; à la féerie de ce spectacle s'ajoutent encore mille jeux de lumière, produits par la fluorescence des diverses espèces de verres employés dans leur construction.

La lumière des tubes de Geissler est bien loin de ressembler à celle des sources ordinaires ; ce n'est plus un point incandescent d'où paraissent s'élancer une infinité de rayons ; elle est d'une douceur indescriptible, les yeux en supportent l'éclat sans fatigue, et, si l'on porte la main sur ces tubes enflammés, ce n'est pas sans surprise qu'on les

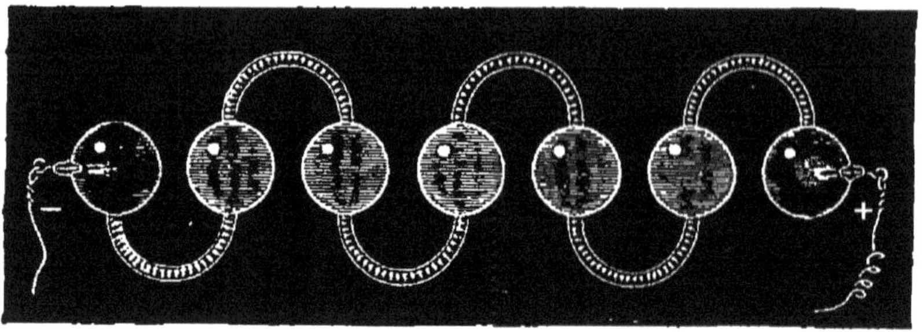

Fig. 12. — Tube de Geissler sinueux, montrant les stratifications de la lumière.

trouve froids comme s'ils étaient obscurs. Il faut faire intervenir, pour se rendre compte de cette apparente anomalie, l'état de raréfaction extrême des gaz qui livrent passage à l'électricité : leur température est certainement très élevée, mais leur masse est si peu considérable, que la quantité de chaleur cédée à leur enveloppe est presque insignifiante. Cependant, quand un tube de Geissler a fonctionné pendant un certain temps, il s'échauffe toujours d'une manière sensible.

Toute impression lumineuse, quelle que soit son origine, éveille en nous deux sensations distinctes, souvent simultanées, mais bien différentes l'une de l'autre, la couleur et l'intensité. Nous aurons à insister plus loin sur la première de ces sensations ; nous dirons ici quelques mots de la seconde.

La science ne possède encore aucun moyen précis et

rigoureux d'évaluer la quantité de lumière émise par un corps lumineux. Plus avancé dans l'étude de la chaleur, le physicien sait pour ainsi dire mesurer l'intensité de cet agent ; il a su choisir une unité, arbitraire il est vrai, mais immuable et toujours facile à retrouver. Cette unité, désignée sous le nom de *calorie*, a la même importance que le mètre lorsqu'il s'agit de mesurer des longueurs, ou le gramme dans l'évaluation des poids. Un instrument très simple, le thermomètre, nous donne en outre de précieuses indications sur l'état thermique des corps ; il fait connaître leur température et permet d'en suivre les moindres variations.

Rien d'analogue dans l'étude de la lumière ; nous sommes réduits à apprécier ses diverses qualités d'après les impressions qu'elles éveillent en nous : or, nos sens sont impuissants à nous fournir des notions complètes et certaines. Nous pouvons juger sans doute, par comparaison, si telle source est plus intense ou plus faible que telle autre, si elle répand sur les objets soumis à son influence une clarté plus ou moins vive, mais nous ne saurions définir, même avec une grossière approximation, le rapport de ces intensités. Il est un cas, cependant, où l'œil peut répondre de ses impressions avec quelque sûreté : c'est celui où il compare deux surfaces également éclairées. Nous pouvons porter alors un jugement assez précis sur leur idendité ; encore faut-il que ces deux surfaces possèdent la même coloration. On devra donc, par un moyen quelconque, réaliser ces conditions spéciales, indispensables à toutes les déterminations photométriques.

Établissons d'abord une distinction importante dans la question qui va nous occuper : il ne faut pas confondre l'éclat d'un foyer lumineux avec l'intensité de l'éclairement qu'il répand autour de lui. Son éclat est toujours le même, quelle que soit la distance qui le sépare de nos yeux ; les objets soumis à son action deviennent, au contraire, de plus en plus obscurs à mesure que son éloignement augmente. Quand on s'éloigne progressivement d'une source lumineuse, une bougie, par exemple, elle nous paraît toujours aussi brillante, pourvu toutefois que l'observation soit faite au sein d'un air pur et sec. Il en est tout autrement des objets placés dans son voisinage; ils s'obscurcissent peu à peu et nous indiquent ainsi un affaiblissement notable dans l'intensité de la lumière qui les frappe. Cette influence de la distance est d'ailleurs facile à expliquer.

Pour mieux faire saisir ce qui se passe, attribuons un instant à la lumière une essence matérielle ; une source lumineuse serait, dans cette hypothèse, un centre de projection d'où partent continuellement et dans toutes les directions un nombre infini de petits projectiles ; ceux-ci, en atteignant les corps placés sur leur passage, leur donneraient la propriété de devenir visibles. Imaginons de plus que le point d'où émanent ces projectiles occupe le centre d'une sphère d'un mètre de rayon, toute la surface de cette sphère sera uniformément éclairée, puisque tous ses points reçoivent en même temps un même nombre de chocs. Il en sera évidemment de même quel que soit le rayon de la sphère; seulement, plus elle sera grande, plus son illumination sera faible, puisque le même nombre de projectiles atteindra une surface de plus en plus étendue.

Or, la géométrie élémentaire enseigne que la surface d'une sphère devient quatre fois plus grande quand son rayon devient double, qu'elle est neuf ou seize fois plus étendue quand son rayon a une longueur trois ou quatre fois plus considérable ; en d'autres termes, les surfaces de plusieurs sphères sont proportionnelles aux carrés de leurs rayons. L'éclairement de ces surfaces doit suivre une loi exactement inverse, c'est-à-dire qu'il *diminuera* dans le même rapport ; il sera quatre, neuf, seize fois plus petit, quand la distance qui les sépare du centre lumineux sera deux, trois, quatre fois plus grande. L'intensité de la lumière reçue décroîtra donc *en raison inverse du carré des distances*.

Cette loi est d'une très grande importance dans l'étude

des phénomènes physiques ; elle s'applique non seulement à la lumière, mais encore à la chaleur, au son, aux actions électriques ou magnétiques, et à une foule d'autres phénomènes. Dans le cas qui nous occupe, elle est susceptible d'une démonstration très simple, que nous allons indiquer rapidement ; elle aura de plus l'avantage de nous familiariser avec les procédés photométriques.

Un écran vertical de verre dépoli ou de porcelaine très diaphane est divisé en deux portions égales par une lame opaque de bois ou de carton noirci ; de chaque côté de cette lame sont placées deux sources de lumière dans des conditions telles, que chacune d'elles éclaire seulement une des moitiés de l'écran. L'éclairement de ces deux moitiés sera évidemment le même si elles reçoivent de chacune des sources des quantités égales de lumière ; or, cette égalité peut être réalisée soit par l'action de deux sources de même intensité et placées à la même distance de l'écran, soit par celle de deux sources d'intensité inégale disposées à des distances différentes.

Installons, par exemple, une bougie dans l'un des compartiments, à 50 centimètres de l'écran, et cherchons par tâtonnement le nombre de bougies nécessaire pour produire un éclairage égal à une distance de 1 mètre dans le second compartiment : nous devrons en employer quatre, il en faudrait neuf si leur distance à l'écran était de $1^m,50$, seize si elle était de 2 mètres. Il faut conclure de là qu'une seule bougie, placée successivement dans ces diverses positions, enverrait sur l'écran des quantités de lumière deux, quatre, neuf seize fois plus faibles. Ainsi se trouve vérifiée expérimentalement la loi du carré des distances.

La même disposition permet aussi de déterminer le pouvoir éclairant de deux sources lumineuses. Celui des quatre bougies est évidemment quatre fois supérieur à celui d'une seule, et l'on peut dire d'une manière générale que lorsque deux sources placées à des distances inégales donnent lieu à un éclairement identique, leur pouvoir éclairant est proportionnel au carré de leur distance à la surface éclairée.

Ce principe, plus ou moins modifié dans son application expérimentale, sert de base à la construction de tous les photomètres employés dans l'industrie; on parvient ainsi à déterminer l'intensité relative des diverses sources; il s'agit seulement d'adopter une unité. On choisit souvent comme terme de comparaison le pouvoir éclairant d'une simple bougie; cependant, comme une pareille unité n'est pas suffisamment bien définie, on préfère ordinairement rapporter les indications photométriques à la quantité de lumière émise par une lampe Carcel qui consommerait par heure 42 grammes d'huile d'olives.

Les faits précédents nous donnent une idée assez exacte de la quantité de lumière qu'une source répand autour d'elle, mais ils semblent en désaccord avec d'autres phénomènes. Lorsque notre œil s'éloigne ou se rapproche d'un foyer lumineux, il reçoit des quantités variables de lumière, comme le fait l'écran d'un photomètre, et cependant l'éclat du foyer nous paraît toujours le même. Une bougie, par exemple, nous semble aussi brillante à une grande qu'à une petite distance; tout le monde sait avec quelle facilité on aperçoit de très loin un point lumineux placé dans l'obscurité. L'anomalie n'est cependant qu'apparente. La quantité de lumière qui pénètre dans notre œil diminue effectivement d'après la loi énoncée, mais comme elle est émise par une source dont la grandeur apparente varie et diminue exactement dans le même rapport, il y a compensation rigoureuse et l'éclat des divers points de la source paraît exactement le même.

Cela suppose toutefois que l'observation soit faite dans un milieu d'une transparence absolue. Si le soleil nous paraît moins brillant à l'horizon qu'au zénith, c'est qu'une partie de sa lumière est absorbée par les couches plus épaisses de l'atmosphère qu'elle traverse avant d'arriver jusqu'à nous. Mais le soleil s'éloignerait de la terre, son éclat nous paraîtrait toujours le même, bien qu'il répandît sur notre globe une plus faible quantité de lumière. Il en est de même des planètes, dont la position très variable dans le ciel les rapproche ou les éloigne de nous ; leur éclat est toujours le même, pourvu que nous les observions à la même hauteur au-dessus de l'horizon et à travers une atmosphère d'une égale transparence.

Terminons en montrant par quelques chiffres l'intensité relative des principales sources lumineuses : d'après les recherches de MM. Fizeau et Foucault, la lumière de l'arc voltaïque peut atteindre le tiers ou la moitié de celle que nous envoie le soleil par un ciel très pur, tandis que la lumière de Drummond est à peine égale à un cent cinquantième. L'éclat de la lune n'est que la trois cent millième partie de celui du soleil. Quant au soleil lui-même, il répand sur une surface autant de clarté que 5774 bougies placées à un pied de distance. Enfin, les étoiles versent sur notre globe une quantité de lumière tout à fait insignifiante. Sirius, une des plus brillantes, n'a pas un éclat supérieur à la sept centième partie de celui de la lune; cinq milliards d'étoiles semblables, placées à la même distance, ne suffiraient pas à égaler l'illumination produite par le soleil.

II

PROPAGATION DE LA LUMIÈRE

Transparence et opacité. — Corps translucides. — Propagation de la lumière en ligne droite. — Ombre et pénombre. — Ombre du Mont-Blanc. — Spectres du Brocken. — Images de la chambre noire. — Vitesse de la lumière.

La lumière des astres, de même que celle de nos sources artificielles, ne parvient jamais à nos yeux sans avoir traversé une couche d'air plus ou moins épaisse; et dans bien des cas l'épaisseur de cette couche ne semble exercer aucune influence appréciable sur nos impressions. La présence de l'air n'est cependant pas une condition nécessaire à la transmission de la lumière; elle se propage dans le vide avec plus de facilité encore que dans l'air. Sous ce rapport elle diffère essentiellement du son, qui a besoin, pour parvenir à notre oreille, de l'intermédiaire d'un milieu pondérable. Une sonnerie placée sous le récipient de la machine pneumatique cesse de se faire entendre quand l'air a été complètement épuisé; les plus formidables détonations pourraient se produire en dehors de notre atmosphère sans communiquer à notre oreille la plus légère impression. La lumière des astres franchit au contraire avec une prodigieuse rapidité les espaces célestes; la chambre vide d'un baromètre est aussi perméable aux rayons lumineux que si elle était remplie d'air ou d'un gaz quelconque.

L'air joue donc un rôle tout à fait passif dans la trans mission de la lumière; on a donné le nom de *transparence* à la propriété qu'il possède de se laisser traverser par les rayons lumineux. Cette propriété, qu'il partage à des degrés divers avec tous les gaz, n'est cependant pas le privilège exclusif des substances gazeuses. Nous distinguons très nettement les objets extérieurs au travers des lames de verre qui ferment nos habitations : l'eau limpide d'un ruisseau nous laisse apercevoir distinctement les cailloux étalés au fond de son lit.

La transparence des divers corps perméables à la lumière peut subir des variations considérables : pour une même substance cette propriété diminue toujours à mesure que son épaisseur augmente. Ce fait d'une généralité absolue ne comporte pas une seule exception.

Il n'existe pas de corps d'une transparence complète; l'air lui-même oppose un obstacle sensible au passage des rayons lumineux. Le soleil, à son lever, nous apparaît comme un globe de feu dont l'œil supporte l'éclat sans fatigue, mais, à mesure qu'il s'élève au-dessus de l'horizon, l'astre devient de plus en plus éblouissant, bientôt il ne nous est plus possible de le fixer du regard. La quantité de lumière émise par le soleil n'a cependant pas changé; l'épaisseur de la couche d'air traversée par ses rayons a seule diminué.

Des effets du même genre se manifestent tous les jours à nos yeux. Ces tons si doux et si variés dont se parent les grandioses paysages de la nature sont dus en grande partie à la transparence imparfaite de l'air : l'éclairage intense des premiers plans établit un contraste des plus harmonieux avec l'effacement relatif des objets éloignés. Ces dégradations insensibles sont pour nous un des moyens les plus puissants d'évaluer les distances; cette perspective aérienne, pour employer une heureuse expression consacrée dans le langage des peintres, est un des principaux éléments du relief, d'un effet bien plus saisissant que la perspective sèche et géométrique des lignes.

La diminution de transparence avec l'épaisseur est beaucoup plus accentuée dans les milieux solides ou liquides que dans les gaz et les vapeurs. Une lame du cristal le plus limpide projette déjà une ombre visible sur un écran directement éclairé par le soleil, et cette ombre augmente rapidement d'intensité quand la lame devient de plus en plus épaisse. L'eau, si transparente en couche mince, acquiert une opacité presque absolue si elle est en masse considérable : la lumière qui tombe à la surface des mers s'affaiblit rapidement en pénétrant dans le milieu liquide, pour s'éteindre complètement à une profondeur qui ne paraît pas dépasser une centaine de mètres. Dans les régions sous-marines règne une éternelle nuit, aussi profonde que celle des cavernes souterraines.

Toutes les fois qu'un rayon lumineux traverse un milieu transparent, ses propriétés sont plus ou moins modifiées : la couleur blanche de la lumière, ordinairement altérée, prend une nuance particulière, variable selon la nature du milieu. Cet effet se manifeste d'une façon très énergique dans les verres et les liquides colorés : ils produisent sous une très faible épaisseur cette curieuse transformation dont nous ne tarderons pas à rechercher la cause. Ici encore, l'influence de l'épaisseur s'exerce d'une manière très remarquable : un verre rouge, par exemple, perd en grande partie sa coloration quand on le réduit en lame mince, il finirait par devenir incolore sous une épaisseur extrêmement faible.

Cette propriété d'altérer ainsi la couleur de la lumière n'est pas spéciale aux milieux que nous appelons colorés; on la retrouve à divers degrés dans tous les corps transparents, dont elle constitue un caractère général. Le verre le plus diaphane nous paraît vert ou jaunâtre quand il est en fragments volumineux. L'eau de la mer se colore en bleu ou en vert quand son épaisseur est considérable. L'air lui-même, le plus invisible de tous les corps, acquiert dans bien des cas une couleur très évidente : tout le monde a bien souvent admiré la belle nuance orangée des astres voisins de l'horizon; cette riche coloration a son origine dans notre atmosphère; elle est due à la couleur propre de l'air, rendue sensible par l'épaisseur de la couche traversée par les rayons lumineux.

Nous aurons à revenir sur toutes les causes qui interviennent dans ces intéressants phénomènes, notre but est de montrer ici la diversité d'action des différents milieux transparents, en même temps que la généralité des principes sur lesquels elle repose. D'après ces quelques exemples, la transparence nous apparaît comme une propriété relative de la matière, liée à la fois à sa nature même et à son état de division; il était par conséquent logique de se demander si les substances les plus opaques, réduites en feuilles d'une ténuité suffisante, ne participeraient pas, comme les premières, à cette propriété : l'expérience a répondu d'une manière affirmative.

Tous les métaux sont perméables à la lumière quand ils sont travaillés en lames d'une très faible épaisseur; l'on ne saurait attribuer leur transparence à des fissures accidentelles, car la lumière transmise acquiert, comme dans les cas précédents, une couleur spéciale intimement liée à la nature du métal.

L'industrie de la dorure fabrique des feuilles d'or tellement minces, qu'il faudrait en superposer 10 000 pour former une épaisseur d'un millimètre : dans cet état de division extrême, l'or transmet une lumière verte. L'argent déposé par des procédés chimiques sur une lame de verre laisse passer une lumière bleue; le cuivre, le platine, se comportent d'une manière analogue. On peut donc poser comme une loi générale que tous les corps deviennent transparents sous une faible épaisseur, variable avec leur nature, et que les rayons qu'ils transmettent sont toujours plus ou moins colorés.

A côté de ces particularités, il en est une autre digne d'être signalée : les corps perméables à la lumière le sont de deux manières bien tranchées. En faisant abstraction des modifications apportées dans l'intensité ou la coloration, nous voyons les objets au travers d'une lame de verre comme si cette lame n'existait pas : remplaçons-la par une feuille de papier aussi mince qu'on puisse la supposer, le phénomène change complètement d'aspect. Nous recevons encore de la lumière par transparence, mais il nous est impossible de distinguer les objets placés du côté opposé. Les rayons lumineux sont, pour ainsi dire, confondus dans un pêle-mêle inextricable ; à la sensation de la forme succède seulement celle de la clarté.

Beaucoup de substances se comportent comme cette feuille de papier, on les désigne sous le nom de translucides ; telles sont la porcelaine, le bois, la corne, l'albâtre, le verre dépoli. Cette propriété dépend uniquement de la structure intérieure ou de l'état des surfaces qui reçoivent la lumière ; il existe d'ailleurs, comme pour la transparence, tous les degrés possibles de translucidité, de sorte que les mots opaque, translucide, transparent, indiquent simplement des caractères relatifs et non des propriétés absolues de la matière. Cette distinction n'en a pas moins une importance capitale au point de vue de l'étude de la lumière. Nous nous bornerons pour le moment à étudier les phénomènes tels qu'ils se produisent dans l'air, notre milieu naturel, nous examinerons plus tard les modifications qu'ils subissent sous l'influence de causes étrangères.

Si l'on interpose un écran opaque entre l'œil et une source lumineuse, celle-ci cesse de devenir visible, et en apportant quelque attention à cette expérience bien simple, on reconnaît sans peine que l'éclipse se produit au moment où le point lumineux, l'œil et l'écran sont placés sur une même ligne droite.

L'observation de tous les jours met ce fait tellement en évidence, qu'il paraîtra presque puéril de le voir rappeler ici ; il est cependant fertile en conséquences et il nous servira à expliquer de nombreux phénomènes. Ce mode de propagation en ligne droite nous rend compte d'une expression que nous avons déjà employée plusieurs fois, celle de rayon de lumière ; ce mot désigne simplement une direction, il s'applique à toutes les lignes droites imaginables passant par la source lumineuse ; mais il faudrait se garder d'attribuer à ces prétendus rayons une existence réelle, une individualité propre.

Dans ces admirables couchers de soleil qui forment un des plus saisissants spectacles de la nature, l'astre semble darder, il est vrai, dans toutes les directions des rayons

Fig. 13. — Apparence du soleil à travers de légers nuages.

aux plus vives couleurs, mais cette apparence grandiose a son origine dans notre atmosphère; ces brillantes traînées lumineuses n'ont d'autre cause que l'illumination de légers brouillards par la lumière tamisée à travers les nuages.

La conséquence la plus immédiate de cette propagation rectiligne est la production des ombres que les corps opaques projettent derrière eux. La lumière étant incapable de contourner les obstacles, il en résulte nécessairement que tout corps opaque placé devant une source lumineuse plongera dans une obscurité complète une portion de l'espace situé derrière lui. Considérons, par exemple, un point éclairant de très petite dimension, tel qu'une bougie, et une sphère opaque placée sur le trajet de ses rayons : celle-ci, vivement illuminée sur l'une de ses moitiés, sera complètement obscure du côté opposé ; derrière elle se projettera une ombre conique à contours nettement dessinés et d'autant plus étalée que le corps opaque sera plus voisin du point lumineux.

Fig. 14. — Ombre produite par un point lumineux.

Les choses se passent ordinairement d'une manière un peu différente. Il n'existe pas, à proprement parler, de sources lumineuses réductibles à un point mathématique ; elles ont toujours une certaine étendue. Le soleil lui-même, malgré son énorme éloignement, possède encore un diamètre apparent égal à 32 minutes. Il se comporte donc comme une surface éclairante qui, à une distance quelconque, aurait ce diamètre apparent ; à 10 mètres seulement un pareil corps lumineux aurait un diamètre réel égal à 45 millimètres environ. Il est facile de voir comment les ombres se modifient dans de semblables conditions.

Au point unique de l'expérience précédente substituons une surface lumineuse d'une certaine étendue, telle qu'une lampe entourée d'un globe de verre dépoli (fig. 15) ; on pourra considérer chacun des points de cette surface comme une source indépendante, et rien n'est plus facile que de construire pour chacun d'eux le cône d'ombre correspondant. On voit immédiatement que, tandis que la portion centrale de l'ombre ne reçoit aucun rayon de la surface éclairante, les portions voisines sont faiblement il-

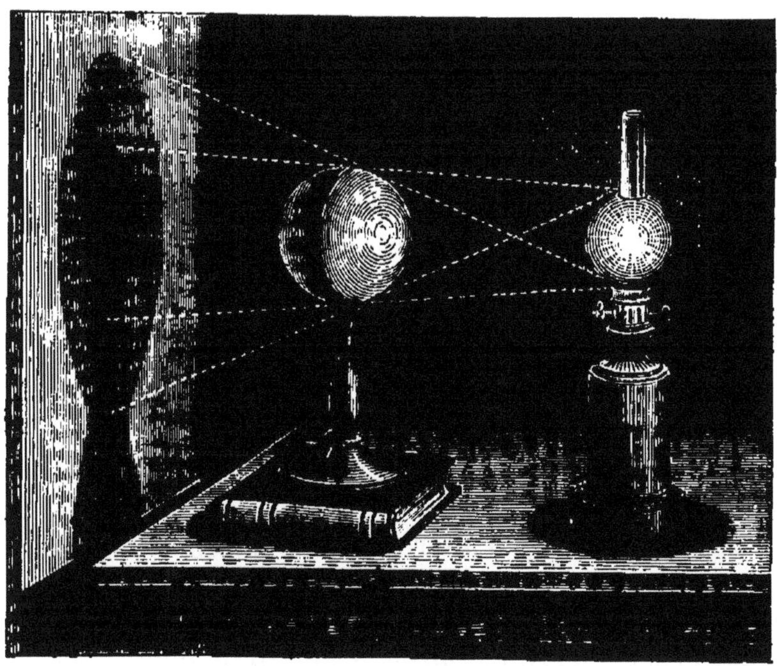

Fig. 15. — Ombre et pénombre produites par une surface lumineuse.

luminées ; cette illumination va graduellement en augmentant jusque sur le cercle extérieur, au delà duquel l'éclairement est complet. L'espace annulaire compris entre ces deux cercles reçoit donc des quantités croissantes de lumière : on dit qu'il est dans la *pénombre*.

Ce fait nous explique pourquoi les ombres projetées par le soleil sont toujours plus ou moins vagues et indécises. La toiture d'un monument élevé ne dessine pas sur le sol une silhouette sèche et dure, ses contours estompés lui donnent une douceur harmonieuse, due à la présence de la pénombre.

Les ombres jouent, au point de vue pittoresque, un rôle d'une très grande importance : sans elles le paysage nous semblerait sans relief, les objets ne se dessineraient que par leurs contours, souvent même ils ne seraient distincts les uns des autres que par la différence de leur coloration : « Tout le monde sait, d'ailleurs, combien un dessin ombré donne une idée plus nette d'un objet qu'un simple trait ; combien l'éclairage du lever et du coucher du soleil font mieux valoir les beautés d'un paysage que l'éclairage de midi, surtout lorsqu'on est sur une hauteur. Cela ne tient pas seulement à la richesse plus grande des tons que donne le soleil lorsqu'il est près de l'horizon : la richesse plus grande des ombres fait mieux ressortir le modelé du terrain. En effet, peu de pentes sont assez rapides pour ne pas recevoir la lumière directe du soleil lorsqu'il est haut dans le ciel. Aussi, à peu d'exceptions près, tous les objets sont-ils éclairés vers le milieu du jour, et les ombres sont alors peu nombreuses ; par suite, les formes des montagnes et des vallées ressortent très mal, tant qu'elles ne sont pas très abruptes. Lorsque, au contraire, le soleil envoie des rayons obliques et donne beaucoup d'alternatives d'ombre et de lumière, tout devient bien plus net et plus compréhensible. L'art de bien ménager des lumières et des ombres constitue pour le peintre le plus puissant moyen de donner de la vie à ses œuvres ; l'exactitude des contours est loin de suffire pour nous donner une image saisissante de la nature : elle constitue, il est vrai, une des grandes qualités de l'artiste, mais avant tout il se préoccupe de l'effet général de son tableau, qu'une étude profonde du *clair-obscur* est seule capable d'animer[1]. »

A la formation des ombres se rattache un groupe de phénomènes météorologiques, dont quelques-uns, mal observés, ont servi de point de départ aux croyances superstitieuses des populations ignorantes. Dans les conditions ordinaires où nous observons la nature, les ombres des ob-

1. Helmholtz, *Optique physiologique.*

jets terrestres nous apparaissent toujours à la surface du sol, et d'autant plus allongées que le soleil est plus voisin de l'horizon; mais le phénomène change d'aspect pour un observateur placé sur une montagne élevée. Au moment du lever ou du coucher du soleil l'ombre de la montagne se dirigera vers le ciel, et l'atmosphère, transformée sous certaines influences en un écran gigantesque, recevra son image amplifiée. Cet imposant spectacle a été observé par MM. Martins et Bravais, dans une de leurs ascensions au sommet du mont Blanc. Voici la description qu'en donne M. Bravais :

« Le soleil approchant de l'heure de son coucher, nous jetâmes les yeux du côté opposé à l'astre, et nous aperçûmes, non sans quelque étonnement, l'ombre du mont Blanc qui se dessinait sur les parties couvertes de neige de la partie est de notre panorama. Elle s'éleva graduellement dans l'atmosphère, où elle atteignit la hauteur d'un degré, restant encore parfaitement visible.

« L'air, au-dessus du cône d'ombre, était teint de ce rose pourpre que l'on voit, dans les beaux couchers de soleil, colorer les hautes cimes; le bord de cette limite offrait une zone plus intense, et cette bordure continue rehaussait l'éclat du phénomène.

« Que l'on imagine maintenant les montagnes de la grande vallée d'Aoste projetant, elles aussi, à ce même moment, leur ombre dans l'atmosphère, la partie inférieure sombre avec un peu de verdâtre, et au-dessus de chacune de ces ombres la nappe rose purpurine avec la ceinture rose foncée qui la séparait d'elle; que l'on ajoute à cela la rectitude du contour des cônes d'ombre, principalement de leur arête supérieure, et enfin les lois de la perspective faisant converger toutes ces lignes l'une sur l'autre, vers le sommet même de l'ombre du mont Blanc, c'est-à-dire au point du ciel où les ombres de nos corps devaient être placées, et l'on n'aura encore qu'une idée incomplète de la richesse de phénomènes météorologiques qui se déploya pour nous pendant quelques instants. »

Fig. 16. — Spectres du Brocken.

Il faut rapporter à la même cause l'apparition, devenue légendaire, des *spectres du Brocken*. Nous empruntons à M. Brewster les détails suivants, relatifs à cette singulière apparition[1]. « Brocken est le nom de la plus haute montagne de la forêt Noire, chaîne pittoresque qui s'étend dans le royaume de Hanovre. Elle est élevée de mille mètres environ au-dessus de la mer, et domine une plaine de soixante-dix lieues d'étendue. Depuis l'époque la plus reculée, le Brocken a été le siège du merveilleux : sur son sommet, l'on voit encore des blocs grossiers de granit, que l'on appelle la chaire et l'autel du sorcier. Une source d'eau pure a reçu le nom de fontaine magique, et l'anémone qui croît sur le Brocken se distingue par le nom de fleur du sorcier. Ces noms ont probablement leur origine dans les rites de la grande idole Cortho, que les Saxons adoraient en secret sur le sommet du Brocken, tandis que le christianisme étendait ses bienfaits sur la plaine environnante.

« Comme lieu de ces rites idolâtres, le Brocken doit avoir été très fréquenté, et l'on ne peut douter que le spectre qui se montre si souvent encore à son sommet n'ait été observé dans les temps les plus reculés ; mais rien n'indique que ce phénomène fut lié avec aucun des objets du culte de ces idolâtres. L'une des meilleures relations du spectre du Brocken est celle donnée par M. Hane, qui le vit le 23 mars 1797. Après être allé jusqu'à trois fois sur le sommet de la montagne, il eut enfin le bonheur de voir le spectre, objet de sa curiosité.

« Le soleil se leva sur les quatre heures du matin, dans une atmosphère sereine. Au sud-ouest, vers Achtermannshohe, une légère brise d'ouest amena devant lui des vapeurs transparentes, qui n'avaient pas encore été condensées en nuages épais et pesants. Vers quatre heures un quart, il revenait à l'auberge et regardait si l'atmosphère lui permettait de regarder librement au sud-ouest, quand il aperçut, à une très grande distance, une figure humaine

1. Brewster, *Magie naturelle et amusante*, traduit par M. Vergnaud.

de grandeur monstrueuse ; un coup de vent ayant presque emporté son chapeau, il éleva brusquement la main pour le retenir, et la figure colossale en fit de même. De suite il fit un nouveau mouvement, en penchant le corps, le même mouvement fut répété par le spectre. M. Hane désirait faire d'autres expériences, mais le spectre disparut. Il resta cependant dans la même position, attendant son retour, et peu de minutes après, il le retrouva sur Achtermannshohe, répétant ses gestes comme ci-devant. Il appela alors le maître de l'auberge, et tous deux ayant pris la même position qu'il avait avant, regardèrent vers Achtermannshohe, mais ils ne virent rien. Peu de temps après deux figures colossales se formèrent au-dessus de cette éminence, et disparurent après avoir imité les gestes des deux spectateurs. »

La propagation rectiligne de la lumière donne lieu à un autre phénomène dont nous devons dire un mot ; il n'est en quelque sorte qu'un renversement de la production des ombres. Dans le volet d'une chambre obscure perçons un trou de quelques millimètres de diamètre, d'une forme quelconque : un étrange spectacle se manifeste alors à nos regards. Tous les objets extérieurs se dessinent avec leur forme et leur couleur sur le mur opposé, en produisant une image d'autant plus nette que l'ouverture est plus étroite : cette image est renversée, ses dimensions dépendent de la distance relative de l'écran qui le reçoit et de l'objet qui la dessine. On remarque de plus que la forme de l'ouverture est sans influence sur le phénomène.

L'explication de ces faits est des plus simples. Chacun des points d'un objet éclairé peut être considéré comme une source de lumière envoyant des rayons dans toutes les directions. Une partie de ces rayons, pénétrant par l'ouverture, continuera sa route en ligne droite jusqu'à ce qu'ils soient arrêtés par un obstacle. Là ils peindront une tache lumineuse d'autant plus petite que l'ouverture sera plus étroite. Chacun des points de l'objet se comportant de la même façon, il en résultera une série continue de taches lumineuses, dont l'ensemble reproduira la forme et les couleurs de l'objet éclairé. On comprend sans peine pourquoi cette image est renversée et pourquoi la forme de l'ouverture n'a aucune influence sur sa production.

Fig. 17. — Formation des images dans la chambre noire.

La nature nous offre tous les jours des exemples de cette formation d'images par des ouvertures étroites; citons seulement la suivante : quand la lumière directe du soleil passe à travers les feuilles des arbres d'un jardin, elle dessine sur le sol des images rondes ou elliptiques, qui sont autant de reproductions de la forme du disque solaire. Leur apparence elliptique tient simplement à l'inclinaison du sol par rapport aux rayons de l'astre : elles sont toujours circulaires quand on les reçoit sur un écran perpendiculaire à cette direction. Pendant les éclipses de soleil, la forme de ces images se modifie en même temps que celle du disque lumineux dont elles reproduisent toutes les variations; elles permettent, à la rigueur, de suivre toutes les phases du phénomène. Un simple trou d'épingle percé dans une carte à jouer réalise plus simplement encore les conditions de cette expérience.

Les images reproduites par ce procédé élémentaire manquent ordinairement de netteté à cause des dimensions toujours appréciables de l'ouverture ; nous verrons bientôt comment on est parvenu à corriger cette grave imperfection.

Pour terminer cet exposé rapide des faits qui se rattachent à la propagation de la lumière, il nous reste à examiner une question dont la solution présente le plus haut intérêt. Lorsqu'une source de lumière prend naissance sous une influence quelconque, ressentons-nous l'impres-

Fig. 18. — Images rondes du soleil produites par le passage de la lumière à travers les feuilles.

sion lumineuse à l'instant même de son apparition, ou bien ses rayons mettent-ils un temps déterminé pour parvenir jusqu'à notre œil? Voyons-nous, par exemple, le soleil dès qu'il se lève à l'horizon, ou bien sa lumière emploie-t-elle un temps appréciable pour franchir les millions de lieues qui nous séparent de cet astre? Les anciens philosophes, mal initiés à l'observation des phénomènes naturels, admettaient l'instantanéité de la transmission de la lumière; cependant l'analogie seule aurait dû leur faire pressentir la fausseté de cette hypothèse. Ils n'ignoraient pas que le

Fig. 19. — Images du soleil pendant une éclipse.

son emploie un certain temps pour se propager du corps sonore à notre oreille; cette seule donnée était de nature à leur faire entrevoir la vérité.

La solution expérimentale d'un pareil problème présentait, il faut le reconnaître, des difficultés presque insurmontables; elle exigeait des connaissances nombreuses pour aboutir à un résultat utile; aussi faut-il arriver jusqu'au dix-septième siècle pour voir quelques essais tentés dans cette direction; encore sont-ils restés complètement infructueux. Galilée, qui semble s'être occupé le premier de la question, arriva à cette conclusion : que la lumière parcourt dans un instant indivisible les distances les plus grandes auxquelles on peut réaliser l'expérience.

La question restait sans solution, lorsque, en 1675, un astronome danois, Rœmer, frappé de discordances singulières entre l'observation et le calcul de certains phénomènes astronomiques, n'hésita pas à les expliquer par le temps employé par la lumière pour parcourir l'espace. Bien que, d'après Fontenelle, la première idée de cette explication ait été émise par Cassini, il n'est pas douteux que le savant français n'ait bientôt abandonné son hypothèse ; reprise par Rœmer, elle prit rang au nombre des vérités indiscutables.

En analysant ses observations sur les éclipses d'un des satellites de Jupiter, l'astronome danois montra que les irrégularités observées entre la durée des deux émersions successives de ce satellite étaient liés à la position relative de la Terre et de Jupiter, et il les expliqua par le temps que met la lumière à franchir l'espace parcouru par la Terre dans son orbite, dans l'intervalle des observations. Il fut ainsi conduit à attribuer à la lumière une vitesse de 77 000 lieues de 4 kilomètres par seconde.

L'imagination a quelque peine à se rendre compte de l'effrayante rapidité d'une semblable propagation : une comparaison ne sera pas inutile pour faire ressortir ce qu'il y a de prodigieux dans une pareille vitesse. Les observations astronomiques ont déterminé avec précision la distance qui sépare les uns des autres les astres de notre système planétaire. Il résulte de ces observations que la distance moyenne du Soleil à la Terre est de 38 millions de lieues. Ce nombre est encore trop prodigieusement grand pour parler avec netteté à notre esprit; il est nécessaire, pour s'en faire une idée, de le comparer à des quantités dont on soit plus habitué à se rendre compte; le rapprochement suivant, emprunté à Arago, va nous aider à concevoir une distance aussi colossale.

« On sait qu'un boulet de 24 parcourt tout au plus 400 mètres par seconde, à sa sortie d'une bouche à feu. Cette vitesse correspond à 4000 mètres en 10 secondes, à 6 lieues par minute, à 360 lieues par heure, à 8640 lieues par jour, à 3 155 760 lieues par an, à 37 870 000 lieues en 12 ans. Il faudrait donc plus de 12 ans à un boulet qui conserverait toute sa vitesse initiale pour franchir les 38 millions de lieues qui mesurent la distance moyenne de la Terre au Soleil. Un semblable boulet n'emploierait pas moins de 360 années pour aller du soleil à Neptune; mais il arriverait de la Terre à la Lune en 11 jours. »

Ces énormes distances, que l'imagination a de la peine à concevoir, sont presque insignifiantes, quand on les oppose à la rapidité de propagation de la lumière : 8 minutes et quelques secondes lui suffisent pour parcourir les 38 millions de lieues qui nous séparent du Soleil; elle ne met guère plus d'une seconde pour voyager de la lune à la Terre. Que penser de la notion que nous avons du temps et de l'espace, si l'on cherche à se faire une idée de la position des étoiles relativement à notre globe? la lumière ne met pas moins de 3 à 4 ans pour nous arriver des étoiles les plus rapprochées. Sirius met plus de 22 ans à nous envoyer ses rayons. L'étoile polaire n'en met pas moins de 50, et la Chèvre, éloignée de nous de 165 400 milliards de lieues, ne nous envoie qu'en 72 ans la lumière qu'elle émet.

Ainsi, l'étoile polaire viendrait à s'éteindre subitement, nous la verrions briller encore pendant un demi-siècle, grâce aux rayons qui seraient en route au moment de son extinction. De même, un astre nouveau apparaîtrait à côté d'elle, ce n'est qu'au bout de 50 ans qu'il serait permis aux astronomes d'en commencer l'étude. Si l'on considère ces myriades d'étoiles télescopiques dont le nombre augmente sans cesse avec la puissance des appareils grossissants, on est conduit à admettre que la distance qui nous sépare de ces astres est égale à plusieurs millions de fois celle des étoiles les plus rapprochées de nous. C'est alors par siècles ou par milliers d'années qu'il faut compter le temps nécessaire à la lumière pour nous parvenir de ces foyers lumineux.

On pourrait conserver quelques doutes sur les résultats précédents, si des observations directes n'avaient confirmé les données de l'astronomie. Plus heureux que Galilée, un savant français, M. Fizeau, parvint en 1849 à déterminer la vitesse de la lumière par des expériences faites sur la terre à des distances relativement faibles: Plus tard, en 1862, Léon Foucault, reprenant cette étude, est parvenu à réaliser des expériences de la plus rigoureuse précision dans un laboratoire de quelques mètres de longueur. Chose remarquable, les résultats obtenus par des moyens si différents présentent entre eux une remarquable concordance. La vitesse de la lumière déduite des calculs de Rœmer serait de 77 076 lieues par seconde. Fizeau élevait ce chiffre à 78 841 lieues, tandis que les expériences plus précises encore de Foucault l'abaissent à 74 500 lieues. Enfin, plus récemment encore un autre physicien français, M. Cornu, contrôlait, en perfectionnant la méthode de Fizeau, l'exactitude du nombre trouvé par Foucault.

On est tenté d'être surpris en voyant les savants s'acharner pendant des siècles avec une telle persévérance à la solution d'un problème dont l'intérêt semble confiné dans le domaine des pures spéculations, mais tout se tient dans l'étude de la nature. Les progrès accomplis dans une des branches de la science se reflètent toujours sur les sciences voisines : toutes grandissent et se perfectionnent en même temps, tous se prêtent un mutuel secours.

La première évaluation de Rœmer supposait une connaissance précise de la distance de la terre au soleil ; après cette découverte, les astronomes comprirent aussitôt qu'une détermination directe et rigoureuse de la vitesse de la lumière était indispensable pour asseoir sur des bases solides cette donnée fondamentale de l'astronomie. La physique se charge alors de leur répondre et les résultats de ses recherches font disparaître les incertitudes qui régnaient sur les points les plus importants de la science. Les expériences de Foucault assignent à la distance moyenne du soleil à la terre une valeur moindre d'un trentième environ de celle qui était généralement adoptée; enfin, les dernières observations du passage de Vénus viennent de contrôler à leur tour les données de la physique. Ainsi s'est trouvé résolu, par les efforts combinés des astronomes et des physiciens, un des plus difficiles problèmes qui se soit jamais présenté à l'intelligence de l'homme.

III

RÉFLEXION ET DIFFUSION

Modifications imprimées à la lumière par les milieux transparents. — Réfraction. Absorption. Réflexion. — Réflexion spéculaire et réflexion diffuse. — Lois de la réflexion. — Miroirs plans, concaves, convexes. — Formation des images. — Diffusion. — Influence des surfaces. —. Opalescence. — La réflexion dans l'atmosphère. — Couleur bleue du ciel. — Aurore et crépuscule. — Les astres privés d'atmosphère.

On a déjà vu que, parmi les corps accessibles à nos regards, les uns émettent une lumière propre; d'autres sont visibles par les rayons empruntés aux premiers. Par quel mécanisme s'effectue cette transmission? Comment les objets terrestres s'illuminent-ils sous l'action des rayons solaires? Comment se forment dans les eaux calmes d'un lac ces images fidèles des objets placés sur le rivage? Pourquoi les vagues de la mer éclairées par la clarté de la lune nous montrent-elles ces longues traînées de lumière qui semblent pénétrer jusqu'au cœur de la masse liquide? Quelle est la cause de ces images, tantôt droites, tantôt renversées, grossies ou réduites, fournies par les miroirs de verre selon qu'ils sont plans, concaves ou convexes? Interrogez sur ces diverses questions le moins érudit des gens du monde, il vous répondra sans hésiter que tous ces effets si différents, si opposés en apparence, sont dus à la réflexion de la lumière. Mais combien seraient capables d'expliquer les plus simples ou de faire entrevoir les liens qui les unissent tous? Sans entrer ici dans de longs détails sur les questions théoriques qui se rattachent à ces phénomènes, nous essayerons d'en faire comprendre le mécanisme et de montrer le rôle immense que joue la réflexion de la lumière dans l'économie de la nature.

Quand un rayon lumineux traverse un milieu transparent et homogène, il chemine en ligne droite tant qu'une cause accidentelle ne vient pas troubler sa marche rapide; mais le moindre obstacle opposé à son passage change immédiatement ses allures : au même instant apparaissent simultanément de nouveaux phénomènes dont l'étude approfondie est loin d'avoir épuisé l'attention des physiciens, mais dont l'ensemble va nous donner une idée assez exacte de ce qu'on appelle généralement les propriétés de la lumière.

Supposons pour un instant que notre atmosphère s'étende jusqu'au disque solaire, qu'elle soit homogène dans toute son épaisseur et d'une transparence absolue; les rayons émanés de l'astre arriveront directement jusqu'à la surface de la terre sans éprouver dans leur marche aucune perturbation. Là ils viendront à se heurter contre une infinité d'obstacles qui, selon leur nature, agiront de mille manières sur le flot lumineux. Nous ne tarderons pas à étudier les modifications nombreuses imprimées à la lumière par des actions si diverses. Examinons d'abord un des cas les plus simples: celui où les rayons lumineux rencontrent un milieu transparent limité par une surface parfaitement unie; nous prendrons pour exemple une nappe d'eau à l'abri de toute agitation.

L'eau, à cause de sa transparence, livrera un passage facile à la lumière; mais si l'on examine avec attention la marche des rayons engagés dans ce nouveau milieu, on constate qu'ils ont éprouvé une déviation sensible; le faisceau lumineux semble brisé au point où il a rencontré la nappe liquide, il a subi une *réfraction*. Des expériences précises montreraient, de plus, que sa vitesse de propagation se trouve modifiée; elle devient un peu moins rapide.

D'un autre côté, nous savons déjà ce qu'on doit penser

de la transparence d'un corps; il suffit d'augmenter son épaisseur pour accroître son opacité. Que devient la lumière qui semble s'éteindre à mesure qu'elle pénètre dans des couches de plus en plus profondes? Est-elle absolument anéantie ou se manifeste-t-elle avec des propriétés nouvelles?

Rien ne se perd dans la nature; la matière, la force, le mouvement, peuvent subir mille transformations, revêtir les apparences les plus diverses, sans jamais subir une destruction absolue. La lumière, qui est un mouvement d'une nature spéciale, obéit à cette loi générale; comme tous les agents de l'univers, elle peut se transformer, mais non s'anéantir. On doit donc s'attendre à retrouver sous une autre forme la lumière *absorbée* par le milieu dans lequel elle chemine; cette lumière, qui a perdu la propriété d'impressionner nos yeux, se transforme ordinairement en chaleur, elle élève la température des corps qui entravent sa propagation.

Enfin, l'observation de tous les jours nous enseigne qu'un faisceau lumineux rencontrant une nappe liquide ne pénètre jamais en totalité dans ce nouveau milieu; le fait est surtout facile à constater lorsqu'il en frappe obliquement la surface. Dans ce cas, la lumière semble rebondir comme une balle élastique, elle change de direction; un œil placé dans une direction convenable croit voir dans une position nouvelle la source d'où elle émane. Cet important phénomène a reçu le nom de *réflexion*.

Réflexion, réfraction, absorption, tels sont les trois termes essentiels qui représentent les principales modifications éprouvées par la lumière quand elle rencontre un corps matériel. Nous venons de prendre pour exemple le cas particulier où l'obstacle était une masse liquide : les choses se passent toujours de la même manière; il n'y a de différence que dans les rapports qui unissent ces trois termes.

Sur un miroir d'argent poli, la plus grande partie de la lumière est réfléchie, une très petite portion est absorbée, la quantité transmise par transparence est insignifiante. Quand, au contraire, les rayons du soleil atteignent la sur-

Fig. 20. — Réflexion de la lumière sur une eau tranquille.

face supérieure de l'atmosphère, la plus grande portion se réfracte pour pénétrer jusqu'à nous, tandis que les phénomènes d'absorption et de réflexion sont relativement peu intenses. Enfin, un corps noir exposé aux rayons du soleil est à la fois incapable de les réfléchir et de les transmettre; dans ce cas, le phénomène d'absorption domine les deux autres; la surface noire ne tarde pas à s'échauffer, elle émet alors, sous forme de chaleur, la lumière qu'elle ne peut ni réfléchir ni transmettre.

La réflexion ne s'effectue pas toujours de la même manière à la surface du corps. Quand on contemple une masse d'eau calme et limpide, la surface du liquide semble ne pas exister; souvent même nous n'aurions pas conscience de sa présence si nous ne voyions les images renversées de tous les objets qui l'environnent. De même, dans un salon on ne voit pas une glace bien propre et bien polie; le cadre qui l'entoure nous avertit seul de sa présence; l'illusion peut être telle, que les images réfléchies nous paraissent souvent avoir une réalité. Toutes les substances bien polies se comportent de la même manière; elles nous font voir l'image des objets extérieurs, tandis que le plus souvent elles sont elles-mêmes invisibles. Ce mode de réflexion a reçu le nom de *réflexion spéculaire.*

Au contraire, les corps à surface rugueuse sont toujours directement visibles; la lumière qui les frappe, bien que venue suivant une seule direction, est renvoyée dans tous les sens, et chacun de leurs points se comporte comme autant de sources lumineuses distinctes. On dit alors que la réflexion est *diffuse ou irrégulière.* Si tous les corps de la nature étaient parfaitement polis, nous ne verrions que les objets lumineux par eux-mêmes ou leurs images réfléchies. On comprend donc quel rôle immense doit jouer cette réflexion diffuse, puisque nous lui devons la connaissance du monde extérieur et la plupart de nos sensations visuelles.

Quand la lumière tombe sur une surface polie, sa réflexion obéit à des lois très simples, que nous énoncerons sommairement à cause de leur importance. Si on isole par un écran percé d'une très petite ouverture un faisceau de lumière solaire dirigé sur un miroir plan, l'œil peut en suivre la marche : on le voit rencontrer le miroir en un point que l'on nomme *point d'incidence;* la perpendiculaire élevée au point d'incidence a reçu le nom de *normale;* enfin le rayon dévié par l'influence du miroir est le *rayon réfléchi.* Ces trois directions se coupent au point

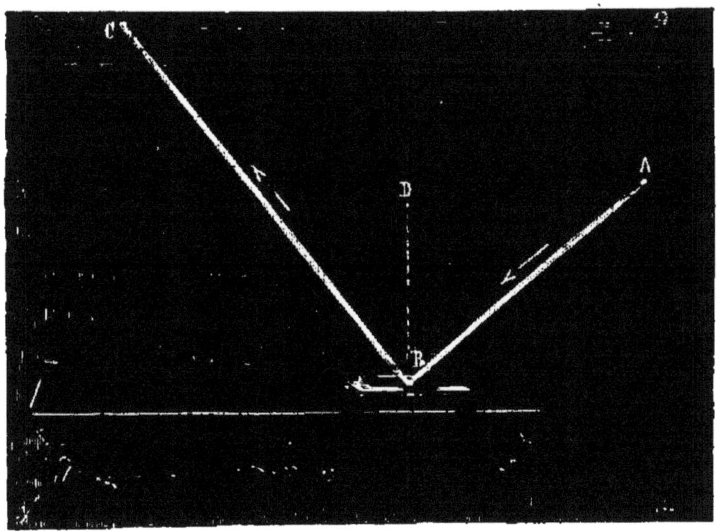

Fig. 21. — Lois de la réflexion.

d'incidence et forment deux angles que l'on désigne sous le nom d'angles d'incidence et de réflexion. Le premier, ABD, est celui que forme avec la normale le rayon incident; le second, CBD, a pour côtés la même normale et le rayon réfléchi. Or, quelle que soit l'inclinaison du rayon incident, ces deux angles sont toujours égaux entre eux. De plus, le rayon incident et le rayon réfléchi sont toujours contenus dans un même plan, perpendiculaire à la surface réfléchissante.

Ce n'est pas le lieu d'indiquer ici les méthodes expérimentales qui ont permis de vérifier l'exactitude de ces deux lois, nous nous bornerons à indiquer brièvement les conséquences qui en découlent. On voit d'abord que tout rayon dirigé perpendiculairement sur le miroir reviendra rigoureusement sur lui-même ; il semblera ne pas se réfléchir : son angle d'incidence étant nul, il doit en être de même de l'angle de réflexion. D'un autre côté, à mesure que les rayons s'inclinent davantage, l'angle d'incidence augmente, pour atteindre sa plus grande valeur quand le point lumineux est dans le plan même du miroir ; à ce moment le rayon en rase la surface et le rayon réfléchi en fait autant. Il est d'ailleurs évident qu'un objet placé au-dessous de la surface ne saurait envoyer aucun rayon capable de la rencontrer, la réflexion devient par conséquent impossible.

Il est très facile de se rendre compte, d'après ces principes, du mode de formation des images dans les miroirs ordinaires. Des rayons tels que SI, SI', SI'', émanés d'un point lumineux, tombant en divergeant sur la surface, divergeront encore après la réflexion et prendront les directions

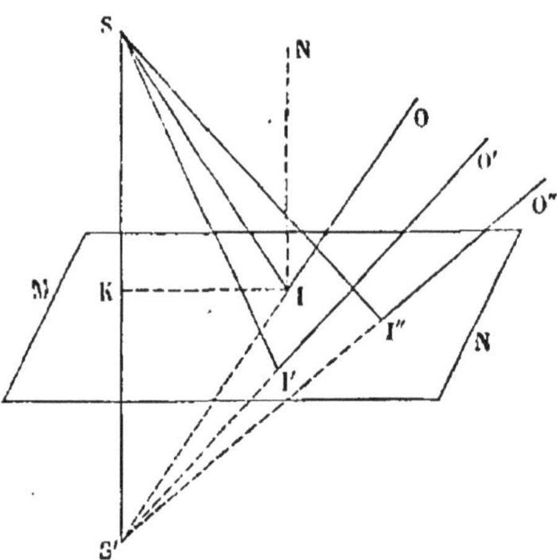

Fig. 22. — Réflexion sur un miroir plan.

IO, I'O', I''O''. Une construction géométrique des plus simples montre que ces rayons réfléchis, suffisamment prolongés, se couperaient derrière le miroir en un point S' exactement symétrique du point lumineux. Ce fait est une conséquence nécessaire des lois de la réflexion. Mais l'œil placé dans ce faisceau divergent en recevra une portion correspondante à l'ouverture de la pupille, et comme il reporte toutes ses impressions à la direction des rayons qui l'excitent, c'est au point même de croisement des rayons réfléchis, c'est-à-dire en S', qu'il verra l'image de l'objet lumineux.

Si à ce foyer unique de lumière on substitue un objet éclairé, les choses se passeront de la même manière; il faudra seulement faire, pour chacun de ses points, une

Fig. 23. — Image virtuelle produite par un miroir plan.

construction géométrique semblable à la précédente. L'inspection seule de la figure 23 indique que, dans ce cas, l'image occupe une position symétrique à celle de l'objet.

Nous devons placer ici la définition d'un mot qui sera souvent employé dans la suite, et qui trouve ici sa première application. Les images visibles dans les miroirs plans proviennent d'une simple illusion d'optique; elles n'ont pas une existence réelle. On ne saurait les comparer par exemple à ces images que projette une lanterne magique, faciles à recueillir sur un écran placé à une distance convenable. Dans le cas du miroir plan, nous voyons l'image au point où *semblent* se croiser les rayons réfléchis, mais ils ne s'y croisent pas effectivement. On exprime ce fait en disant que les images sont *virtuelles* par opposition à celles qui sont, pour ainsi dire, saisissables, et qu'on appelle *réelles*.

Les lois précédentes ne s'appliquent pas seulement à la réflexion sur les surfaces planes; elles restent vraies dans toute leur rigueur, quelle que soit la forme des surfaces réfléchissantes. On conçoit aisément qu'il ne puisse en être autrement. Au point d'incidence sur une surface courbe par exemple, on peut supposer l'existence d'une facette plane infiniment petite, sur laquelle s'effectuerait la réflexion; tout se passerait alors comme dans le cas qui vient d'être examiné; il importe seulement, pour trouver la direction du rayon réfléchi, de bien déterminer la direction même de cette facette hypothétique, ou ce qui revient évidemment au même, la direction de la normale. Rien n'est plus facile quand la surface réfléchissante a une courbure régulière.

Supposons d'abord qu'il s'agisse d'un miroir concave (fig. 24) faisant partie d'une sphère dont le centre serait en C; toutes les lignes droites passant par ce centre de courbure se nomment des axes, mais parmi ceux-ci il en

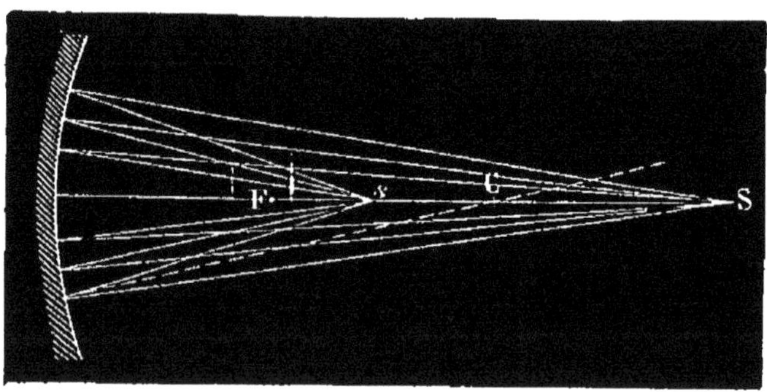

Fig. 24. — Réflexion sur un miroir concave.

est un qui passe en même temps par le point central du miroir : on l'appelle axe principal; tous les autres sont des axes secondaires.

Considérons un rayon incident quelconque émané d'un point lumineux S, placé sur l'axe principal. Au point d'incidence correspond un seul plan tangent, et la géométrie nous enseigne qu'il est perpendiculaire au rayon de la sphère; ce rayon sera donc la normale et permettra de déterminer la direction de la lumière réfléchie. De même, le pinceau lumineux qui passe par le centre de la sphère se confondra avec un de ses diamètres et coïncidera encore avec lui après sa réflexion, mais il sera coupé en *s* par le premier rayon réfléchi. On démontrerait sans peine que tous les rayons émanés du point S se croiseraient en *s*; ce point de rencontre se nomme foyer, et l'on voit que dans le cas qui nous occupe ce foyer est *réel*.

Le même raisonnement s'applique au cas d'un miroir convexe, et la construction ne présente pas plus de difficulté. Il suffira comme précédemment, de joindre le point

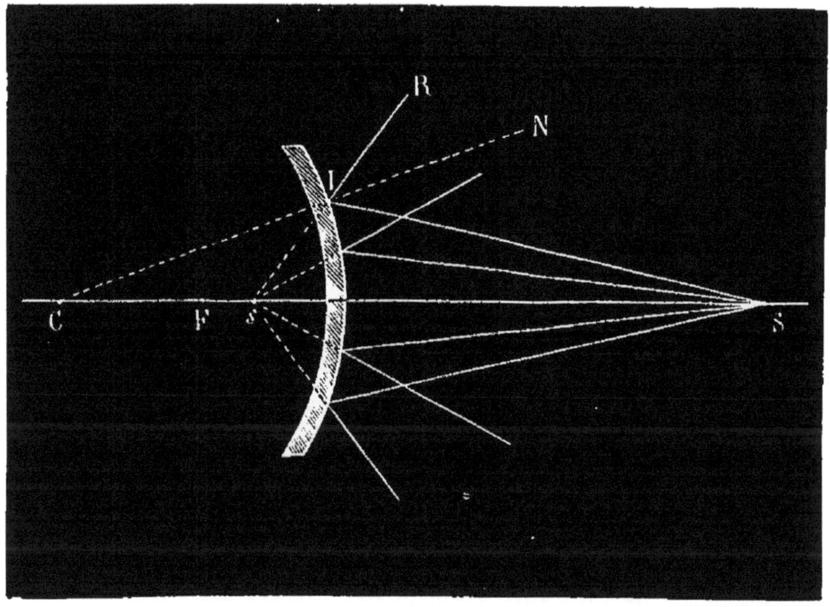

Fig. 25. — Réflexion sur un miroir convexe.

d'incidence au centre de courbure pour obtenir la normale et de donner au rayon réfléchi une inclinaison telle qu'il fasse avec cette ligne un angle égal à l'angle d'incidence; dans la figure 25, SI est le rayon incident, CN la normale, IR, le rayon réfléchi. Dans ce cas, les rayons réfléchis sont toujours divergents et ne se coupent jamais réellement, mais leurs prolongements se croiseraient derrière le miroir pour former en *s* un foyer *virtuel*.

La position des foyers dans un miroir concave ou convexe est nécessairement liée à celle de la source d'où émane la lumière ; on pourra toujours, par une construction géométrique des plus simples, déterminer à quel point se croisent les rayons, quand on connaît la situation de la source. Parmi cette infinité de foyers, il en est un cependant, toujours nettement défini : à cause de son importance il a reçu le nom de foyer principal. C'est celui qui correspond au cas particulier où le point lumineux est situé à une assez grande distance du miroir pour que les rayons incidents puissent être considérés comme parallèles entre eux.

Le soleil à cause de son énorme éloignement, réalise de pareilles conditions. Les rayons réfléchis se croisent alors à une distance du miroir exactement égale à la moitié du rayon de courbure. Le fait est facile à vérifier pour un

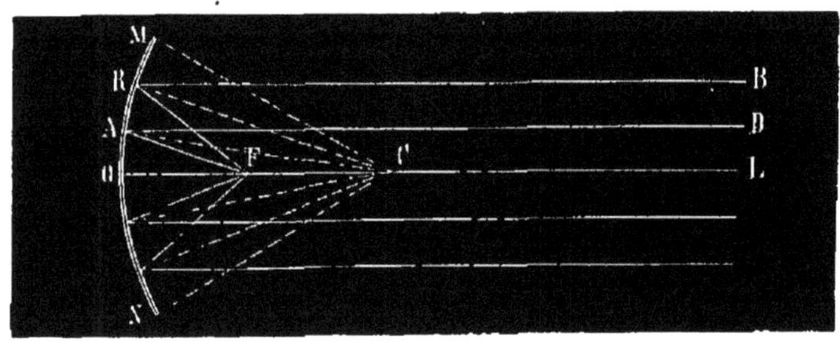

Fig. 26. — Foyer principal d'un miroir concave.

miroir concave exposé aux rayons du soleil ; on suit facilement la marche des rayons lumineux et on les voit se croiser en un point très brillant, qui est aussi un foyer de chaleur. Ces considérations s'appliquent avec la même rigueur aux foyers virtuels des miroirs convexes.

De même que les miroirs plans, les miroirs courbes sont capables de produire des images dont les apparences sont extrêmement variées ; elles sont droites ou renversées, agrandies ou réduites, réelles ou virtuelles, selon la forme des surfaces réfléchissantes et la situation relative des objets qu'elles reproduisent. Sans entrer ici dans les considérations théoriques relatives à cette question, nous nous bornerons à donner à cet égard quelques indications générales.

Quand on regarde son image dans un de ces miroirs concaves connus sous le nom de miroirs à barbe, ce n'est pas sans étonnement qu'on la voit considérablement agrandie, mais sauf cette amplification elle apparaît dans les mêmes conditions que celle fournie par un miroir plan, elle est insaisissable et située en apparence derrière le miroir ; c'est une image virtuelle. Cependant, on ne tarde pas à reconnaître que cette image ne se forme que dans des conditions déterminées et que ses dimensions varient avec les positions relatives du miroir et de la figure de l'observateur. A mesure qu'il s'éloigne de la surface réfléchissante, la grandeur de l'image augmente, et bientôt elle s'évanouit complètement pour faire place à une clarté diffuse au milieu de laquelle on ne distingue plus aucun contour régulier.

Fig. 27. — Formation d'une image virtuelle dans un miroir concave.

D'un autre côté, si l'on expose directement aux rayons du soleil un semblable miroir, on voit se former à une distance plus ou moins éloignée de sa surface, selon son degré de courbure, une petite image d'un blanc éblouissant, qui peut être facilement reçue sur un petit écran ; ce point lumineux, où se trouvent concentrées en même temps la chaleur et la lumière du soleil, n'est autre chose qu'une image de l'astre ; elle est placée, nous le savons, au foyer principal.

A la lumière du soleil substituons la flamme d'une bougie placée à quelques mètres de la surface réfléchissante ; elle donnera encore une image réelle amoindrie dans ses dimensions ; cette image est renversée et se forme un peu plus loin du miroir que son foyer principal. Ce cas se trouve réalisé toutes les fois que l'on reçoit sur un miroir concave les rayons émis par des objets extérieurs un

Fig. 28. — Image réelle produite par un miroir concave.

peu éloignés. On peut alors recevoir sur un petit écran, comme le montre la figure 28, une image très lumineuse et renversée de ces objets.

La bougie se rapproche-t-elle du miroir, son image s'en éloigne et grandit ; enfin, à une certaine distance, l'image, toujours renversée, devient égale à l'objet ; elle se produit alors sur la bougie elle-même qui se trouve placée au centre de courbure. Un observateur qui occuperait successivement les diverses positions que nous venons d'indiquer verrait son image renversée et d'autant plus petite qu'il serait plus éloigné du miroir.

Les différents lieux où se forment ces images sont autant de foyers comparables au foyer principal produit par les rayons parallèles du soleil. Cependant, comme leur situation n'a rien de fixe et qu'elle est intimement liée à la distance du corps éclairant qui leur donne naissance, on les désigne sous le nom de *foyers conjugués*.

On peut encore faire varier la situation de l'objet lumineux en le plaçant aux divers points où se formaient ses images dans l'expérience précédente. Un instant de réflexion suffit pour faire prévoir ce qui doit se passer en pareil cas : la lumière devra évidemment suivre une marche inverse, et si l'objet occupe la position de l'image, celle-ci se formera au point où se trouvait l'objet. Cette image devra, par conséquent, être amplifiée et toujours renversée. La figure 29 donne une idée de la marche des rayons dans ces divers cas.

On voit aussi que la grandeur de l'image augmentera à mesure que la source lumineuse se rapprochera du foyer, et arrivée à ce point, les rayons réfléchis, devenus parallèles, cesseront de converger ; il n'y aura plus d'image. Enfin si l'objet éclairé se rapproche encore du miroir, la lumière réfléchie deviendra divergente, et l'on retombe dans le premier cas, où l'image est virtuelle et agrandie.

Quant aux miroirs convexes, ils donnent toujours des images virtuelles droites et plus petites des objets extérieurs. Les globes de verre étamés qui servent à la décoration des jardins nous en montrent un exemple bien connu. Une bulle de savon, une perle d'acier poli, se comportent de la même manière.

Il est presque inutile d'insister sur les applications nombreuses des miroirs de différentes formes ; sans parler ici des fréquents usages que nous en faisons tous les jours, nous indiquerons rapidement quelques-unes de leurs applications scientifiques les plus importantes. C'est à l'aide de la lumière réfléchie par les faces planes et brillantes des corps cristallisés que l'on parvient à déterminer l'inclinaison réciproque de ces faces pour en déduire la forme cristalline. Le sextant, si utile au marin pour mesurer la distance angulaire de deux points, malgré les mou-

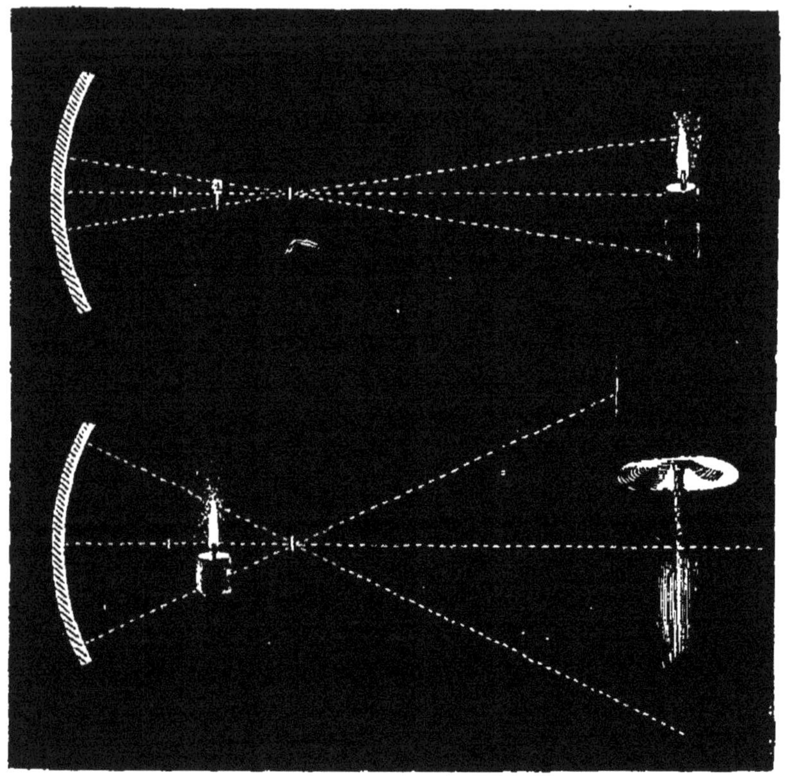

Fig. 29. — Relations entre la grandeur d'un objet et celle de son image, dans les miroirs concaves.

vements continus du navire, est fondé sur la réflexion successive de la lumière sur deux miroirs plans.

Une surface réfléchissante mise en mouvement par un mécanisme d'horlogerie fournit au physicien le moyen de donner aux rayons solaires une direction invariable, malgré le mouvement apparent de l'astre; on donne le nom d'héliostat aux instruments destinés à cet usage. La figure 30 représente un de ces appareils. Nous citerons encore l'application des miroirs plans à la transmission instantanée de signaux lumineux à des distances considérables. Ce procédé de télégraphie solaire est certainement

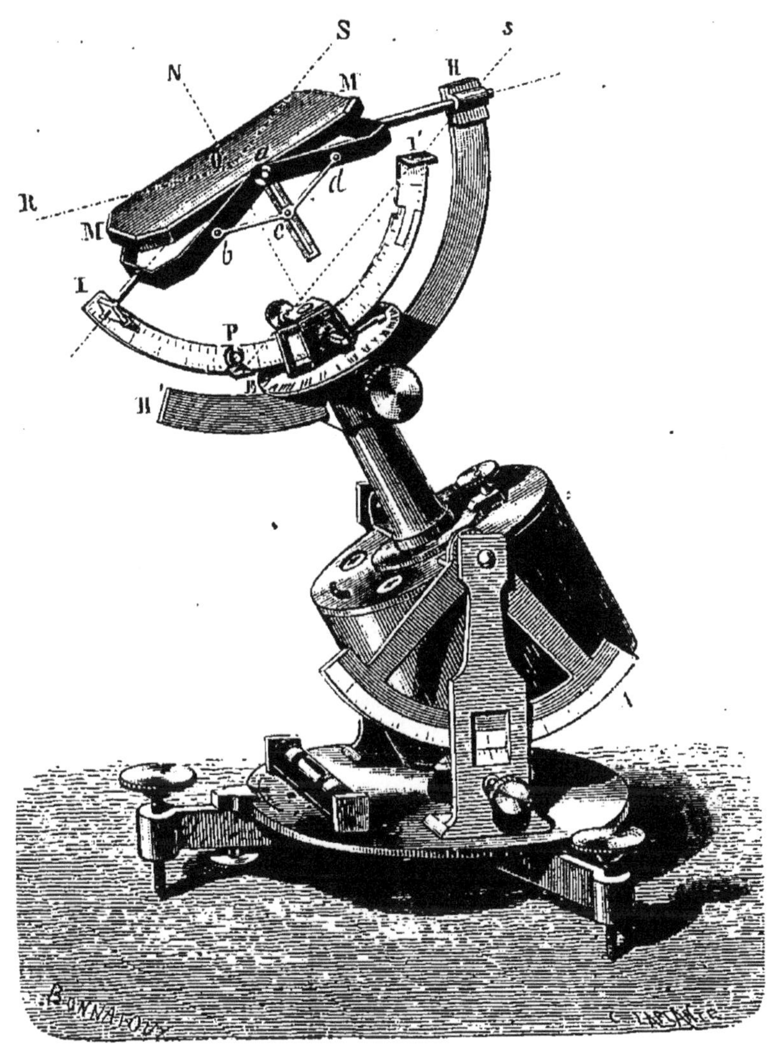

Fig. 30. — Héliostat.

appelé à rendre de grands services, il suffit de rappeler la si heureuse application qui en a été faite tout récemment aux mesures géodésiques.

Fig. 31. — Grand miroir à facettes de Buffon.

Les miroirs concaves n'ont pas une moindre importance : ils servent non seulement à modifier la direction des rayons lumineux, mais à concentrer encore la chaleur du soleil, soumise aux mêmes lois que sa lumière. Tout le monde connaît le fait attribué à Archimède, qui, du haut des murs de Syracuse, incendia la flotte romaine à l'aide de miroirs ardents. Cette tradition était acceptée comme un fait indiscutable, lorsque Descartes la relégua au nombre des fables les plus extravagantes. Cependant Buffon chercha à la réhabiliter, en montrant expérimentalement la possibilité d'arriver à de pareils résultats. « Cette invention, dit-il, était dans le cas de plusieurs autres découvertes de l'antiquité qui se sont évanouies parce qu'on a préféré la facilité de les nier à la difficulté de les retrouver. »

La difficulté principale consistait à construire des miroirs courbes d'une très grande étendue. Buffon eut l'idée de les remplacer par un grand nombre de petites surfaces planes juxtaposées, dont l'ensemble constituait un miroir à facettes représentant une énorme calotte sphérique. La construction de cet appareil ne présentait plus de difficultés sérieuses, et bientôt on put produire des effets d'une intensité surprenante. La plupart des métaux furent fondus au foyer de ce gigantesque instrument ; des bois goudronnés furent enflammés à plus de deux cents pieds de distance. L'expérience d'Archimède perdait ainsi son caractère merveilleux, elle rentrait dans un ordre de phénomènes réalisables par les procédés de la science.

Les remarquables effets des miroirs concaves devaient appeler l'attention des physiciens ; on ne tarda pas à imaginer des procédés pratiques pour en augmenter la perfection, et bientôt ils trouvèrent leur place parmi les organes essentiels des instruments d'optique les plus importants. Grâce à eux, de puissants télescopes permirent de sonder les régions lointaines des espaces célestes : ils sont employés dans beaucoup de phares pour diriger, à de grandes distances, les rayons d'une source lumineuse.

Signalons enfin l'usage si fréquent que l'on en fait pour concentrer sur de petits espaces une grande quantité de lumière.

Quant aux miroirs convexes, leur emploi est beaucoup plus limité, bien qu'ils trouvent d'utiles applications dans quelques instruments d'optique. Ils entrent dans la construction de certains télescopes ; les peintres en font souvent usage pour réduire les dimensions des paysages qu'ils veulent reproduire. La réflexion de la lumière sur des surfaces convexes intervient fréquemment dans la nature pour donner lieu à de brillantes apparences : l'éclat argenté des gouttes de rosée suspendues le matin aux

Fig. 32. — Goutte de rosée.

feuilles des plantes est due à la forme sphérique de ces gouttelettes : la lumière resserrée en un faisceau étroit par ces miroirs en miniature acquiert, par cette concentration, un éclat inaccoutumé. Un œil assez pénétrant pourrait admirer dans ces perles lumineuses l'image fidèle des objets environnants, réduite à des dimensions microscopiques.

La réflexion spéculaire n'exerce dans les phénomènes

naturels qu'une action relativement peu importante. La diffusion, au contraire, joue un rôle prépondérant ; nous devons, avant d'en étudier les effets, nous faire une idée nette du mécanisme qui sert à la produire. L'expression de réflexion irrégulière par laquelle on désigne souvent le phénomène qui va nous occuper est loin de correspondre à une vérité physique. La lumière se réfléchit à la surface d'un corps rugueux suivant les mêmes lois que sur le miroir le plus parfait ; les conditions seules de la surface réfléchissante se trouvent modifiées, et cette modification entraîne l'irrégularité apparente de la réflexion.

Une surface rugueuse doit être considérée comme la réunion d'un nombre infini de surfaces planes ou sphériques, infiniment petites, aux formes les plus variées, orientées dans toutes les positions imaginables. Qu'un faisceau lumineux tombe sur un pareil assemblage de petits miroirs, la réflexion, régulière pour chacun d'eux, enverra, grâce à leur nombre, de la lumière dans toutes les directions, de sorte qu'un certain nombre de ces rayons parviendra nécessairement jusqu'à nos yeux. Cette surface sera donc visible pour nous, quelle que soit l'incidence des rayons qui la frappent ; elle se comportera comme une véritable source de lumière.

D'après cette explication, on doit s'attendre à rencontrer à tous les degrés possibles la propriété de diffuser la lumière, comme on observe à tous les degrés celle de la réfléchir régulièrement. On s'explique pourquoi presque toutes les substances peuvent devenir des miroirs plus ou moins parfaits quand on augmente la perfection de leur poli. Un morceau de bois dur réfléchit assez bien la lumière quand il est travaillé avec soin ; il ne fait que la diffuser quand il est grossièrement ébauché. Le polissage n'a d'autre effet que de donner une direction commune à toutes les facettes réfléchissantes de la surface d'un corps, en faisant disparaître toutes les anfractuosités qui détournent une partie des rayons de leur marche concordante ; mais combien ce résultat est difficile à atteindre d'une manière absolue par les procédés mécaniques dont nous disposons.

Polir un corps, c'est remplacer les rugosités apparentes de sa surface par d'autres rugosités plus petites. C'est, si l'on veut, substituer des collines à des montagnes ; mais, quelle que soit la ténuité des poudres destinées à user la matière, quelle que soit l'habileté de l'ouvrier chargé de ce travail, la perfection ne sera jamais atteinte. La nature seule jouit du privilège de pouvoir apporter à ses œuvres une délicatesse infinie, défiant le talent de l'artiste le plus expérimenté.

Que l'on examine au microscope un morceau d'acier

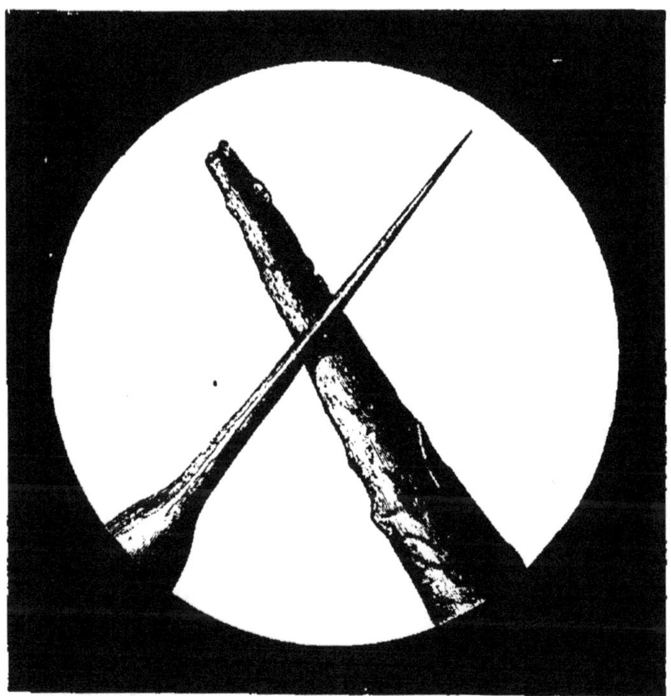

Fig. 35. — Pointe d'aiguille d'acier et aiguillon d'abeille, vus à un fort grossissement.

du plus beau poli, l'œil est surpris d'observer à sa surface un nombre infini de rugosités qui lui donnent l'apparence d'une peau chagrinée; la pointe de l'aiguille le plus délicatement travaillée, sillonnée de stries profondes, ressemble à un clou de fer grossièrement limé. Comparez maintenant à ce travail si imparfait le simple aiguillon d'une abeille : loin de trahir quelque imperfection inattendue, le microscope vous montrera un de ces modèles inimitables, une de ces merveilles dont la nature seule possède le secret.

Ajoutons à tout cela les difficultés nouvelles qui surgissent lorsque au fini d'une surface réfléchissante doit s'ajouter une forme rigoureusement déterminée. On ne sera plus étonné de voir l'attention des physiciens et des astronomes fixée depuis si longtemps sur les procédés de construction des miroirs, et l'on comprendra tout le prix qu'ils attachent à un simple morceau de verre réunissant toutes les qualités nécessaires à leurs observations.

Les miroirs plans les plus parfaits sont ceux que fournissent les surfaces liquides lorsqu'aucune cause extérieure d'agitation n'en trouble le repos. Leur constitution moléculaire produit un poli inimitable, tandis que l'action de la pesanteur se charge de rendre leur surface rigoureusement plane et horizontale. Dans les observatoires, où l'on fait un fréquent usage de miroirs plans pour certaines observations astronomiques, on se sert d'un bain de mercure parfaitement immobile et d'une grande pureté; les images réfléchies atteignent aussi un degré de netteté irréprochable; mais le moindre ébranlement, la plus légère trépidation change instantanément l'aspect du phénomène. Les images calmes et tranquilles disparaissent subitement pour faire place à un éclat diffus, agité comme la surface qui les engendre.

Voilà pourquoi l'eau d'un fleuve ou d'un lac ne réfléchit jamais bien nettement les objets qui bordent le rivage; leurs images plus ou moins déformées paraissent presque toujours allongées dans le sens vertical; cette apparence peut même acquérir une intensité suffisante pour faire cesser presque entièrement la réflexion ordinaire; elle fait place par degrés insensibles à la réflexion diffuse

Lorsque par une nuit bien calme, la lune éclaire la surface d'une eau limpide, les rayons de l'astre réfléchis par ce miroir immobile nous montrent au fond des eaux son image nette et brillante; mais qu'une brise légère vienne à rider légèrement la nappe liquide, celle-ci s'illumine subitement et son éclat est d'autant plus brillant que les vagues qui la sillonnent sont plus serrées et plus nombreuses.

On trouve à la fois dans cet exemple une démonstration et une conséquence des principes précédents. Le liquide calme et en repos dirige régulièrement dans une même direction les rayons lumineux qui le frappent; ridé par le vent, il se comporte comme un miroir dépoli et les disperse dans tous les sens. La propriété de réfléchir ou de diffuser la lumière n'est donc pas liée à la nature même d'un corps, elle dépend uniquement de l'état de sa surface.

Il sera facile maintenant de se rendre compte de ces apparences variables et mobiles que présente une même substance selon la manière dont elle reçoit et dont elle nous transmet la lumière. Une étoffe de velours, par exemple, est toujours mate et sans éclat lorsqu'elle est parfaitement tendue, cela tient à la disposition des filaments de soie ou de coton : implantés sur la trame comme les crins d'une brosse sur leur monture de bois, ils diffusent par leurs extrémités la lumière qu'ils reçoivent. Mais qu'un pli vienne à se produire, leur surface latérale, brillante et polie, réfléchit la lumière comme autant de petits miroirs cylindriques parallèles entre eux. De là résulte cette traînée lumineuse qui accuse si nettement le moindre pli à la surface d'un pareil tissu. Il faut attribuer à la même cause l'aspect chatoyant d'un champ de blé agité par le vent : toutes les tiges courbées en même temps réfléchissent par leur surface une grande quantité de lumière, tandis que lorsqu'elles sont verticales leurs extrémités n'envoient à nos yeux que des rayons diffusés.

Les étoffes de soie, dont l'éclat est presque comparable

Fig. 34. — Réflexion de la lumière sur une nappe d'eau agitée.

à celui d'un miroir poli, doivent leurs brillants reflets à une réflexion spéculaire; ces transitions brusques de lumière et d'obscurité que présente une robe de satin élégamment drapée tiennent uniquement à l'orientation des divers points de sa surface par rapport à l'œil qui les observe; on dirait une série de miroirs aux formes les plus gracieuses devenant visibles ou invisibles selon l'incidence de la lumière qui les frappe. L'art a su modifier encore par des artifices habilement conçus ces admirables jeux de lumière. Tous ces rubans moirés, ces soieries chatoyantes empruntent leurs reflets mobiles au mode d'arrangement des fibres de leur tissu. Tantôt symétriquement disposées par la main du tisserand, d'autres fois écrasées méthodiquement par le rouleau du satineur, ces fibres prennent des orientations différentes et réfléchissent ou diffusent la lumière selon la direction sous laquelle elles la reçoivent.

La diffusion ne s'effectue pas seulement sur la surface extérieure des corps; dans bien des cas, elle se manifeste sur le trajet d'un faisceau lumineux déjà engagé dans leur substance; elle produit alors un mode d'illumination particulier, désigné sous le nom d'*opalescence*. Les minéralogistes donnent le nom d'opale à une variété naturelle de quartz fort estimée des lapidaires, d'une apparence laiteuse à reflets chatoyants. Si l'on étudie attentivement la structure de cette pierre, on remarque dans son intérieur une multitude de facettes troublant son homogénéité. Les réflexions nombreuses éprouvées par la lumière sur ces surfaces intérieures donnent à cette substance son aspect particulier.

Il est facile de provoquer artificiellement une propriété analogue dans les milieux les plus transparents; il suffit de répandre dans leur masse une matière très divisée, capable de réfléchir la lumière. L'eau devient opalescente quand elle tient en suspension des poussières très fines; le mélange d'une petite quantité de lait produit immédiatement ce résultat. Quelques gouttes d'eau de Cologne versées dans un verre d'eau donnent lieu à un effet analogue; dans ce cas, les huiles essentielles auxquelles le liquide doit son parfum se séparent sous forme de gouttelettes d'une extrême petitesse réfléchissant la lumière dans toutes les directions. Les verres opalins, si employés dans la construction des vitraux, doivent ordinairement leur aspect spécial à des particules très ténues de phosphate de chaux disséminées dans leur masse.

L'opalescence n'est donc autre chose qu'une diffusion intérieure due à la même cause que la réflexion diffuse engendrée à la surface des corps. Mais tous les rayons ainsi réfléchis ne peuvent évidemment traverser la substance; celle-ci transmettra donc d'autant moins de lumière qu'elle la diffusera en plus forte proportion : l'opalescence est, pour ainsi dire, le premier degré de l'opacité.

Les corps gazeux partagent avec les solides et les liquides cette propriété remarquable; on la voit intervenir à tout instant dans l'atmosphère, où elle donne lieu à mille phénomènes intéressants que nous laissons passer inaperçus parce que nous sommes trop habitués à les observer. Quand un rayon lumineux pénètre dans une pièce peu éclairée on en suit aisément la marche par la traînée brillante qui l'accompagne : l'air semble illuminé sur tout le trajet du rayon.

Nous savons cependant que l'air est invisible ; il faut donc qu'une cause spéciale intervienne pour produire cette illumination permanente. Il suffit d'examiner avec un peu d'attention le faisceau éclairé pour se convaincre que ces brillantes lueurs sont dues à la présence de fines poussières voltigeant au sein de l'air. Ces poussières sont en mouvement continuel ; leur ténuité semble les soustraire aux lois de la pesanteur; elles se renouvellent sans cesse et paraissent faire partie intégrante de l'atmosphère. Nous assistons en réalité à un phénomène de diffusion superficielle engendré par des particules solides infiniment petites.

Ces poussières existent autour de nous dans toute la masse atmosphérique; elles doivent nécessairement communiquer à l'air qui nous enveloppe un certain degré d'opalescence; mais elles ne sont pas la seule cause active dans la production de ce phénomène. La vapeur d'eau se condense, sous mille influences diverses, à l'état de fines vésicules capables aussi de réfléchir ou de diffuser la lumière dans toutes les directions. Enfin, la substance même de l'air ne reste pas inactive dans la transmission des rayons lumineux, elle intervient aussi pour sa part et ajoute son action à celle des poussières ou des vésicules aqueuses.

De l'influence de ces trois causes réunies découlent deux conséquences corrélatives : d'une part, la transparence de l'air doit être diminuée, en second lieu l'atmosphère pourra acquérir un degré de visibilité en rapport avec la proportion de lumière qu'elle diffuse. Ces deux conséquences sont justifiées par ce qui se passe tous les jours sous nos yeux.

Des trois agents que nous venons de signaler, la vapeur d'eau est certainement le plus actif. Cette vapeur existe constamment dans l'atmosphère à l'état de fluide invisible, mais le moindre abaissement de température suffit souvent pour la condenser à l'état liquide; quand cette condensation se produit à une faible hauteur à la surface du sol, nous assistons à la formation d'un brouillard. Il n'est pas rare de voir ces brouillards naître subitement autour de nous; nous pouvons suivre alors dans toutes ses phases l'action qu'ils exercent sur les rayons lumineux. Peu à peu les objets éclairés s'obscurcissent, leurs contours deviennent plus confus, enfin ils disparaissent entièrement si la condensation de la vapeur atteint un degré suffisant. Nous nous trouvons alors au sein même du milieu opalescent, dans les mêmes conditions qu'un poisson nageant dans une eau légèrement bourbeuse.

Les nuages se forment dans les régions supérieures de l'atmosphère par le même mécanisme que les brouillards à la surface du sol; comme eux, ils deviennent visibles en diffusant de la lumière. A ces rayons diffusés s'ajoutent ceux qui ont traversé le nuage, et de la combinaison de ces deux modes d'éclairages résulte cette illumination si mobile dont l'éclat est encore rehaussé par mille jeux de lumière dus aux épaisseurs et aux formes si variables du nuage.

Bien que la vapeur d'eau condensée soit la cause la plus puissante de la diffusion au sein de l'atmosphère, de nombreuses réflexions se produisent dans l'air le plus pur et le plus serein par un mécanisme encore imparfaitement connu; il est très probable qu'elles sont dues à l'action des fines poussières répandues dans l'air jusque dans les régions les plus inaccessibles, réunie à celle des molécules même de notre milieu gazeux.

Ces actions, pour si faibles qu'elles soient, exercent un rôle immense sur l'apparence de l'atmosphère; elles engendrent la couleur azurée du ciel et versent constamment sur la nature ces flots de lumière douce qui l'éclairent en l'absence du soleil. L'air, dit Biot, est autour de la terre comme une sorte de voile brillant qui multiplie et propage la lumière du soleil par une infinité de répercussions.

Si l'atmosphère n'existait pas, la belle nuance d'azur de la voûte céleste nous serait inconnue; le ciel serait aussi sombre dans le milieu du jour que pendant le nuit la plus obscure; le disque lumineux du soleil se détacherait sur ce fond noir comme les étoiles et les planètes par une nuit sereine; les étoiles elles-mêmes ne cesseraient jamais d'être visibles. Ce que nous voyons en regardant le ciel, c'est l'atmosphère vivement éclairée : semblable à une nappe lumineuse d'une immense étendue, elle disperse dans mille directions à la surface de la terre une lumière douce et pénétrante.

A cette action de l'atmosphère se rattache un phénomène important au point de vue météorologique. Tout corps opaque placé sur le trajet d'un faisceau lumineux projette derrière lui une ombre qui plonge dans une obscurité absolue toute la portion de l'espace qu'elle envahit; nous devrions donc passer brusquement de la vive clarté du jour à l'obscurité de la nuit dès que le soleil disparaît au-

Fig. 55. — Objets vus à travers un brouillard.

dessous de l'horizon ; de même, à son lever, l'astre devrait nous éblouir de ses rayons à l'instant même où il finira la nuit astronomique.

Les choses sont loin de se passer avec cette brutalité théorique : le crépuscule et l'aurore établissent à la surface du globe une transition insensible entre les ténèbres de la nuit et la vive lumière du jour. C'est encore aux propriétés optiques de l'air que nous sommes redevables de cette douce lumière qui précède et qui suit le soleil dans sa course apparente.

L'atmosphère s'étend au-dessus de nos têtes à une grande hauteur, évaluée à 180 kilomètres environ ; cette épaisseur, très faible si on la compare au diamètre de la

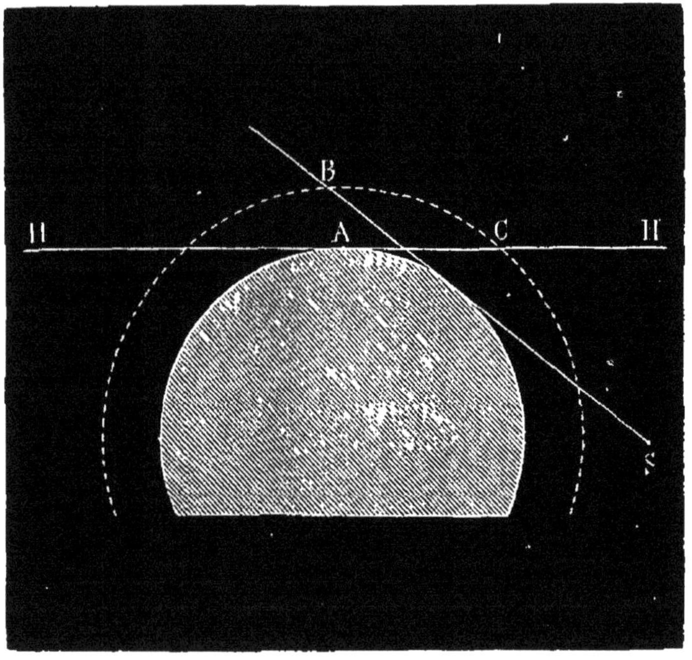

Fig. 36. — Théorie de l'aurore et du crépuscule.

terre, dont elle n'est qu'une très petite fraction, suffit cependant à exercer sur beaucoup de phénomènes optiques une influence dont il est facile de se rendre compte.

Représentons par la surface ombrée de la figure 36 une coupe de la terre et par le cercle extérieur la limite de l'atmosphère; la direction AH sera la ligne d'horizon pour un observateur placé en A. Le soleil disparaîtra pour lui dès qu'il se trouvera abaissé au-dessous de cette ligne, en S par exemple; l'astre sera alors incapable d'éclairer directement le point A; mais ses rayons atteindront encore les régions supérieures de l'atmosphère et illumineront tout le segment BC, visible pour notre observateur. Cette portion pourra donc, par son pouvoir diffusif, renvoyer de vives lueurs à la surface du globe, et l'éclairer longtemps encore après le coucher astronomique du soleil. Le même mécanisme intervenant le matin avant le lever de l'astre donnera naissance à la lumière aurorale.

La quantité de lumière ainsi réfléchie dépend, on le voit, de l'épaisseur des couches d'air. Si l'atmosphère terrestre s'étendait indéfiniment au-dessus de la terre, les rayons du soleil, réfléchis par des couches suffisamment élevées, pourraient toujours parvenir jusqu'à nous, le phénomène de la nuit nous serait complètement inconnu.

Dans la production du crépuscule, une portion du ciel seulement se trouve éclairée directement, tandis que la région orientale ne reçoit aucune lumière. La terre doit, en effet, projeter sur le ciel une ombre d'autant plus étendue que le soleil est plus bas au-dessous de l'horizon; nous devrions donc apercevoir nettement dans l'atmosphère la limite de séparation entre la partie éclairée par le soleil et celle qui ne reçoit pas directement ses rayons.

Cette apparence s'observe rarement dans nos pays, mais dans des contrées plus favorables à ce genre d'observations on a pu étudier le phénomène dans ses diverses phases et comparer par des mesures précises la hauteur de l'arc crépusculaire avec la position du soleil au-dessous de l'horizon. On conçoit même que ces données puissent être utilisées pour calculer la hauteur de l'atmosphère; telle est, en effet, la méthode imaginée par Kepler, et d'après laquelle il évalua à 12 ou 15 lieues l'épaisseur des couches d'air qui enveloppent la terre.

Remarquons, en passant que si un pareil procédé per-

Fig. 37. — Paysage lunaire.

met de mesurer avec assez d'exactitude la hauteur à laquelle cessent de se produire les phénomènes de diffusion, il ne tient aucun compte des couches gazeuses d'une transparence complète qui peuvent exister à une plus grande élévation. On arrive effectivement par d'autres considérations à attribuer à l'atmosphère une épaisseur beaucoup plus considérable.

L'intensité et l'étendue de la lumière crépusculaire ou aurorale doivent dépendre, on le comprend, de l'état de l'atmosphère au moment du lever et du coucher du soleil. La transparence des régions inférieures et l'opacité des couches élevées favoriseront nécessairement la production du phénomène, en fournissant aux rayons lumineux une route facile dans un milieu très diaphane et une cause puissante de diffusion dans les couches opalescentes des régions supérieures.

Ces conditions, souvent réalisées dans nos climats, surtout pendant l'hiver, existent à l'état de permanence dans les contrées polaires, où flottent toujours dans l'air des particules de neige ou des cristaux de glace. La longueur du crépuscule fait régner dans ces régions désolées, pendant leurs longues nuits de plusieurs mois, un demi-jour continuel auquel s'ajoute encore la clarté souvent très vive des aurores polaires. Entre les tropiques, au contraire, où l'air est très pur et très sec, le crépuscule a une si courte durée, que bien des voyageurs ont été surpris par l'arrivée rapide de la nuit. D'après les relations de Humboldt, le crépuscule durerait un quart d'heure au Chili et quelques minutes seulement à Cumana, à une petite distance de l'équateur.

Telle est, dans ses traits les plus saillants, le rôle de l'atmosphère dans la distribution de la lumière à la surface du globe ; combien de phénomènes plus merveilleux encore se produisent au sein de l'air : ces magiques illuminations du ciel au lever et au coucher du soleil ; ces fériques colorations qui se jouent dans les nuages, ces resplendissants météores parés des plus riches nuances, cesseraient de charmer nos regards, si l'atmosphère était subitement anéantie.

« L'effet étrange de l'absence de l'atmosphère serait bien plus complet et bien plus saisissant, s'il nous était donné de nous transporter sur notre satellite. Comparons le riant spectacle que nous offre la terre en partie couverte de son manteau humide et ondoyant, sillonnée de fleuves; comparons, dis-je, ce spectacle avec l'aspect morne de la lune, avec son sol de pierre ou de métal déchiré, crevassé et si rudement bouleversé dans ses vastes déserts montagneux; avec ses volcans éteints et ses pics semblables à de gigantesques tombeaux; avec son ciel noir invariable et sans forme, dans lequel règnent jour et nuit des étoiles non scintillantes, le Soleil et la Terre. Là, les jours ne sont en quelque sorte que des nuits éclairées par un soleil sans rayons. Point d'aurore le matin, point de crépuscule le soir. Les nuits sont absolument noires.... Le jour, les rayons solaires viennent se briser, se couper aux arêtes tranchantes, aux pointes aiguës des rochers, ou s'arrêter court aux bords abrupts de ses abîmes, dessinant çà et là de bizarres figures noires aux bords anguleux et tranchés, et ne frappant les surfaces exposées à leur action que pour se réfléchir et se perdre aussitôt dans l'espace, ombres fantastiques dressées au milieu d'un monde sépulcral, éternellement muet et silencieux[1]. »

1. Flammarion, *l'Atmosphère*.

IV

RÉFRACTION DE LA LUMIÈRE

Influence des divers milieux sur la marche de la lumière.—Lois de la réfraction. — Angle limite et réflexion totale. — Fontaine lumineuse. — La réfraction dans l'atmosphère. — Position apparente des astres. — Déformation des objets terrestres. — Le mirage. — Réfraction dans une lame de verre. — Images multiples des miroirs étamés. — Les prismes et les lentilles. — Images réelles et virtuelles. — Les instruments d'optique.

Un grand nombre de faits semblent en opposition flagrante avec quelques-uns des principes précédemment formulés. La lumière, avons-nous dit, marche toujours en ligne droite; on la voit cependant, dans bien des circonstances, suivre une marche plus compliquée; ses rayons s'infléchissent, se courbent de mille manières et semblent échapper aux lois générales qui règlent sa propagation.

En portant quelque attention à l'examen de ces nouveaux phénomènes, on ne tarde pas à trouver dans l'intervention d'une condition nouvelle la cause de ces anomalies. Un rayon lumineux change en effet de direction toutes les fois qu'il passe d'un milieu dans un autre; mais, une fois la déviation effectuée, il continue sa route en ligne droite, pourvu que le nouveau milieu conserve son homogénéité. Cette déviation a reçu le nom de *réfraction;* les corps transparents qui la produisent sont appelés corps *réfringents.*

Il suffit, pour vérifier ce fait, de recevoir, dans une chambre obscure, un rayon lumineux sur la surface d'une masse d'eau contenue dans un vase transparent. Le faisceau s'infléchit en pénétrant dans le liquide et reprend ensuite sa marche rectiligne.

Quand on reçoit les rayons du soleil sur une lentille de verre, on les voit aussi se dévier de leur direction et se croiser après avoir traversé la lentille. Un bâton plongé dans l'eau paraît brisé au point où il rencontre la surface, et la portion immergée semble se relever. Ces apparences variées ont leur cause dans la réfraction de la lumière; quelques lois bien simples suffisent à les interpréter toutes.

Il faut avant tout se rappeler que l'œil, impressionné par des rayons divergents, reporte toujours l'impression qu'il éprouve à la direction de ces rayons; il croit voir

Fig. 38. — Déviation d'un rayon lumineux pénétrant dans un liquide.

l'objet d'où ils émanent au point même où ils se croisent, réellement ou virtuellement. Ce principe nous a déjà servi à expliquer la formation des images dans les miroirs; il va nous rendre compte des effets de la réfraction.

Dans l'expérience du bâton brisé, par exemple, la portion immergée, éclairée à travers la masse d'eau, se comportera comme un objet lumineux envoyant de la lumière dans toutes les directions. Si l'on considère un de ses points, son extrémité par exemple, les rayons qu'il émet s'infléchiront en pénétrant dans l'air, et un œil placé sur leur trajet croira voir sur leur prolongement le point d'où

Fig. 39. — Expérience du bâton brisé.

ils émanent. Le même raisonnement s'appliquant d'ailleurs à chacun des points immergés, on se rend facilement compte de la cause de cette illusion.

Pour la même raison, un verre rempli d'eau nous paraît moins profond que lorsqu'il est vide : le fond semble se soulever vers la surface du liquide. Toutes les fois que nous essayons de saisir un objet plongé dans l'eau, nous éprouvons une véritable difficulté à diriger notre main, qui semble ne plus obéir aux enseignements qu'elle est habituée à recevoir de la vision.

Ces considérations donnent une idée générale des effets dus à la réfraction, sans en fournir toutefois une explication suffisante ; nous allons essayer d'exposer, aussi brièvement que possible, les lois fondamentales auxquelles obéissent ces phénomènes et les conséquences nombreuses liées à leur production.

Nous supposerons d'abord que les rayons, partant d'un point lumineux S, placé dans l'air (fig. 40), rencontrent une masse d'eau dont la ligne AB représente la surface ; un de ces rayons, SI, atteindra le liquide au point I. Ce rayon se nomme *rayon incident;* le point I est le

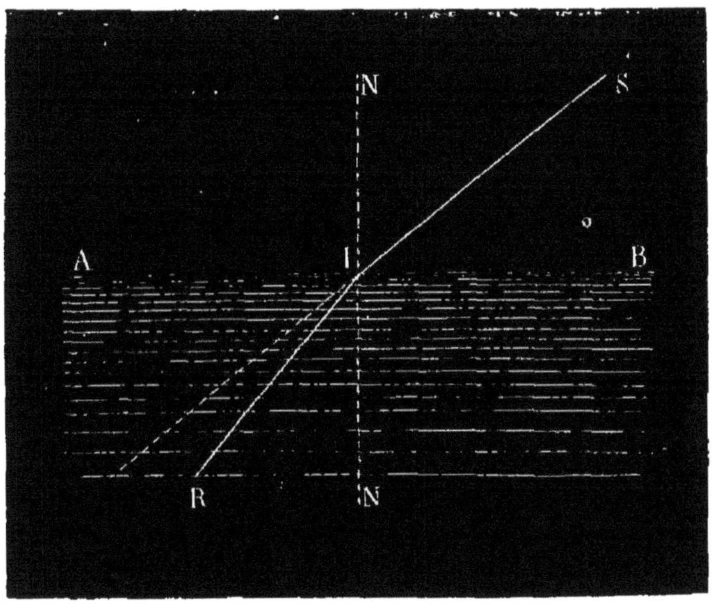

Fig. 40. — Angle d'incidence et angle de réfraction.

point d'incidence; la perpendiculaire NIN s'appelle *normale*, comme s'il s'agissait de la réflexion de la lumière. La lumière se divisera en deux portions en rencontrant la surface liquide : l'une se réfléchira selon les lois déjà énoncées, la seconde pénétrera dans la masse d'eau ; c'est la seule qui nous intéresse en ce moment. Or, l'expérience démontre que la déviation produite au point d'incidence a toujours pour effet de rapprocher le rayon réfracté de la normale dans l'intérieur du liquide : l'angle RIN est l'angle de réfraction. Si l'on fait varier l'inclinaison du faisceau incident, on observe des variations correspondantes dans la direction du rayon réfracté ; tous les deux s'éloignent ou se rapprochent en même temps de la normale. Enfin lorsque la lumière tombe perpendiculairement sur la surface réfringente, toute déviation disparaît : le rayon réfracté est sur le prolongement du rayon incident.

Ces faits, d'une généralité absolue, se manifestent toutes les fois que la lumière passe d'un milieu dans un autre d'une densité plus grande. Dans l'exemple précédent, la source lumineuse était placée dans l'air, ses rayons pénétraient dans l'eau dont la densité est environ 770 fois supérieure ; il en serait encore de même si le rayon réfracté par l'eau rencontrait dans ce liquide une lame de verre, ou s'il sortait du verre pour entrer dans un diamant. On voit d'après cela que l'angle de réfraction est toujours plus petit que l'angle d'incidence ; il faut ajouter que, pour deux milieux déterminés, il existe entre ces deux angles une relation constante, que les physiciens désignent sous le nom d'*indice de réfraction*.

Supposons au contraire que la marche de la lumière s'effectue en sens inverse, c'est-à-dire que la source lumineuse se trouve dans le milieu le plus dense : il est facile de prévoir l'aspect nouveau du phénomène. Tous les rayons qui arriveront à la surface seront encore déviés, mais ils s'éloigneront de la perpendiculaire, au lieu de s'en rapprocher ; dans ce cas, l'angle de réfraction sera toujours plus grand que l'angle d'incidence. Si, par exemple, une bougie était placée dans l'eau, au point R de la figure 40, le rayon RI deviendrait le rayon incident et la ligne IS représenterait la direction du rayon réfracté. Ce cas est précisément celui qui correspond à notre expérience du bâton brisé, la partie plongée dans l'eau faisant l'office de corps lumineux.

La figure 41 permettra de se faire une idée assez nette de l'ensemble de ces phénomènes. Imaginons que la surface d'une masse d'eau, AB, soit recouverte d'un écran opaque percé en I d'une petite ouverture. Les rayons lumineux extérieurs qui arrivent de toutes les directions sur cette ouverture seront réfractés par le liquide, et après leur réfraction ils seront tous concentrés dans le cône CID. L'œil d'un plongeur qui se promènerait dans ce cône en regardant toujours l'ouverture recevrait de l'extérieur des rayons de plus en plus obliques, à mesure qu'il s'éloignerait de la normale, et quand il serait placé en C ou en D, il serait impressionné par ceux qui rasent la surface même de l'eau; mais au lieu de voir les objets dans leur position réelle, il les rapporterait à la di-

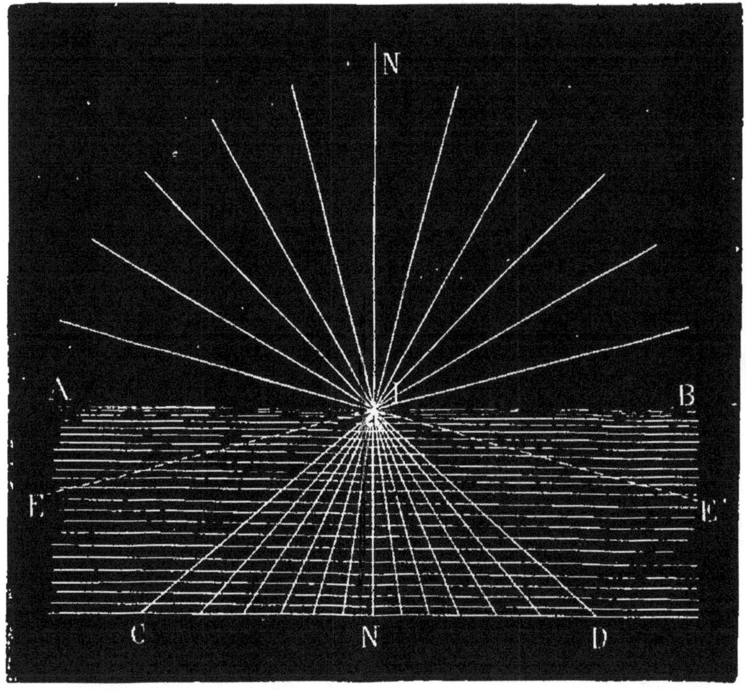

Fig. 41. — Passage de la lumière de l'air dans l'eau. — Angle limite.

rection du rayon réfracté, suffisamment prolongé. Réciproquement, un corps lumineux qui marcherait dans l'eau de C en D éclairerait successivement tous les points d'une demi-circonférence dont la surface de l'eau serait le diamètre.

Une question se pose immédiatement à l'occasion de cette conséquence : que deviendrait un rayon tel que EI, cheminant obliquement dans l'eau et formant avec la normale un angle plus grand que l'angle CIN. Il est évident qu'un pareil rayon ne pourra plus émerger dans l'air, puisque l'angle de réfraction correspondant serait plus grand qu'un angle droit. La théorie conduit alors à une solution physiquement irréalisable; mais l'expérience révèle l'apparition d'un phénomène nouveau.

Dans ces conditions particulières la lumière se réfléchit sur la surface intérieure du milieu qu'elle ne peut traverser; elle ne se divise plus comme dans les cas ordinaires en deux faisceaux, l'un réfléchi, l'autre transmis; elle éprouve une *réflexion totale* sans subir aucun affaiblissement dans son intensité. Ce fait est d'une très grande importance pratique, car il permet de réfléchir la lumière sans diminuer sensiblement son éclat, tandis que les miroirs les plus parfaits l'éteignent toujours d'une manière notable.

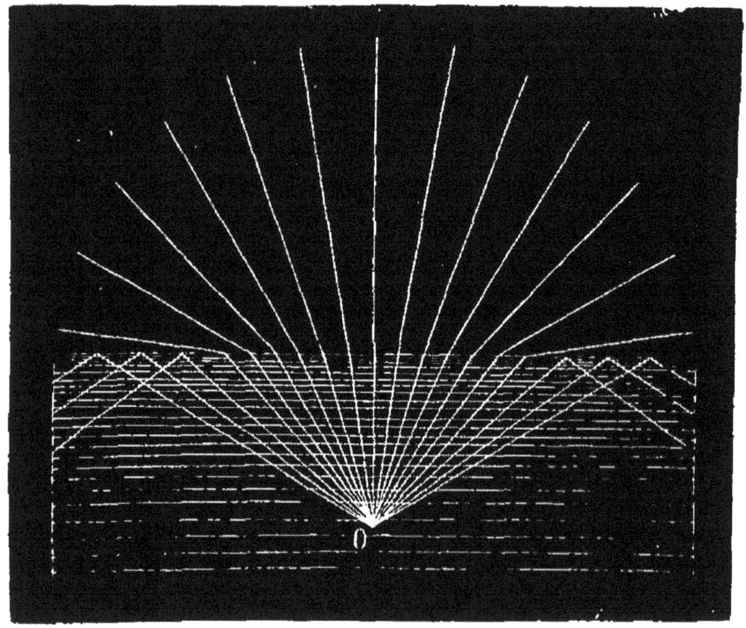

Fig. 42. — Passage de la lumière de l'eau dans l'air. — Réflexion totale.

Il est facile de voir que la réflexion totale se produira pour tous les rayons dont l'angle d'incidence sera plus grand que CIN. Cet angle, appelé *angle limite*, varie d'ailleurs avec la nature des milieux : il est de 48°.30′ pour l'eau et de 41° pour le verre.

On voit, d'après cela, que si une source lumineuse se trouve placée au sein d'une masse d'eau, en O par exemple, fig. 42, une portion de ses rayons pourra seule émerger hors du liquide. Tous ceux qui forment avec la normale un angle supérieur à 48 degrés resteront emprisonnés dans le milieu liquide ; ils seront réfléchis par la surface intérieure comme par un miroir parfaitement poli.

Voici une expérience d'une exécution facile dans laquelle intervient la réflexion totale : lorsqu'on regarde la flamme d'une bougie à travers un verre plein d'eau, en

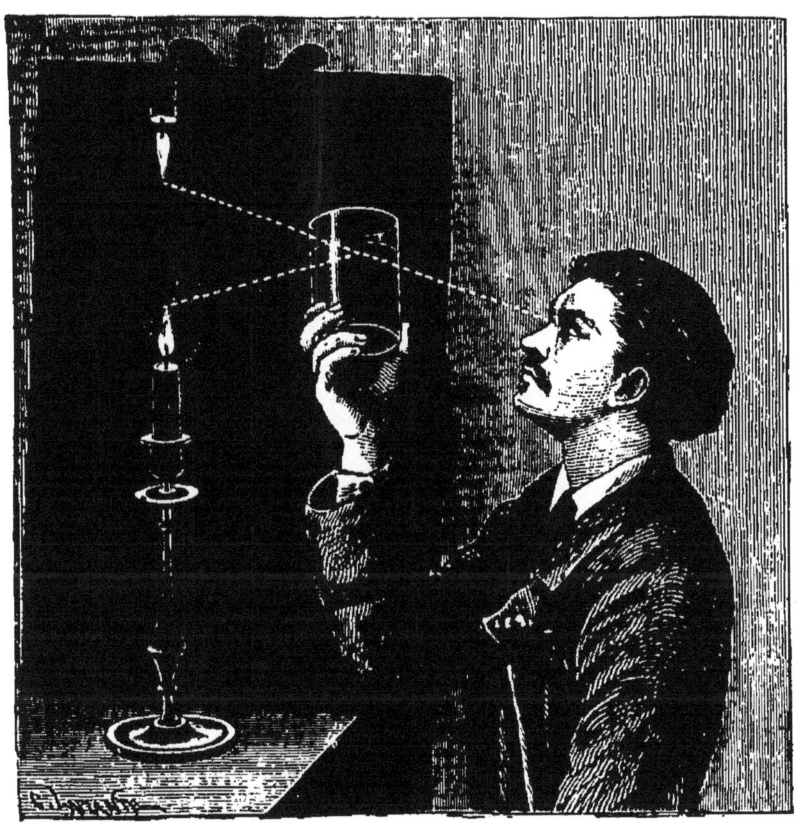

Fig. 43. — Phénomène de réflexion totale.

plaçant l'œil un peu au-dessous de la surface (fig. 43), on ne tarde pas à trouver une position pour laquelle apparaît une image brillante et symétrique de la bougie ; cette image est due à la réflexion des rayons obliques qui rencontrent la surface de l'eau sans pouvoir la traverser.

Citons encore un remarquable effet de réflexion totale, appliqué avec succès dans les théâtres pour produire les *fontaines lumineuses*. Quand de l'eau s'écoule d'un vase par un orifice percé à sa partie inférieure, le jet liquide affecte la forme d'une parabole; limpide et tranquille à sa sortie, comme une tige de cristal, il se

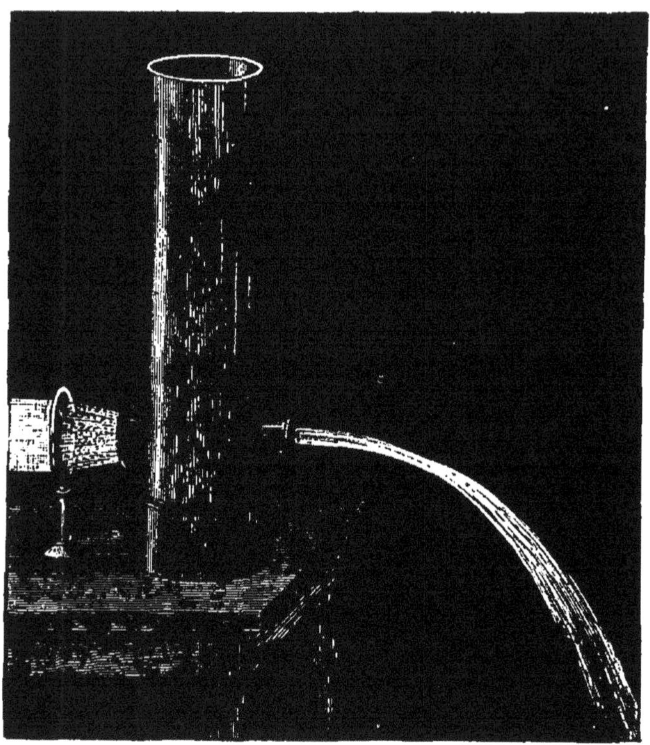

Fig. 41. — Fontaine lumineuse.

divise bientôt en une infinité de gouttes qui en troublent la transparence. Si on concentre sur l'orifice d'écoulement, à travers la masse d'eau, un faisceau de lumière intense, il rencontre le liquide sous une incidence telle qu'il ne peut en sortir; réfléchi totalement un grand nombre de fois dans l'intérieur de la veine liquide, il en suit la courbure, en lui donnant l'apparence d'un jet de feu. Il suffit d'ailleurs de placer successivement devant la source lumineuse des verres de différentes couleurs pour changer à volonté la nuance de cette gerbe lumineuse.

Les phénomènes de réfraction ne se produisent pas seulement par le passage de la lumière dans des substances de nature différente ; ils se manifestent encore dans un milieu unique lorsque, sous une influence quelconque, sa densité subit quelque modification. De pareilles conditions sont constamment réalisées au sein de notre atmosphère.

L'air possède à la surface du sol une densité beaucoup plus considérable que sur le sommet des montagnes ; cette densité va en diminuant d'une manière graduelle jusqu'aux limites supérieures de l'atmosphère ; au delà existe le vide absolu, c'est-à-dire l'absence de toute matière pondérable. La lumière des astres doit donc, pour parvenir à notre globe, traverser des couches d'air de densités croissantes ; elle subira nécessairement certaines déviations causées par la réfraction et accompagnées de modifications particulières dans la manière dont les astres apparaissent à nos regards.

Un rayon de soleil, par exemple, atteignant les premières couches d'air, éprouvera une première déviation, très légère à cause de l'extrême raréfaction de ce milieu gazeux ; puis, à mesure qu'il pénétrera plus profondément dans l'atmosphère, sa déviation augmentera progressivement jusqu'à la surface du sol, où elle atteindra sa plus grande intensité. Comme cette inflexion se fait d'une manière graduelle, le faisceau lumineux suivra en réalité une ligne courbe à concavité tournée vers la terre ; le dernier élément de cette courbe déterminera la direction attribuée par notre œil au rayon lumineux qui arrive jusqu'à lui.

Une des conséquences les plus saillantes de la réfraction atmosphérique est de nous faire voir les astres dans une position différente de celle qu'ils occupent réellement. Un coup d'œil jeté sur la figure 45 rendra facilement compte du mécanisme par lequel se produit le phénomène. Remarquons seulement que cette action s'exerce avec des intensités très différentes selon la position des astres relativement à notre globe.

Quand le soleil se lève à l'horizon, ses rayons tombent très obliquement sur l'atmosphère et la traversent dans sa plus grande épaisseur ; leur déviation apparente est alors aussi prononcée que possible, mais à mesure qu'il s'élève dans le ciel, leur inflexion diminue de plus en plus pour devenir nulle quand l'astre atteint le zénith ; nous le voyons alors dans la position même qu'il occupe.

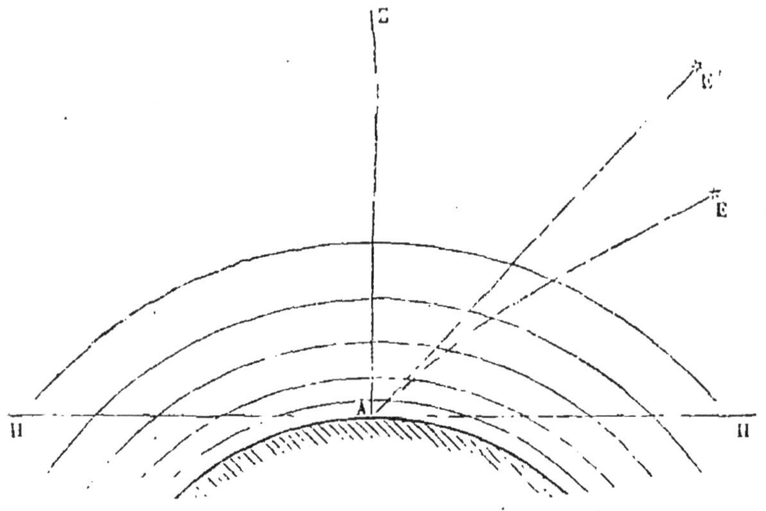

Fig. 45. — Réfraction atmosphérique.

Les phénomènes de réfraction se succèdent ensuite, en sens inverse, jusqu'à l'heure de son coucher.

Les astronomes ont dû calculer avec soin les effets de la réfraction atmosphérique à cause de l'influence qu'ils exercent sur l'exactitude de leurs observations. Leurs recherches les ont conduits à cette conclusion : qu'un point lumineux situé à l'horizon en dehors de l'atmosphère paraît relevé de 34 minutes environ ; or, comme le diamètre apparent du soleil est inférieur à cette quantité, il en résulte que nous voyons son disque tout entier avant que le bord supérieur de l'astre n'ait encore paru à l'horizon; de même nous le voyons encore quelques instants après son coucher astronomique. La durée du jour se trouve ainsi augmentée et celle de la nuit diminuée par l'effet de la réfraction.

Fig. 46. — Déformation du disque solaire à l'horizon.

La même cause produit les singulières apparences du soleil et de la lune quand ces astres se lèvent ou se couchent; leur disque semble toujours déformé et aplati. La réfraction exerçant son action dans le sens vertical, les rayons envoyés par le bord inférieur sont plus fortement déviés que ceux émanés du bord supérieur, celui-ci nous semble par conséquent moins élevé.

Les mouvements si variés qui troublent sans cesse le repos de l'atmosphère agissent aussi de mille manières sur la marche des rayons lumineux. Si la température ne variait pas à la surface du sol, l'air y conserverait une densité uniforme; la lumière, réfléchie par les objets terrestres, cheminerait alors sans obstacles dans ce milieu homogène, tout se passerait de la façon la plus régulière; tel n'est pas le cas habituel.

A mesure que le soleil échauffe la terre, les couches d'air qui la recouvrent deviennent plus légères et s'élèvent pour faire place à des couches plus froides, s'abaissant des régions élevées; il en résulte des courants de sens opposés, donnant naissance à une agitation ondulatoire que l'œil perçoit aisément. Un rayon lumineux, transmis dans un milieu d'une homogénéité aussi variable, subit nécessairement de nombreuses inflexions et le point d'où il émane semble soumis à une trépidation continuelle.

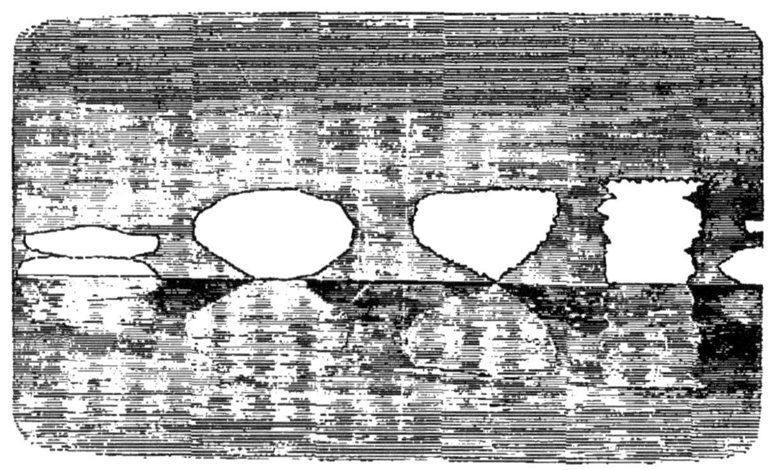

Fig. 47. — Déformations du disque solaire.

De là ces apparences bizarres que l'on observe sur de vastes plaines exposées à l'ardeur du soleil. Tantôt les objets, simplement déformés, prennent l'aspect le plus singulier. Nous donnons ici, d'après MM. Biot et Mathieu, quelques formes curieuses du disque solaire observées à Dunkerque, quelques instants avant le coucher de l'astre.

D'autres fois, les images sont altérées dans tous les sens, tantôt élargies, tantôt allongées outre mesure, quelquefois dispersées comme si l'objet lui-même était brisé en mille pièces.

Dans quelques cas, enfin, la marche de la lumière affecte des allures plus étranges encore : elle donne lieu aux apparences fantastiques du mirage. Le sol d'une plaine aride et brûlante semble transformé en une vaste nappe d'eau, réfléchissant tous les objets terrestres placés à l'horizon. Le voyageur qui cherche à s'approcher de ce rivage le voit fuir constamment devant lui ; cette eau limpide n'existe que dans ses yeux; à mesure qu'il avance il trouve toujours sous ses pas le sable brûlant et desséché. Les causes de ce curieux phénomène méritent d'arrêter un instant notre attention.

Quand l'air est très calme, la chaleur solaire modifie son homogénéité d'une façon toute spéciale : les couches inférieures, directement échauffées par le sol, restent alors dans une immobilité apparente et sont recouvertes, jusqu'à une certaine hauteur, par des couches plus froides et par conséquent plus denses ; il s'établit ainsi une sorte d'équilibre instable, rendu permanent par l'action continue de la cause qui le produit. Un rayon lumineux, cheminant obliquement dans un semblable milieu, éprouvera par réfraction, comme la lumière des astres, une série de déviations, mais ces déviations se produiront nécessairement en sens inverse; la courbure imprimée à la direction du rayon tournera sa concavité vers le ciel au lieu de la diriger vers la terre.

Considérons un objet terrestre, un arbre, par exemple, plongé dans ce milieu de densité croissante. L'œil d'un observateur placé en O (fig. 48) verra d'abord directement le point A à travers une couche d'air horizontale et sensiblement homogène, mais un rayon incliné, tel que AI, se relèvera en s'avançant vers le sol et deviendra de plus en plus oblique. Bientôt il rencontrera les couches d'air sous une incidence assez grande pour rendre impossible une réfraction nouvelle; il éprouvera alors la réflexion totale et parviendra à l'œil de l'observateur, qui verra en A' une image symétrique et renversée du point A. Tout se passera donc comme si un miroir invisible était couché sur la surface où se réfléchissent les rayons.

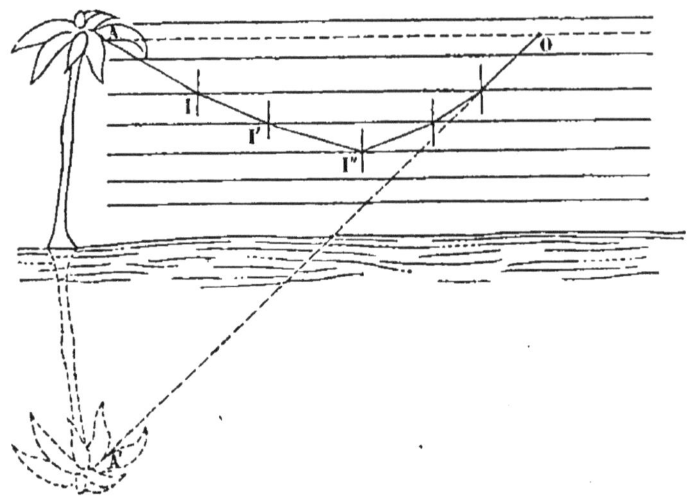

Fig. 48. — Théorie du mirage.

Le mirage ne se présente pas toujours avec cette simplicité théorique. La lumière éprouve souvent une réflexion latérale, comme si un gigantesque miroir était dressé à côté des objets; d'autres fois la réflexion se produit dans le ciel : des vaisseaux, des maisons, des villes entières apparaissent subitement dans les régions élevées de l'atmosphère; toutes ces manifestations bizarres, variables à l'infini comme les causes qui les engendrent, ont toujours pour origine première un mode de propagation de la lumière anormal, ou tout au moins insolite.

Nous ne saurions abandonner ce rapide exposé des effets de la réfraction, sans dire un mot des principales applications dont ils sont si souvent l'objet. Les milieux réfringents interviennent sous les formes les plus diverses dans tous les instruments d'optique; il n'en est pas un dans lequel on ne les retrouve, toujours chargés d'un rôle important. Notre but n'est pas de décrire ici les nombreux appareils imaginés par les physiciens pour faciliter leurs recherches ou augmenter la puissance si limitée de nos yeux ; nous nous bornerons à faire connaître sommairement ce qu'on pourrait appeler leurs organes élémentaires. Ces éléments fondamentaux se rencontrent d'ailleurs à chaque instant sous nos pas dans l'étude des phénomènes lumineux ; il est donc utile d'acquérir quelques notions précises sur leur mode de fonctionnement.

Dans les applications pratiques, les corps réfringents sont toujours réduits à de petites dimensions, de sorte que les rayons qui les traversent éprouvent deux réfractions successives : l'une à leur entrée, l'autre à leur sortie ; la déviation totale dépend alors de plusieurs causes. Sans parler de la nature du milieu réfringent, que nous supposerons toujours la même, nous signalerons seulement les faits qui se rattachent à la forme ou à la direction de leurs surfaces.

Le cas le plus simple est celui d'un corps transparent limité par deux surfaces planes, parallèles entre elles ; telle est une lame de glace polie débarrassée de son tain. Les carreaux de verre qui ferment nos habitations réalisent à peu près les mêmes conditions ; il faut seulement remarquer que si leurs faces sont sensiblement parallèles, elles sont loin d'être planes ; aussi les phénomènes de réfraction sont-ils soumis à certaines irrégularités.

Rien de plus facile à suivre que la marche d'un rayon lumineux dans un pareil milieu. On voit d'abord qu'un rayon perpendiculaire à sa surface le traversera sans déviation. Mais si ce rayon s'incline, en tombant toujours sur le même point, il se réfractera en se rapprochant de la normale. Le rayon S'R, par exemple (fig. 49), suivra la direction RI. Au point I, il passera du verre dans l'air en s'écartant de la perpendiculaire IN'. Le résultat définitif de ces deux actions égales et contraires sera une déviation latérale du rayon S'R, de sorte qu'un œil placé en S verra le point lumineux S′ sur le prolongement de la ligne SI.

Cet effet se produit tous les jours sous nos yeux sans que nous nous en apercevions. Ainsi, quand on regarde les objets extérieurs à travers un carreau de vitre, ceux qui sont situés directement en face du carreau sont vus à leur place réelle, ceux qui sont placés de côté sont, au contraire, plus ou moins déviés, mais la déformation qui en résulte est trop faible pour attirer notre attention.

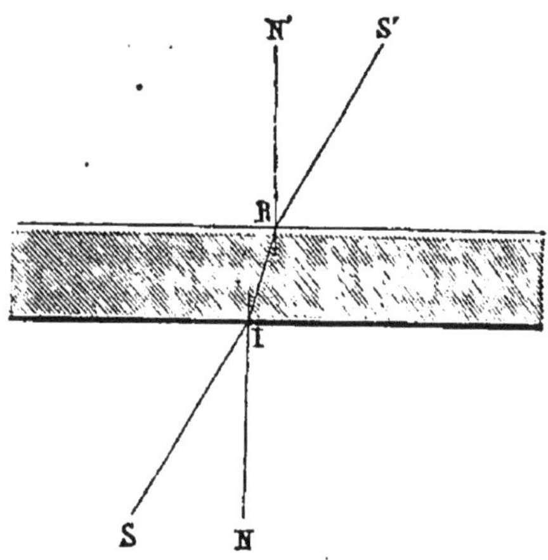

Fig. 49. — Réfraction de la lumière dans un milieu à faces parallèles.

Nous avons déjà dit que la réfraction était ordinairement accompagnée d'une réflexion plus ou moins intense sur la surface de séparation; la combinaison de ces deux actions donne lieu à une apparence remarquable qu'il nous est maintenant facile d'expliquer. Quand on observe l'image d'une bougie dans une glace ordinaire, en se plaçant directement derrière la bougie, la réflexion s'effectue dans des conditions normales et produit une image nette et lumineuse de la flamme; mais si on s'éloigne latéralement, pour regarder obliquement dans le miroir, l'aspect du phénomène change aussitôt; l'on observe alors plusieurs images superposées, dont le nombre va en augmentant à mesure que l'inclinaison du miroir, par rapport à notre œil, devient plus grande.

On conçoit sans peine le mode de formation des deux premières images : la première est produite directement par la surface extérieure du verre; la seconde, plus éclatante, est due à la réflexion sur la couche de tain. Quant aux autres, elles proviennent des rayons dont une partie seulement a été réfléchie dans l'intérieur du verre, pendant que l'autre portion se réfracte et sort du milieu réfringent; aussi vont-elles en diminuant d'éclat à mesure que leur nombre augmente. La figure 50 montre la marche des rayons lumineux dans l'épaisseur du miroir. S représente le point lumineux; S′ et S° sont les deux

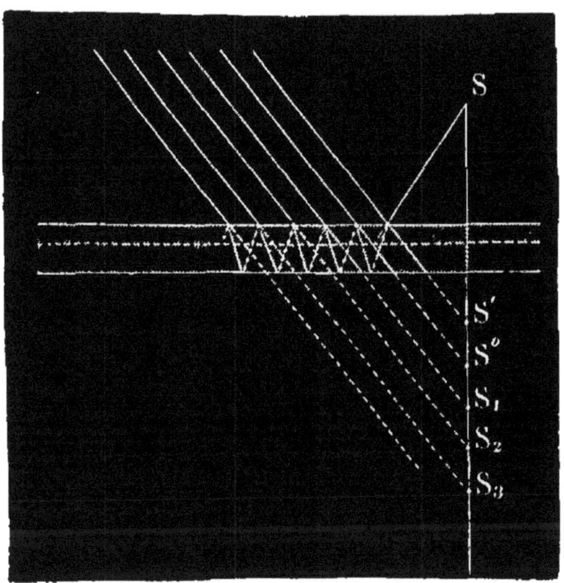

Fig. 50. — Images multiples formées par les miroirs de verre.

images formées directement par chacune des faces du miroir; enfin, S_1 S_2 S_3 correspondent aux images additionnelles produites par des réfractions et des réflexions successives.

Pour éviter ces réflexions multiples, toujours gênantes lorsqu'on veut obtenir des images très nettes, on remplace ordinairement, dans les appareils d'optique, les miroirs de verre par des miroirs métalliques; ils joignent, en effet, à l'avantage de produire une seule image, celui de réfléchir une plus vive lumière.

Quand les deux faces du corps diaphane, au lieu d'être parallèles, sont inclinées l'une sur l'autre, la lumière suit une marche différente et fort importante à connaître, à cause des applications nombreuses que nous aurons à en faire. On donne le nom de prismes à ces milieux réfringents, dont la figure 51 représente la disposition ordi-

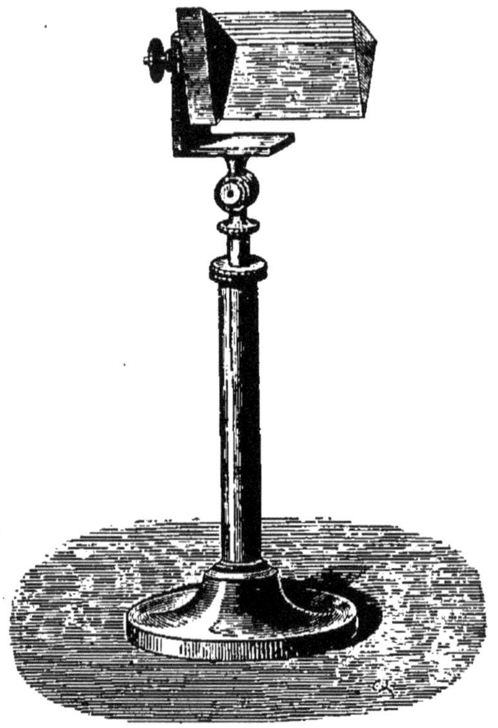

Fig. 51. — Prisme de verre, monté sur un support articulé.

nairement employée. Ces prismes consistent en des blocs de verres parfaitement homogènes, limités par trois faces bien polies qui se coupent sous des angles déterminés par l'usage auquel on les destine; une monture articulée permet de donner à l'appareil toutes les positions.

La marche de la lumière dans un pareil milieu se déduit facilement des lois ordinaires de la réfraction. Un rayon (fig. 52) tombant sur une des faces du prisme, éprouve une première déviation en pénétrant dans sa masse et se réfracte de nouveau en passant du verre dans l'air. Ces deux actions concordantes dévient par conséquent le rayon vers la base du prisme ; l'objet paraîtra donc relevé

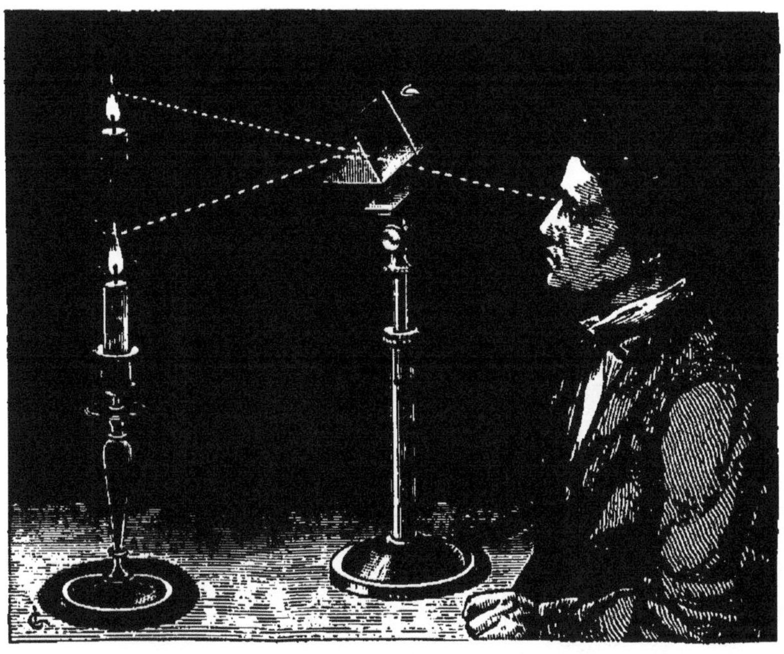

Fig. 52. — Marche des rayons lumineux dans un prisme.

pour un observateur placé sur la direction du rayon réfracté. Nous aurons à revenir souvent sur les effets des prismes ; il nous suffit, pour le moment, de comprendre les modifications qu'ils impriment à la marche de la lumière.

Nous devons enfin dire un mot d'autres milieux réfringents très simples dans leur forme, mais agissant sur la lumière d'une façon plus compliquée en apparence, nous voulons parler des *lentilles*. On désigne sous ce nom des corps diaphanes limités par des surfaces courbes, concaves ou convexes.

Les lentilles présentent de grandes variétés dans leurs

formes : tantôt leurs deux faces sont semblables ; d'autres fois l'une est plane ou même concave, pendant que l'autre est convexe. Au point de vue pratique, on établit deux

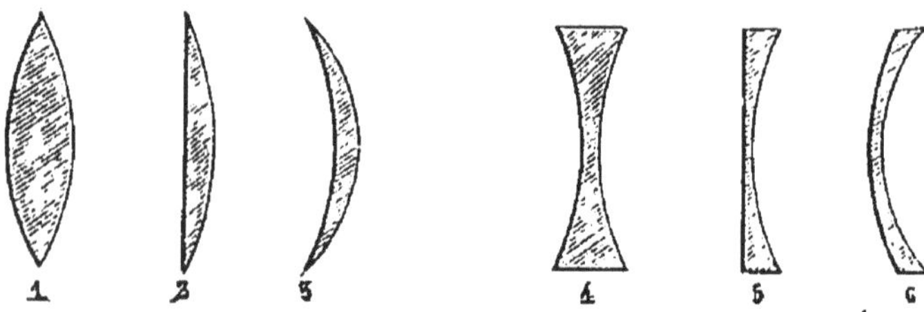

Fig. 53. — Diverses formes de lentilles.
1, 2, 3. Lentilles convergentes. — 4, 5, 6. Lentilles divergentes.

grandes divisions justifiées par l'action exercée sur les rayons lumineux. Dans l'une rentrent les lentilles dont les bords sont plus minces que le centre, on les désigne sous

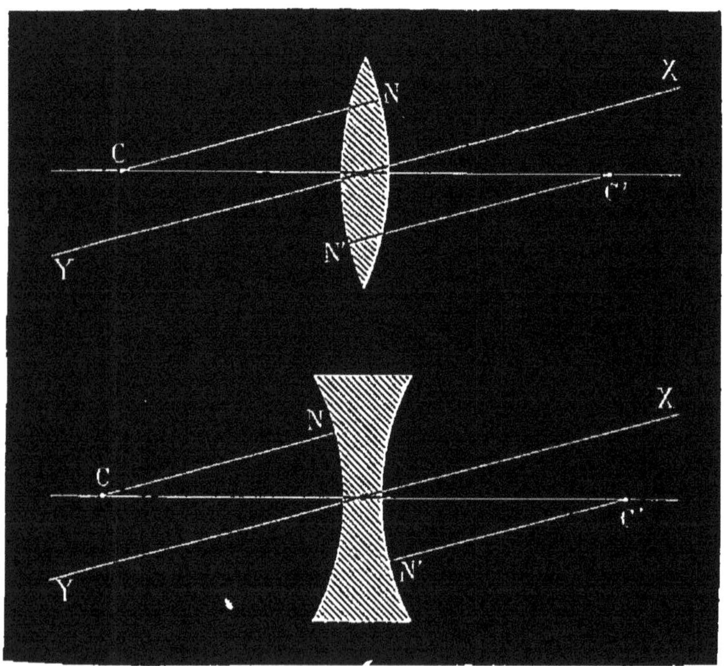

Fig. 54. — Axe principal, axes secondaires, rayons de courbure des lentille

le nom de *lentilles convergentes* ; la seconde comprend toutes celles dont le centre est moins épais que les bords, ce sont les *lentilles divergentes*. La figure 53 montre les diverses formes des unes et des autres.

Comme dans les miroirs, on distingue dans les lentilles des axes principaux ou secondaires, des foyers principaux ou conjugués ; ces mots conservent toujours la même signification. L'axe principal est la ligne qui joint les centres de courbure des deux faces. Dans la figure 54, AB, A'B', sont les axes principaux d'une lentille convergente ou divergente. On appelle axes secondaires des directions telles que XY, passant par un point particulier

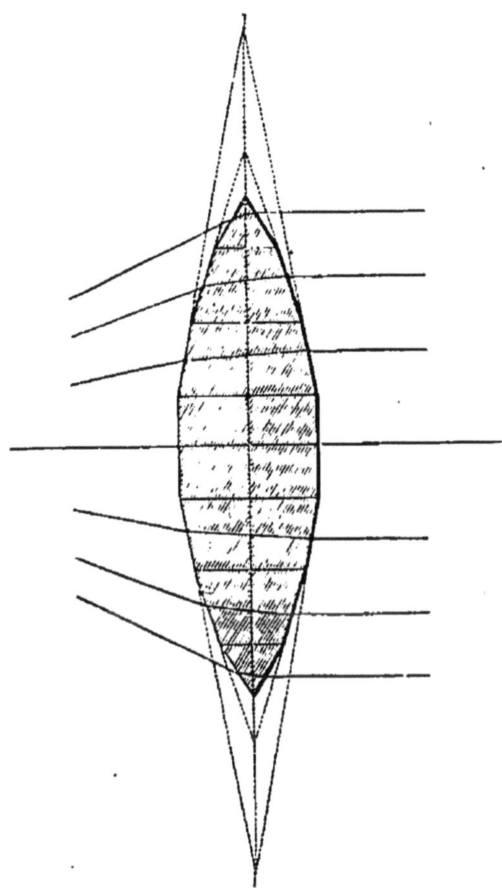

Fig. 55. — Action d'une lentille convergente sur les rayons lumineux.

nommé centre optique, qui, dans les lentilles symétriques, coïncide avec leur centre de figure. Enfin, tous les rayons de courbure CN, C'N', sont des normales aux faces d'incidence ou d'émergence.

Ces définitions posées, voyons quelle doit être la marche de la lumière dans une lentille. Nous avons déjà dit, en expliquant la réflexion sur les miroirs courbes, qu'on pouvait concevoir, à chacun des points d'incidence, une facette plane infiniment petite, réfléchissant la lumière d'après les lois ordinaires ; on peut, de même, assimiler la surface convexe ou concave d'une lentille à un assemblage de facettes convenablement orientées. Le milieu transparent se trouverait ainsi transformé en une réunion de prismes de différents angles, imprimant tous à la lumière des déviations de même sens. La figure 55 montre l'application de ce principe à une lentille biconvexe ; on voit, d'après cette disposition, que des rayons parallèles à l'axe devront converger après leur réfraction. Si, au contraire, la lentille était concave, la lumière divergerait après l'avoir traversée.

Il existe entre les lentilles et les miroirs sphériques des analogies frappantes quant à leur mode d'action. Une lentille convergente se comporte comme un miroir concave ; elle augmente toujours la convergence de la lumière ; elle produit des images réelles ou virtuelles selon la position de l'objet lumineux ; les premières peuvent être agrandies ou réduites, et sont toujours renversés ; les secondes sont constamment amplifiées. Une lentille concave, au contraire, se comporte comme un miroir convexe ; elle augmente toujours la divergence de la lumière, ou diminue sa convergence, les images qu'elle produit sont virtuelles et réduites.

Quand les rayons du soleil sont reçus sur une lentille convexe, ils se croisent, après l'avoir traversée, en un point qu'on nomme foyer principal ; ce point n'est autre chose qu'une très petite image du soleil ; la lumière et la chaleur y sont simultanément concentrées ; tout le monde sait qu'un morceau d'amadou ou de papier noirci y est brûlé instantanément. Une lentille pouvant être tournée vers la lumière par chacune de ses faces indistinctement, on conçoit qu'à chacune d'elles correspondra un foyer principal;

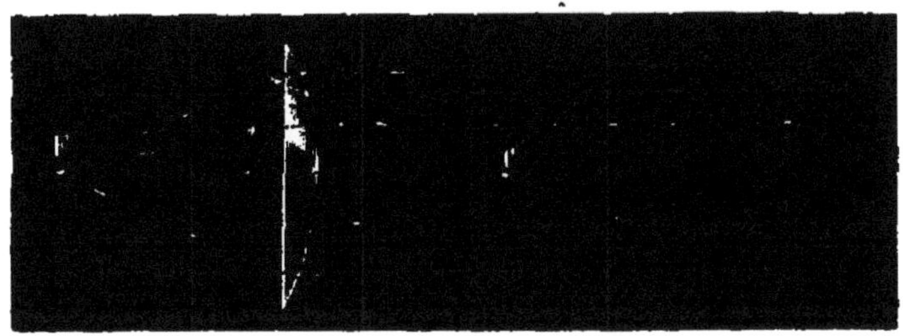

Fig. 56. — Foyer principal d'une lentille convergente

ces deux points sont symétriquement placés de part et d'autre, si, comme on le suppose ici, les deux courbures sont égales.

On obtiendrait de même l'image d'une bougie placée à quelques mètres de la lentille ; dans ces conditions, on remarque que cette image s'éloigne du foyer principal et grandit de plus en plus à mesure que la source lumineuse s'en rapproche (fig. 57). Pour une position déterminée de la

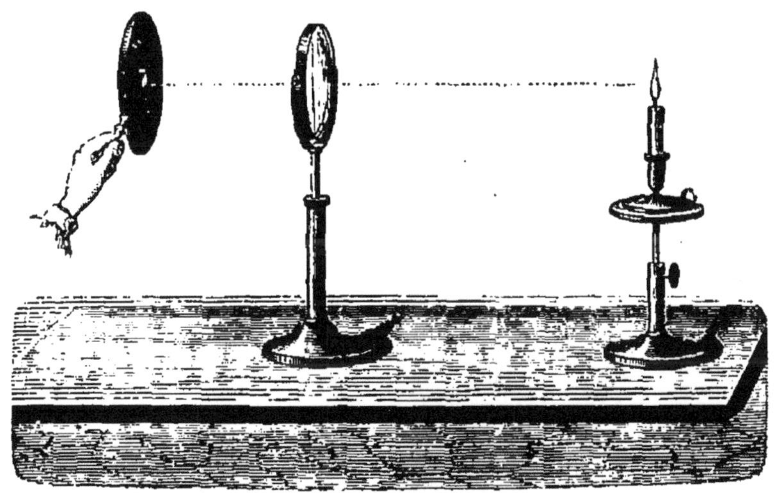

Fig. 57. — Image réelle formée par une lentille convergente.

bougie, correspondant au double de la distance focale, l'image devient égale à l'objet ; elle est toujours amplifiée quand la source lumineuse dépasse cette position ; enfin, si l'objet éclairant se trouve placé entre le foyer principal et la surface de la lentille, la déviation causée par la réfraction devient trop faible pour faire converger les rayons vers l'axe ; ils divergent alors à leur émergence pour former un foyer virtuel, toujours placé derrière l'objet. L'image correspondante à ce cas est droite et amplifiée ; ses dimensions sont d'autant plus grandes que la lentille est plus convexe et que l'objet est plus rapproché de son foyer.

Fig. 58. — Chambre noire photographique.
E, L. Système de lentilles convergentes constituant l'objectif.
G. Glace dépolie servant d'écran.

Les différents cas que nous venons d'énumérer trouvent de nombreuses applications dans la plupart des instruments d'optique. Nous signalerons seulement les plus simples à titre d'exemple. La chambre noire du photographe réalise le plus souvent la formation d'images réelles, plus petites que l'objet. Le système optique de cet appareil se compose essentiellement d'une ou plusieurs lentilles convergentes, dont le rôle est de réunir en un foyer unique tous les rayons émanés d'un même point de l'objet éclairé. Ainsi se trouve corrigée la grande imperfection de la chambre noire primitive dont les images sont toujours vagues et diffuses. Il en est de même de l'œil des animaux supérieurs; le cristallin agit comme une lentille à foyer très court, formant sur la rétine des images réduites à des dimensions microscopiques.

Au contraire, dans la lanterne magique, le microscope solaire, les objets placés très près du foyer principal fournissent toujours des images réelles, renversées et d'autant plus amplifiées que la lentille est plus convexe. La loupe,

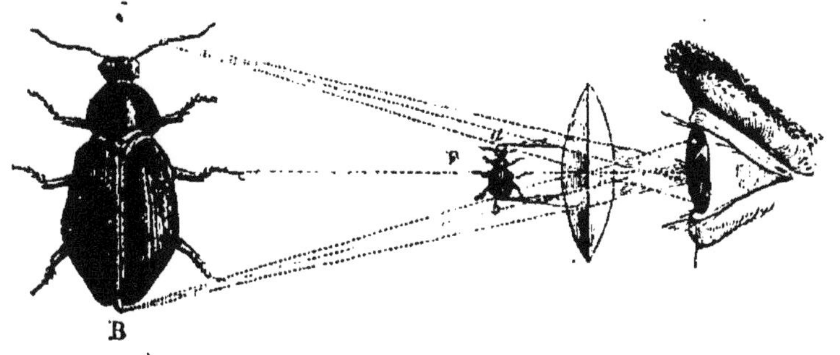

Fig. 59. — Image virtuelle agrandie, formée par une lentille convergente.

d'un si fréquent usage pour l'étude des petits objets, met à profit la formation des images virtuelles, comme l'indique la figure 59.

Enfin, à côté de ces instruments très simples, il en est d'autres, désignés sous le nom d'instruments composés, qui résultent essentiellement de la combinaison des précédents. Dans la lunette astronomique, par exemple, une première lentille, nommée objectif (parce qu'elle regarde l'objet), produit une image des corps extérieurs, réelle, renversée et réduite dans ses dimensions. Cette image est ensuite observée à l'aide de la lentille oculaire placée près de l'œil et remplissant les fonctions d'une loupe. Les mêmes organes constituent le microscope composé; dans ce cas seulement l'objet à examiner, très rapproché du foyer, donne une image déjà grossie, que l'oculaire amplifie de nouveau.

Les lentilles concaves sont d'un usage moins fréquent dans les instruments d'optique, car elles ne se prêtent pas à des combinaisons aussi variées que les précédentes. Analogues, par leur action, aux miroirs convexes, elles donnent toujours des foyers et des images virtuels, et ne sont employées que dans quelques cas spéciaux. Le trajet des rayons lumineux se déduit, comme dans les cas

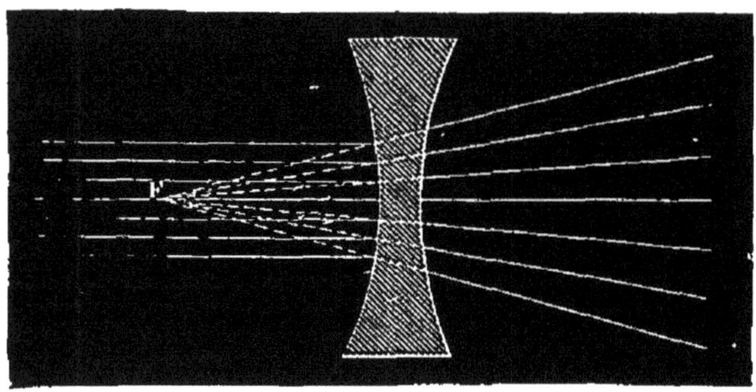

Fig. 60. — Foyer principal virtuel d'une lentille divergente.

précédents, des lois de la réfraction. Les foyers virtuels des lentilles concaves diffèrent cependant par un point essentiel de ceux des lentilles convergentes; tous ces foyers se trouvent, en effet, situés entre la source lumineuse et la lentille, comme le montre la figure 60. Il résulte de cette circonstance que les images virtuelles sont plus petites que l'objet. On sait qu'il en est de même dans un miroir convexe.

Les lentilles divergentes sont employées comme oculaires dans les lunettes de spectacle dont le principe est dû à Galilée; combinées avec des objectifs convergents, elles ont l'avantage de donner une image droite, tandis que les lunettes astronomiques donnent, comme on l'a déjà dit, une image renversée.

Les verres concaves sont souvent employés pour remédier à une anomalie très commune de la vision désignée sous le nom de myopie. L'œil atteint de cette affection est incapable de percevoir nettement la forme des objets

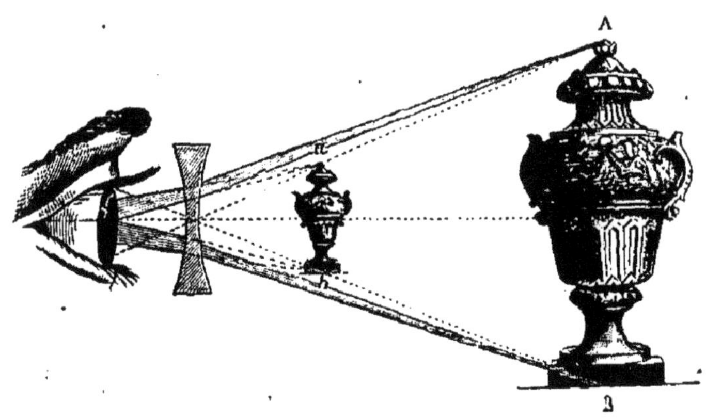

Fig. 61. — Image virtuelle réduite, formée par une lentille divergente.

éloignés : on comprend, d'après la figure 61, le mode d'action d'une lentille divergente; elle substitue à un objet éloigné, AB, son image virtuelle *ab* plus rapprochée de l'œil, et permet ainsi à la vision de s'exercer sans fatigue en la ramenant à des conditions en harmonie avec la constitution de l'organe.

V

LE SPECTRE SOLAIRE

Action des milieux réfringents sur la lumière blanche. — Expérience de Newton. — Couleurs spectrales. — Inégale réfrangibilité des diverses couleurs. — Recomposition de la lumière. — Disque de Newton. — Couleurs complémentaires. — La dispersion dans l'atmosphère. — Analyse prismatique de la couleur des corps. — Les flammes colorées.

Les phénomènes de réfraction ne se produisent pas toujours avec la simplicité théorique que nous avons admise jusqu'à présent; ils sont, au contraire, le plus souvent compliqués d'effets d'un autre ordre qui en sont, on le verra bientôt, une conséquence nécessaire.

Tout le monde a certainement admiré les brillantes couleurs qui semblent jaillir d'un simple morceau de cristal taillé, quand un rayon de soleil traverse ses facettes polies; un diamant vivement éclairé semble projeter des feux aux couleurs éclatantes; un globe de verre rempli d'eau entoure d'un liséré brillamment nuancé l'image des objets placés derrière lui; une lentille de verre, une lunette de spectacle d'une construction défectueuse, produisent un effet semblable. Quelle est la cause de ces vives colorations? Sont-elles engendrées par les milieux réfringents ou préexistent-elles dans la lumière qu'ils reçoivent? Telle est la question que nous allons essayer de résoudre.

Les philosophes les plus anciens avaient remarqué qu'en bien des circonstances un faisceau de lumière peut se teindre des couleurs de l'iris, mais leurs observations éparses n'avaient conduit à aucune doctrine régulière :

c'est au génie de Newton que la science doit la véritable explication de ces intéressants phénomènes.

Il cherchait à perfectionner les objectifs employés à la construction des lunettes, lorsqu'il fit une découverte des plus inattendues. « Je m'aperçus, dit-il, que ce qui avait empêché qu'on ne perfectionnât les télescopes n'était pas, comme on l'avait cru, le défaut de la figure des verres, mais plutôt le mélange hétérogène des rayons différemment réfrangibles. » Une seule expérience, à la fois remarquable par sa simplicité et féconde par ses résultats, va résoudre immédiatement le problème.

Dans une chambre parfaitement obscure (fig. 62), faisons pénétrer un rayon de soleil au travers d'une ouverture *a*

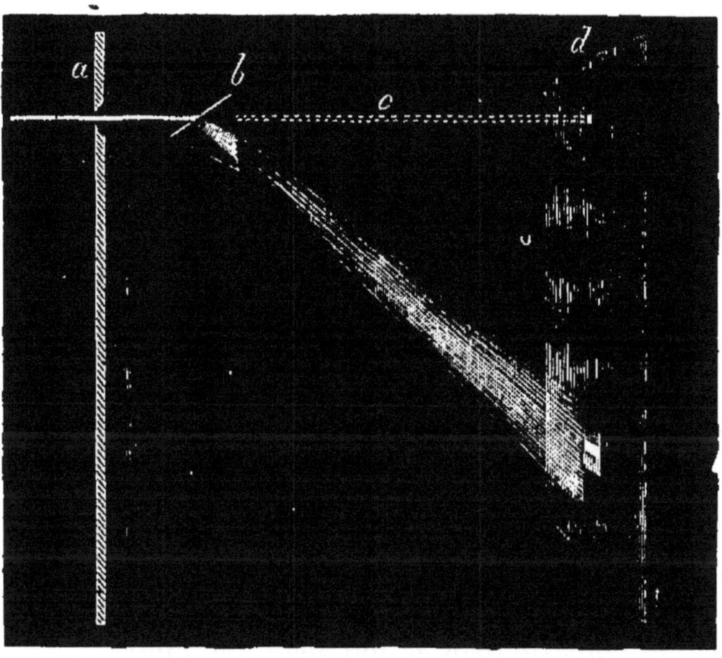

Fig. 62. — Production du spectre solaire.

de quelques millimètres de diamètre ; si le rayon est dirigé horizontalement, il dessinera sur le mur opposé un petit cercle lumineux d'une dimension sensiblement égale à celle de l'ouverture. Devant celle-ci, plaçons un prisme de verre *b* bien transparent et bien homogène ; nous savons quelle sera son action sur les rayons lumineux ; si les arêtes du prisme sont horizontales et si sa base est tournée vers le sol, le rayon sera dévié vers la base ; telle est la conséquence des lois élémentaires de la réfraction.

Mais en même temps une apparence des plus brillantes se manifeste ; l'image réfractée n'est plus circulaire comme avant l'interposition du prisme ; elle est considérablement allongée dans le sens vertical et revêt les plus éclatantes couleurs. Sa partie supérieure est d'un rouge de feu, tandis que son bord inférieur est d'un violet pur ; entre ces deux couleurs extrêmes se montre une infinité de nuances se succédant sans solution de continuité appréciable, unissant avec une harmonie remarquable celles qui suivent à celles qui précèdent ; ce phénomène a reçu le nom de *dispersion*, et l'image richement colorée est désignée par la dénomination bizarre de *spectre solaire*.

Bien que la dégradation des couleurs du spectre se fasse insensiblement de l'une à l'autre, sans brusque transition, on distingue cependant quelques couleurs principales qui semblent, par leur mélange, produire les tons intermédiaires. Quelles que soient les modifications apportées à l'expérience, on remarque qu'elles se suivent toujours dans le même ordre, le violet étant toujours plus rapproché de la base du prisme, le rouge plus voisin du sommet. Ces couleurs sont les suivantes : rouge, orangé, jaune, vert, bleu, indigo, violet.

Enfin le spectre conserve encore les mêmes allures, quelle que soit la grandeur de l'angle du prisme, quelle que soit la substance transparente dont il est formé ; des prismes creux remplis de liquide produisent les mêmes effets que des prismes de verre ou de cristal, la seule modification consiste dans la longueur de l'image colorée et dans la déviation qu'elle subit.

Comment expliquer ces colorations, indépendantes de la nature des prismes et liées évidemment à celle de la lumière ? Newton en découvrit immédiatement la cause ; il attribua ces phénomènes à un défaut d'homogénéité de la lumière, et appuya son explication par des expériences variées et nombreuses qui la rendirent indiscutable. La lumière blanche du soleil n'est pas simple, comme on serait tenté de le croire au premier abord; elle résulte au contraire du mélange d'un nombre infini de rayons, possédant chacun une couleur propre et dont la réunion produit du blanc.

Le peintre forme à volonté les tons les plus variés en associant en proportions convenables, les quelques couleurs élémentaires placées sur sa palette; le talent du coloriste consiste surtout à faire, pour ainsi dire, l'analyse de la nuance qu'il veut imiter et à reproduire ensuite, par un mélange de couleurs dont il dispose, ces mille variétés de tons que lui présente la nature. Cette analyse, si difficile pour nos organes, un simple morceau de verre la fait avec une irréprochable perfection, il démêle instantanément tous les rayons enchevêtrés et nous indique avec une admirable sûreté tous les éléments qui concourent à la constitution d'un rayon lumineux.

Le mécanisme qui effectue cette opération est d'ailleurs très simple, et les expériences du savant physicien anglais l'ont établi de la manière la plus nette. Sans rien changer à la disposition précédente, plaçons devant l'ouverture deux morceaux de verre juxtaposés, l'un rouge, l'autre violet, la partageant en deux parties égales dans le sens vertical. Le spectre disparaît alors, mais la réfraction continuant à s'exercer, on remarque que l'image du demi-disque rouge est moins déviée que celle du demi-disque violet; ces images occupent d'ailleurs les positions où se trouvaient primitivement les couleurs correspondantes du spectre. Le même phénomène se produit quand on modifie la coloration des écrans transparents traversés par la lumière; à chaque couleur correspond un degré de réfraction particulier; on exprime ce fait en disant que les rayons diversement colorés sont *inégalement réfrangibles*.

Voici un moyen plus simple encore de réaliser cette expérience : regardons à travers un prisme horizontal deux bandes de papier juxtaposées, l'une rouge, l'autre violette, en disposant l'expérience comme l'indique la figure 63 : elles seront, on le comprend, séparées par la réfraction, et la bande violette paraîtra plus relevée que la rouge vers le sommet du prisme.

Fig. 63. — Expérience des deux bandes.

Les observations précédentes permettent de donner une explication rationnelle très simple de la formation du spectre solaire. Si plusieurs rayons, de couleurs différentes, tombent simultanément sur un prisme, celui-ci déviera chacun d'eux selon la réfrangibilité qui leur est propre, et la séparation des rayons réfractés sera d'autant plus compliquée que ces réfrangibilités seront elles-mêmes plus différentes.

Admettons, par exemple, que la lumière blanche du soleil résulte de la superposition des sept couleurs élémentaires précédemment indiquées; le prisme, réfractant inégalement chacune d'elles, produira sept images de l'ouverture, qui pourront d'ailleurs se superposer en partie, et aux points où elles se croisent, apparaîtront des couleurs intermédiaires composées, résultant du mélange des couleurs élémentaires. La pureté des nuances spectrales devra donc augmenter si on réduit le diamètre de l'ouverture, mais en même temps leur éclat diminuera; c'est, en effet, ce que confirme l'expérience.

Ce mode de génération des couleurs par réfraction pourrait cependant ne pas satisfaire tous les esprits; il semble même en contradiction avec certains faits d'observation vulgaire, souvent opposés à la théorie avec quelque apparence de raison.

Si la lumière blanche provient du mélange des couleurs spectrales, on devra produire du blanc en mélangeant ces diverses couleurs dans les proportions où elles se trouvent dans le spectre. Cependant, combien de peintres ont vainement essayé d'obtenir un pareil résultat. Les combinaisons les plus habilement faites conduisent à l'effet diamétralement opposé; la couleur résultante, loin de se rapprocher du blanc, va toujours en s'assombrissant à mesure que le mélange se perfectionne ou se complique. Heureux de trouver la physique en défaut, on proclame alors la supériorité d'expériences empiriques sur celles qui servent de base à une théorie scientifique.

Nous indiquerons bientôt la cause de cette anomalie apparente; qu'il nous suffise de faire observer, pour le moment, la différence profonde qui existe entre le mélange de deux rayons de lumière et celui de deux poudres colorées; les conditions expérimentales sont loin d'être comparables, il n'est donc pas surprenant que les résultats diffèrent aussi. L'analyse prismatique s'exerce sur la lumière et non sur les corps d'où elle émane, c'est donc à des rayons lumineux et non à des corps colorés qu'on doit recourir pour reconstituer la lumière blanche.

Newton a effectué cette recomposition par les expériences les plus variées et les plus élégantes ; sans les décrire toutes ici, nous donnerons une idée des principales. La méthode la plus rationnelle consiste à superposer sur le même point d'un écran blanc les divers rayons dispersés par le prisme et à observer directement la couleur de l'image.

Ces conditions peuvent être réalisées par plusieurs procédés : un des plus simples consiste à recevoir le spectre sur une série de petits miroirs articulés (fig. 64), et à projeter

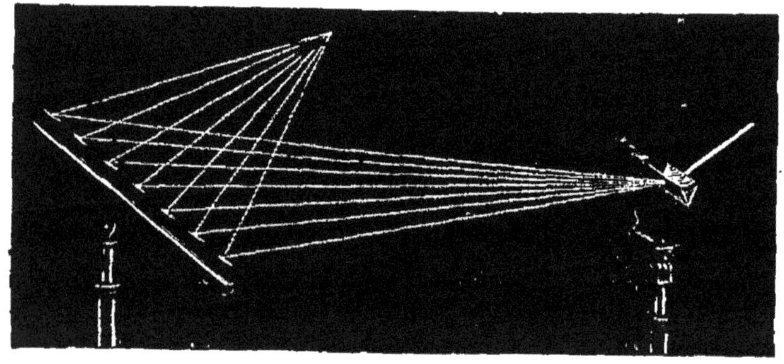

Fig. 64. — Recomposition de la lumière blanche par réflexion.

sur le même point d'un écran toutes les images réfléchies ; la surface, éclairée par la superposition des divers rayons, ne présente plus alors aucune coloration, et une tache blanche lumineuse apparaît sur l'écran. On arrive au même résultat d'une manière plus simple encore en recevant le spectre solaire sur une lentille convergente ou sur un miroir concave ; tous les rayons réunis en un même point dessinent une image d'une parfaite blancheur.

Une seconde méthode consiste à combiner ensemble non plus les rayons lumineux diversement colorés, mais les impressions que ces rayons produisent sur notre œil; quelques mots d'explication sont nécessaires pour en faire comprendre le principe.

Quand un corps lumineux se meut avec une grande vitesse, l'œil devient incapable d'en percevoir la forme; il voit alors une traînée brillante, d'autant plus allongée que le mouvement est plus rapide. Si, par exemple, on fait tourner en fronde un charbon incandescent attaché à l'extrémité d'un fil, on croira voir un cercle de feu non interrompu, dès que le mouvement de rotation aura acquis une vitesse suffisante.

Le charbon n'occupe cependant qu'à des instants successifs les différents points de ce cercle, l'œil se trouve donc l'objet d'une illusion. La cause de cette apparence est due à la persistance de l'impression lumineuse après l'action du corps éclairant; l'image du charbon incandescent dans ses diverses positions parcourt, au fond de l'œil, un petit cercle semblable à celui que le charbon décrit réellement, et si l'impression que nous font éprouver ces images successives n'est pas encore effacée quand elle se produit une seconde fois, il en résultera une impression continue, semblable à celle que produirait une bande lumineuse circulaire substituée au corps en mouvement. C'est pour cette raison qu'une corde vibrante prend l'apparence d'un fuseau uniformément éclairé, que les rayons d'une roue disparaissent quand elle tourne avec rapidité. Les longues traînées lumineuses que laissent derrière elles les étoiles filantes admettent la même explication.

Nous aurons à revenir sur cette remarquable propriété de l'œil et à en signaler plusieurs conséquences d'un grand intérêt; bornons-nous à indiquer ici comment Newton a su la mettre à profit pour effectuer la synthèse de la lumière blanche.

Sur un disque de carton de 25 à 30 centimètres de diamètre, on colle, dans la direction des rayons du cercle, des petites bandes de papier de diverses couleurs. La première est rouge et sa nuance se rapproche, autant que possible, du rouge spectral; la seconde est orangée; la troisième jaune, etc. Après avoir épuisé la période des sept couleurs principales, on recommence dans le même ordre, jusqu'à ce que le cercle soit entièrement recouvert. Il est important, pour le succès de l'expérience,

Fig. 65. — Disque rotatif de Newton pour la recomposition de la lumière blanche.

que toutes les séries soient complètes, et que, dans chacune d'elles, les bandes aient des largeurs proportionnelles à l'espace occupé par les diverses couleurs dans le spectre solaire. Si on imprime alors au disque un mouvement de rotation autour de son axe, toutes les nuances disparaissent, et sa surface apparaît d'un blanc plus ou moins pur, selon la perfection apportée à la distribution des secteurs colorés.

Toutes ces remarquables expériences établissent de la manière la plus nette ce fait, que la lumière blanche résulte de la superposition d'une infinité de rayons hétérogènes; mais cette analyse est-elle complète? Le prisme a-t-il réduit en ses éléments les plus simples les faisceaux lumineux qui le traversent? A cette question l'expérience répond par l'affirmative. Si on isole par un écran percé d'une petite ouverture un pinceau coloré du spectre, le violet par exemple, on peut le faire passer par un nombre quelconque de prismes ou d'autres milieux réfringents sans y découvrir d'autre nuance que le violet primitif; il est simplement réfracté; il ne subit plus de nouvelle décomposition.

Le résultat restant le même, quelle que soit la région du spectre sur laquelle on opère, l'on conçoit tout ce qu'a d'arbitraire la distinction de sept couleurs élémentaires; le nombre des nuances simples est, pour ainsi dire, infini, et il serait bien difficile d'indiquer avec quelque précision telle ou telle région du spectre, si l'on ne possédait des points de repère fixes que nous apprendrons bientôt à connaître.

Parmi les conséquences nombreuses de cette théorie, il en est une dont l'importance devait se présenter tout d'abord à l'esprit des observateurs : puisque toutes les couleurs simples, prises ensemble, reproduisent la lumière blanche, il doit évidemment suffire, pour altérer cette blancheur, de supprimer une des couleurs simples ou même d'en modifier la proportion. Ainsi, que dans un disque rotatif on supprime toutes les bandes rouges, la surface en mouvement prend une nuance bleue; elle devient d'un rouge vif quand on élimine tous les secteurs bleus.

Les mêmes effets s'obtiennent avec plus d'éclat et de netteté encore, si l'on fait usage d'une lentille pour opérer la composition des rayons spectraux, il suffit alors d'intercepter successivement, par un écran, les diverses régions du spectre, pour faire passer l'image par une série de colorations extrêmement variées. Newton désignait sous le nom de *couleurs complémentaires* celles dont le mélange produit du blanc.

Il résulte de là que chaque couleur, simple ou composée, possède sa couleur complémentaire; chaque couleur doit même avoir une infinité de couleurs complémentaires, car en ajoutant du blanc en proportion quelconque à l'une ou à l'autre, elles ne cesseront pas de former du blanc par leur mélange, bien que leur nuance ait été altérée par cette addition.

On a cru pendant longtemps que la réunion de toutes les couleurs simples devait intervenir pour la production du blanc; les recherches de M. Helmoltz ont conduit à des résultats différents. En étudiant avec soin les effets produits par la superposition des rayons spectraux, ce savant a remarqué que le blanc peut résulter de la combinaison de divers couples de nuances élémentaires. C'est ainsi que les couleurs simples qui suivent sont complémentaires :

Rouge et bleu verdâtre;
Orangé et bleu;
Jaune et bleu indigo;
Jaune verdâtre et violet.

Le vert du spectre, seul, n'a pas de couleur complémentaire simple, mais il en a une composée · le pourpre, produit par l'union du violet et du rouge.

Un fait inattendu ressort du tableau précédent : c'est la formation du blanc par le mélange du jaune et du bleu. On sait, en effet, qu'en associant deux substances colorées, l'une en jaune, l'autre en bleu, on obtient toujours du vert : nous ne tarderons pas à indiquer la cause de cette apparente anomalie.

Les curieux effets du mélange des couleurs ont reçu une application intéressante dans un jouet d'enfant très en vogue depuis quelques années, qui se prête avec facilité à l'étude de tous ces phénomènes : nous voulons parler de ces toupies, véritables caméléons, dont les couleurs changeantes excitent toujours l'étonnement des personnes peu initiées aux lois de l'optique. On devine, d'après ce qui précède, la cause de cette variété inépuisable de tons et de nuances. La toupie, animée d'une rotation rapide, supporte un disque de carton divisé en secteurs diversement colorés; un second disque noir, incomplet et mobile, recouvre le premier et participe à son mouvement.

Fig. 66. — Toupie chromatique.

Quand la toupie tourne avec une vitesse suffisante, elle apparaît avec une nuance qui dépend de l'étendue et de la coloration des secteurs laissés à découvert par le disque échancré. Mais le plus léger déplacement imprimé à celui-ci modifie à l'instant la portion visible du disque coloré; de là ces brusques changements dont le nombre n'a pour ainsi dire pas de limites. Mille dispositions ingénieuses augmentent encore les étonnants effets de ces charmants jouets.

La dispersion de la lumière intervient dans la production d'un grand nombre de phénomènes naturels d'une admirable beauté. L'apparition si longtemps énigmatique de tous les météores lumineux s'explique aujourd'hui avec une merveilleuse simplicité par les lois les plus élémentaires de l'optique. Tantôt les rayons du soleil pénètrent dans de fines vésicules d'eau flottant au sein de l'atmosphère; ils s'y réfractent, se décomposent se réfléchissent et engendrent ces magnifiques arcs-en-ciel dont les riches nuances suffisent à indiquer l'origine.

D'autres fois la lumière traverse des cristaux de glace, formant une sorte de brouillard congelé dans les régions élevées; elle donne alors naissance à ces belles auréoles irisées qui entourent le soleil et la lune et connues sous le nom de halos. Tous ces phénomènes, si brillants et parfois si bizarres, ont pour origine commune la décomposition de la lumière dans des particules infiniment petites d'eau liquide ou glacée.

L'analyse prismatique ne s'applique pas seulement aux rayons directs du soleil, elle se prête avec la même facilité à l'étude de la lumière réfléchie ou transmise par les corps éclairés, à celle de toutes les sources cosmiques ou artificielles, quelles qu'en soient l'origine et la couleur.

Reportons-nous un instant à l'expérience des deux bandes (page 123), les résultats ne changeront pas si aux deux surfaces colorées on substitue une surface unique peinte par un mélange de violet et de rouge. Cette bande de couleur pourpre donnera encore deux images distinctes, l'une rouge, l'autre violette. La même épreuve répétée sur un corps d'une nuance quelconque devra donc indiquer avec précision la nature des couleurs élémentaires qui produisent sa coloration.

Un trait blanc, par exemple, dessiné sur un fond noir, donnera un spectre complet identique au spectre solaire. Il est toutefois indispensable, pour le succès de l'expérience, que le trait ait une très faible épaisseur; quand cette condition n'est pas remplie, si on le remplace, par exemple, par une large surface blanche, toutes les couleurs simples se trouvent superposées vers le milieu de l'image et reproduisent du blanc ; sur les bords seulement la recomposition est incomplète et l'on aperçoit d'un côté des bandes violettes et bleues, de l'autre des bandes rouges et orangées.

Ce procédé s'applique aussi à l'étude de la lumière transmise par les corps transparents. Il suffit de placer le milieu coloré sur le trajet des rayons solaires et de regarder, à travers un prisme, une fente placée en avant de ce milieu. Enfin le même moyen permet d'étudier la lumière émise par les différentes sources, telles que l'arc voltaïque, les flammes, les corps incandescents, etc.

En soumettant aux épreuves les plus variées tous les corps opaques colorés, on arrive à cette conclusion que la lumière réfléchie ou diffusée n'est jamais de la lumière simple. La couleur des pierres précieuses, des fleurs les plus éclatantes, les nuances en apparence les plus pures, celles même qui semblent reproduire exactement les couleurs élémentaires du spectre, sont toujours composées d'un certain nombre de rayons simples, séparables par l'action du prisme.

Il en est de même des milieux transparents ; que l'on dispose, par exemple, devant un prisme, une lame de ces verres d'un beau bleu colorés par du cobalt, le spectre prend une apparence particulière : il est loin de se réduire à une bande bleue, comme on pourrait s'y attendre. On observe d'abord un filet rouge, mince et d'un grand éclat, auquel succède un large espace noir indiquant l'absence de l'orangé et du jaune ; vient ensuite une bande verte peu intense, séparée, par un nouvel espace obscur, de la région bleue qui s'étend jusqu'au violet. Ainsi, ce verre, qui produit sur notre œil la sensation d'une couleur simple, transmet en réalité des rayons très hétérogènes, compris dans toute l'étendue de la gamme des couleurs.

Des résultats analogues s'observent avec la plupart des verres ou des liquides colorés ; il faut faire une exception cependant à l'égard de certains verres rouges qui laissent passer de la lumière sensiblement monochromatique; aussi en fait-on un fréquent usage dans un grand nombre d'expériences d'optique, où l'homogénéité des rayons est une condition essentielle.

Enfin, les diverses sources lumineuses présentent, au point de vue de leur coloration, des particularités du même ordre, que l'analyse prismatique décèle avec la plus grande sûreté.

Si l'on étudie à ce point de vue les sources lumineuses usuelles, on y retrouve à peu près toutes les nuances du spectre solaire, avec des différences très marquées dans leur intensité relative. La flamme d'une bougie ou d'un bec de gaz, l'éclatante lumière de Drummond, émettent en abondance des rayons rouges, orangés et jaunes, tandis que les teintes bleues et violettes s'effacent à côté des premières. Au contraire, l'arc voltaïque, la combustion du magnésium, produisent une lumière remarquable par l'abondance des rayons les plus réfrangibles.

Cependant, toutes ces sources nous paraissent blanches quand nous les regardons isolément; mais c'est surtout par contraste et beaucoup aussi par habitude que nous les jugeons. Quand on les compare à la lumière du soleil, elles apparaissent avec la couleur qui domine dans chacune d'elles. Une bougie nous semble émettre pendant la nuit des rayons d'une éclatante blancheur, elle n'est plus visible en plein jour que par sa lumière jaunâtre et fuligineuse.

Dans ces quelques exemples, les différences se manifestent surtout par les proportions relatives des rayons colorés propres à chaque source ; dans bien des cas, le phénomène prend un tout autre aspect. Il peut arriver que certains rayons fassent complètement défaut; la lumière possède alors des apparences spéciales reproduites avec fidélité par les spectres auxquels elles donnent naissance.

On observe de pareilles modifications dans toutes les flammes qui contiennent une vapeur métallique. Tout le monde a admiré ces feux aux vives couleurs qui donnent un éblouissant éclat aux pièces d'artifice; on les obtient en mêlant à des matières combustibles différents sels métalliques qui, selon leur nature, communiquent à la lumière des teintes spéciales.

Les feux rouges de Bengale doivent leur coloration à la présence du nitrate de strontiane; les sels de baryte teignent la flamme en vert, ceux de soude en jaune; les sels de cobalt lui communiquent une couleur bleue, etc. Toutes ces sources lumineuses, analysées par le prisme, donnent des spectres fort différents de ceux que nous venons d'étudier; leurs caractères sont même assez tranchés pour permettre de reconnaître avec la plus grande sûreté la nature du métal dont la vapeur colore la flamme. Nous étudierons bientôt avec quelques détails ces spectres intéressants; leur importance nous oblige à leur consacrer un chapitre spécial.

VI

LES COULEURS DANS LA NATURE

Opinion des anciens. — Théorie de Goethe. — Coloration superficielle des corps. — Influence de la nature de l'éclairage. — Éclairage monochromatique. — Coloration des corps transparents. — Influence de l'épaisseur. — Polychroïsme. — Les couleurs naissent dans l'épaisseur des corps. — Mélange des poudres et des liquides colorés. — Couleurs des corps très divisés. — Nomenclature des couleurs. — Gammes chromatiques de M. Chevreul.

Peu de questions ont plus vivement préoccupé les savants, les artistes et même les poètes de tous les temps, que la théorie des couleurs. Avant l'époque de Newton, quelques hypothèses mal définies suffisaient à expliquer des observations inexactes et incomplètes. On admettait assez généralement que les phénomènes de coloration étaient toujours le résultat d'un affaiblissement de la lumière blanche. Aristote supposait que toutes les couleurs provenaient d'un mélange de blanc et de noir; conséquent avec sa théorie, il pense que l'*obscur* doit provenir de la réflexion de la lumière par les corps, puisque toute réflexion affaiblit l'intensité lumineuse. Cette opinion bizarre fut généralement admise jusqu'à l'époque moderne; on la voit même reparaître à la fin du dix-huitième siècle, longtemps après la découverte de Newton, rajeunie et revêtue de formes pittoresques par le génie poétique de Goethe.

Pour le poète allemand, un phénomène fondamental, la coloration des milieux troubles, résumait toutes les conditions capables d'engendrer les couleurs. Il avait observé qu'un grand nombre de ces milieux rendent rouge la lumière qui les traverse, tandis que la lumière incidente les colore en bleu, quand on les regarde devant un fond obscur ; pour lui, l'action particulière de ces milieux produirait le mode d'obscurcissement nécessaire à la formation des couleurs.

Il y a vraiment lieu de s'étonner de voir un esprit élevé comme celui de Goethe s'attacher à une pareille théorie, quand les admirables expériences de Newton, connues depuis un demi-siècle, expliquaient tous les phénomènes avec une merveilleuse facilité. Mais le poète, dominé par le point de vue artistique, cherche toujours dans la perception sensuelle l'expression de toute beauté et de toute vérité; Goethe dédaignait l'application des méthodes scientifiques compliquées et trop rigoureuses; et quand il dirige contre Newton les attaques les plus violentes, ce n'est pas en opposant des objections sérieuses à ses expériences : ses idées fondamentales lui paraissent absurdes *à priori*. Ce qui ressort le plus clairement de ses écrits, c'est qu'il n'a jamais ni répété ni vu les expériences décisives de son adversaire; probablement même évitait-il de les connaître, dans la crainte de voir s'écrouler ses théories pittoresques et poétiques.

Rien de plus simple, au contraire, que d'expliquer, en partant des seules données de l'expérience, les colorations si variées des corps transparents ou opaques. Nous savons que la lumière se partage toujours, en atteignant la surface d'un corps, en trois portions ordinairement fort inégales : l'une est réfléchie, une autre transmise ; la troisième est absorbée. Nous avons signalé les différences nombreuses que présentent, sous ce rapport, les divers corps de la nature. Si l'on rapproche cette variété infinie d'actions de la constitution si compliquée d'un faisceau de lumière blanche, devra-t-on s'étonner de voir la matière agir de mille manières sur les rayons élémentaires qui le composent? Telle couleur pourra être tantôt réfléchie, tantôt absorbée ou transmise, et de cette action inégale devra nécessairement résulter une coloration plus ou moins vive de chacune de ces parties.

La génération des couleurs est en réalité un phénomène très complexe, provoqué par des causes multiples agissant toutes sur la lumière pour la décomposer. On a fait jouer pendant longtemps un rôle essentiel à la réflexion dans le mécanisme de cette décomposition ; la coloration superficielle de la plupart des corps semblait donner une grande vraisemblance à cette hypothèse. Il est cependant plus conforme à la plupart des observations d'attribuer aux phénomènes d'absorption une part prépondérante dans la formation des couleurs. Examinons d'abord dans leur ensemble les résultats généraux de cette action : nous essayerons ensuite d'en donner une explication rationnelle.

Il est d'abord facile de s'assurer que les corps doués du pouvoir réflecteur le plus considérable impriment déjà à la lumière réfléchie une coloration appréciable. Que l'on projette sur un écran blanc l'image d'un rayon solaire réfléchi sur un miroir de verre argenté, elle paraîtra d'un blanc très pur ; mais si on la force à se réfléchir plusieurs fois avant sa projection, en employant, par exemple, un couple de deux miroirs semblables convenablement disposés, elle prend alors une teinte franchechement jaune. La même épreuve, faite avec des miroirs de cuivre, donne à l'image une coloration d'un rouge très prononcé. Ces faits établissent l'influence de la réflexion sur la coloration de la lumière ; une substance déterminée semble réfléchir de préférence certains rayons, tandis que d'autres, plus ou moins affaiblis, paraissent s'éteindre ou perdre de leur importance.

Bien que les phénomènes de réflexion spéculaire se présentent rarement dans la nature, ces données théoriques doivent s'appliquer, sans restriction, à cette réflexion irrégulière que nous avons désignée sous le nom de *diffusion* ; et, comme les corps diffusants sont de beaucoup les plus nombreux, on ne doit pas s'étonner de trouver aussi plus de variété dans la manière dont ils nous renvoient la lumière.

Un corps n'a pas par lui-même de couleur propre ; sa nuance est intimement liée à la nature des rayons qui l'éclairent, l'expérience nous permet de vérifier ce fait tous les jours. Une étoffe de couleur est tout autre à la lumière du jour qu'à la lumière artificielle d'une lampe ou d'une bougie. Le choix d'une toilette de bal exige toujours la plus scrupuleuse attention. Telle nuance, trop vive et trop criarde pour un costume de ville, semblerait terne ou fanée dans une fête de nuit. Bien plus, deux couleurs identiques en plein jour produisent souvent le contraste le plus choquant lorsque la nature de l'éclairage vient à changer ; c'est ainsi que la plupart des bleus paraissent verts à la lumière artificielle. Tous ces faits sont très faciles à expliquer, si l'on fait intervenir la constitution variable des sources de lumière.

Il est tout d'abord évident qu'une substance ne saurait diffuser d'autres rayons que ceux qu'elle reçoit ; par conséquent, si une source lumineuse est dépourvue des rayons qu'elle est apte à réfléchir, cette substance se comportera comme un corps absolument noir. Cette conséquence de la théorie acquiert une forme saisissante par plusieurs expériences remarquables d'une réalisation facile.

Dans un spectre solaire projeté sur un écran blanc, promenons un bouquet de fleurs colorées des nuances les plus vives et les plus variées : son apparence se modifie à chaque instant et change subitement dès qu'une fleur passe d'une région dans une autre. La corolle bleue du liseron conserve sa fraîche nuance dans les rayons les plus réfrangibles, elle devient noire dans la lumière rouge ; de même, les pétales d'un camélia rouge restent aussi éclatantes qu'au soleil, tant qu'ils reçoivent les rayons rouges ; mais ils s'assombrissent et deviennent entièrement noirs dans les autres parties du spectre. Les feuilles qui encadrent le bouquet ne conservent leur coloration que dans la région moyenne. Les fleurs blanches seules, véritables caméléons, se teignent successivement de toutes les nuances qui les frappent.

Il est presque inutile d'insister sur l'explication de ces curieux effets. Tant qu'une des fleurs du bouquet est plongée dans la lumière dont elle partage la couleur, elle en réfléchit les rayons avec intensité ; mais dès qu'elle est placée dans une autre région du spectre, éclairée par des rayons qu'elle ne peut réfléchir, elle ne renvoie plus de lumière à notre œil. Les corps blancs jouissent de la propriété de réfléchir indistinctement tous les rayons ; ils doivent donc se parer de toutes les nuances du spectre ; c'est pour cette raison que l'on a toujours recours à des écrans blancs pour recevoir les projections dans les expériences d'optique.

On arrive à des résultats analogues, plus surprenants encore, en modifiant cette expérience de la manière suivante. Nous avons signalé, dans le chapitre précédent, la propriété de quelques flammes colorées d'émettre une lumière entièrement dépourvue de certains rayons du spectre ; une des plus remarquables, sous ce rapport, est celle que l'on obtient sous l'influence des sels de soude. Il suffit d'ajouter à l'alcool d'une lampe une pincée de sel de cuisine pour communiquer à la flamme une belle nuance jaune : l'analyse prismatique de cette source lumineuse démontre qu'elle est uniquement formée de rayons jaunes à l'exclusion de toute autre couleur.

Éclairons à l'aide de cette lumière monochromatique un salon orné de tableaux, de tentures brillantes, de fleurs de toutes nuances, on prévoit quel sera l'effet produit : les objets colorés en jaune conserveront seuls leur couleur normale ; d'autres paraîtront complètement noirs, malgré la vivacité ordinaire de leur couleur ; d'autres enfin prendront les tons que peut former un mélange de jaune et de noir. Un tableau, par exemple, ressemblera à un dessin à l'encre de Chine peint sur une toile jaune ; un changement semblable s'opérera sur tout : une pâleur livide envahira tous les visages, et chacun sera épouvanté de l'apparence cadavéreuse de ses voisins, sans se douter qu'il est pour eux l'objet de la même observation.

Dans ce même salon allumons un fil de magnésium, son éclat éblouissant changera subitement ce lugubre spectacle; toutes les couleurs renaissent par enchantement sous l'action de cette riche lumière. La vie reparaît sur la figure livide des spectateurs, les fleurs reprennent leur élégante parure. Cette métamorphose subite n'a d'autre cause que la constitution compliquée de la lumière du magnésium. Comme celle du soleil, elle renferme en elle toutes les couleurs, et chaque objet choisit, pour ainsi dire, au milieu de ces rayons nombreux, ceux qu'il est capable de réfléchir.

Entre ces deux sources lumineuses de propriétés si opposées se rangent la plupart des lumières artificielles journellement employées. Sans être absolument privées de rayons de diverses nuances, elles émettent en quantité relativement considérable de la lumière jaune, dont l'intensité exagérée communique aux objets une coloration d'une apparence anormale.

Les mêmes effets s'observent dans la lumière transmise par les milieux transparents, solides ou liquides : chacun, selon sa nature, exerce une action élective sur tel ou tel rayon du spectre, livre aux uns un passage facile, oppose à d'autres une opacité absolue. Un verre rouge, par exemple, doit sa couleur spéciale à sa très grande perméabilité pour la lumière rouge, tandis qu'il est complètement impénétrable à tous les autres rayons.

L'épaisseur du milieu transparent exerce, sous ce rapport, une grande influence : la coloration devient plus faible quand l'épaisseur diminue, elle augmente au contraire quand elle devient plus considérable. Au delà d'une certaine limite, cependant, cette influence cesse de se faire sentir avec la même énergie, elle est loin d'être proportionnelle à l'épaisseur du corps transparent. Ce fait trouve son explication naturelle dans les notions précédentes. Dirigeons, par exemple, sur un verre rouge des rayons tamisés par un premier verre de même couleur, ils devront le traverser sans difficulté, car la première lame aura déjà arrêté presque toute la lumière qu'il est incapable de transmettre. Le même effet se produira nécessairement dans un bloc massif de verre rouge; le faisceau lumineux, dépouillé par l'action des couches superficielles des rayons de toute autre nuance, pénétrera presque intégralement dans les couches profondes.

On prévoit d'après cela l'effet de plusieurs lames de couleur différente, superposées et traversées par le même rayon : on serait tenté de croire tout d'abord que leurs nuances doivent s'ajouter pour donner une couleur composée; un phénomène inverse doit, au contraire, se produire. Supposons qu'il s'agisse de deux lames, l'une verte, l'autre rouge; la première, ne laissant passer que des rayons verts, transmettra à la seconde une lumière qui ne peut la pénétrer; la réunion de ces deux corps transparents sera donc d'une opacité absolue. Les milieux colorés superposés les uns aux autres, loin d'ajouter leurs effets, agissent sur la lumière par des absorptions successives, d'autant plus complètes que leur nombre est plus considérable et leur nature plus différente.

Quelques substances possèdent la singulière propriété de présenter des colorations variables, selon l'épaisseur qu'elles opposent au passage de la lumière. La plupart des vins rouges, surtout quand ils sont vieux, se prêtent facilement à la vérification de ce fait. Quelques gouttes de vin de Porto, versées au fond d'un verre, paraissent d'un jaune paille très prononcé, tandis que le même liquide, vu en masse plus considérable, acquiert une coloration d'un rouge intense. Ce phénomène, connu sous le nom de *polychroïsme*, est dû à l'inégale transparence du liquide, pour les rayons de diverses couleurs : dans l'exemple précédent, la lumière jaune, puissamment absorbée, est retenue par les premières couches, tandis que les rayons rouges facilement transmis pénètrent sans perte appréciable dans la masse liquide.

Presque tous les corps transparents sont doués, à des degrés divers, de cette remarquable propriété; on ne saurait guère citer qu'un seul exemple de milieu sensiblement monochromatique; encore faut-il que son épaisseur soit assez considérable; nous voulons parler des verres rouges colorés par l'oxydule de cuivre, dont nous avons déjà signalé les propriétés.

Les milieux transparents colorés agissent donc sur la lumière blanche en la décomposant; une partie de ses rayons pénètrent seule dans leur substance. Mais que devient la seconde? Est-elle simplement réfléchie par la première surface, ou bien disparaît-elle comme lumière, absorbée ou transformée par le corps diaphane? L'expérience va nous permettre de choisir entre ces deux hypothèses.

Sur une feuille de papier blanc plaçons des fragments de verre de diverses nuances; ils nous apparaissent tous avec leur coloration propre. Cette épreuve semble indiquer une réflexion inégale des couleurs simples par les surfaces de chacun des fragments; il n'en est rien cependant, car il suffit de les placer sur un fond noir pour faire disparaître leur coloration : tous deviennent sombres comme le fond sur lequel ils reposent, on a de la peine à les distinguer les uns des autres.

Ce n'est donc pas la lumière réfléchie qui nous donnait la sensation des couleurs; d'ailleurs, s'il en était ainsi, ces couleurs devraient être complémentaires de celles des verres transparents : le verre rouge devant réfléchir des rayons verts; le verre vert, au contraire, devrait nous paraître rouge. La feuille de papier blanc est en réalité la surface réfléchissante, la lumière qu'elle nous envoie a traversé deux fois les verres colorés avant de parvenir à notre œil.

Une épreuve plus décisive encore confirme cette manière de voir : un rayon de soleil, dirigé sur la surface polie d'un verre coloré, se réfléchit sans éprouver de modification dans sa nature; il est aussi incolore après qu'avant sa réflexion. Tout le monde sait d'ailleurs qu'un verre noirci se comporte, sous ce rapport, comme un miroir étamé ; que l'on regarde son image dans l'eau limpide d'un lac ou à la surface d'une couche d'encre, la réflexion s'effectue toujours de la même manière.

Puisqu'il nous est impossible de retrouver dans la lumière réfléchie la portion complémentaire des rayons incidents, il faut nécessairement admettre que la lumière subit une extinction partielle en traversant les corps transparents : certains rayons disparaissent complètement, ils sont absorbés et semblent anéantis.

Cette destruction n'est cependant pas absolue : nous verrons bientôt que la lumière est le résultat d'un mode particulier de mouvement capable, comme toute espèce de mouvement, de se transformer sans jamais s'anéantir. Il faut, par conséquent, s'attendre à retrouver, sous une autre forme, les rayons qui ont perdu la propriété d'impressionner nos yeux : tantôt, en effet, on les voit, convertis en chaleur, élever la température du milieu qui s'oppose à leur passage ; d'autres fois ils se manifestent par de puissantes actions chimiques ; dans d'autres cas, enfin, ils se transforment de nouveau en lumière, prennent une autre allure et engendrent les curieux effets de fluorescence et de phosphorescence.

Nous avons placé jusqu'à présent dans deux groupes distincts les différents phénomènes de coloration, selon qu'ils se produisaient à la surface des corps ou qu'ils prenaient naissance dans leur intérieur, sous l'action de leur pouvoir absorbant. Cette classification, purement artificielle, est loin de correspondre à l'ensemble des faits connus ; elle est au contraire en opposition formelle avec toutes les observations précédentes. S'il est vrai, comme nous venons de le reconnaître, que tous les milieux transparents réfléchissent de la lumière blanche, tous les corps devront nécessairement se comporter de la même manière, puisqu'il n'existe pas de substance d'une opacité absolue ; la production des couleurs rentrerait ainsi dans une loi générale. L'expérience vérifie ces données théoriques.

Si la réflexion est nécessaire pour nous envoyer de la lumière, l'absorption est la cause essentielle de la formation des couleurs. Une feuille verte doit en réalité sa nuance à la transparence imparfaite de ses éléments : la lumière, en pénétrant dans ses tissus, éprouve une absorption partielle ; les rayons rouges sont éteints et les rayons verts résultant de cette décomposition se réfléchissent sur des surfaces intérieures. Tout se passe comme dans l'exemple cité plus haut, où des verres colorés étaient placés sur un fond blanc. Il en est de même dans tous les cas : la coloration d'un corps a toujours pour cause première un phénomène d'absorption, suivi de réflexions sur des surfaces intérieures.

Ces faits vont nous servir à expliquer pourquoi le mélange de matières colorantes produit ordinairement des effets si différents que le mélange des rayons colorés. Nous avons déjà cité, à ce sujet, un exemple remarquable : la superposition de rayons jaunes et bleus donne la sensation du blanc, tandis que les peintres obtiennent toujours du vert par l'association matérielle de ces deux couleurs.

Une expérience très simple démontre nettement ce fait important. Sur un disque rotatif (fig. 67) sont disposés des secteurs égaux, recouverts alternativement d'une couche de jaune de chrome et de bleu de cobalt, tandis qu'au centre est réservé un cercle peint en vert avec un mélange à parties égales de ces deux couleurs. Quand le disque est en mouvement, la portion centrale conserve sa nuance verte, résultant de la combinaison matérielle des deux couleurs, tandis que les secteurs produisent l'impression complexe d'un gris presque blanc.

Les poudres colorées possèdent toujours une certaine transparence à cause de leur extrême ténuité, et la lumière qu'elles nous envoient a toujours subi des réflexions intérieures avant de parvenir jusqu'à notre œil. Mais si l'on superpose des poudres de couleurs différentes, les effets absorbants de chacune d'elles s'ajouteront, et il n'y aura de réfléchis que les rayons qui ne sont absorbés ni par l'une ni par l'autre.

Une action semblable se manifeste dans le mélange des liquides colorés. Une solution limpide de gomme-gutte,

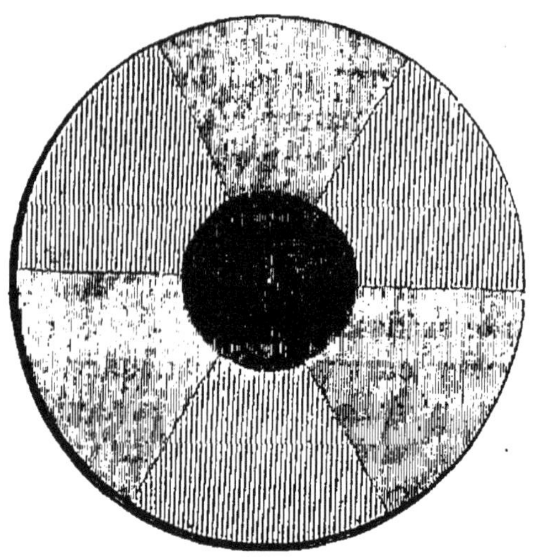

Fig. 67. — Disque à secteurs jaunes et bleus.

par exemple, laisse passer avec facilité les rayons jaunes, assez bien le rouge et le vert, plus difficilement le bleu et le violet. L'encre bleue, au contraire, est perméable aux rayons bleus et verts, et presque opaque pour le rouge et le jaune. La teinte du mélange devra donc être verte, puisque le liquide bleu retient le rouge et le jaune, et que la gomme-gutte éteint le bleu et le violet.

Cette action exercée par les corps transparents, réduits en poudre fine, nous conduit naturellement à l'examen d'un groupe de faits dont l'explication se rattache aux théories précédentes. Toutes les substances transparentes, incolores ou colorées, changent complètement d'aspect dès qu'elles cessent d'être en masses compactes; plus leur état de ténuité est grand, plus leur nuance paraît claire. La glace qui se forme lentement à la surface d'une eau tranquille possède une transparence presque absolue,

10

tandis que la neige, qui est aussi de l'eau congelée, semble avoir perdu cette propriété. Cependant, si on examine avec quelque attention un flocon de neige, on le voit formé de cristaux aux formes les plus élégantes, groupés autour d'un centre commun, comme les pétales d'une fleur sur leur réceptacle, et chacune de ces facettes est aussi translucide que le cristal le plus limpide.

Un fragment de verre prend l'aspect de la craie dès qu'on le pulvérise; sa nature n'a pas changé cependant sous l'influence de cette action mécanique. Mais, chose plus remarquable, le phénomène est indépendant de la nuance propre du verre; qu'il soit bleu, rouge, noir même, sa poudre paraîtra blanche quand elle aura acquis une ténuité suffisante.

Ces apparences si curieuses n'ont d'autres causes que les modifications survenues dans la structure du milieu transparent. Les phénomènes de réflexion acquièrent une prédominance considérable, ceux d'absorption diminuent au contraire dans le même rapport. Une poudre grossière devra donc être plus colorée ou plus foncée qu'une poudre fine, car la lumière devra traverser un plus grand nombre de fragments pour rencontrer le même nombre de surfaces réfléchissantes.

Quand on humecte avec de l'eau ou tout autre liquide incolore un corps pulvérulent ou poreux, sa nuance devient aussitôt plus foncée : un objet en plâtre devient gris dès qu'on le mouille; une goutte d'eau produit sur une feuille de papier une tache foncée; l'huile, l'essence de térébenthine, et en général les liquides très réfringents, donnent lieu aux mêmes effets d'une manière beaucoup plus prononcée. Ces liquides n'ont d'autre action que d'affaiblir la réflexion à la surface des particules ; en remplissant les vides interposés, elles donnent à l'absorption une influence prépondérante. C'est ainsi qu'agissent les vernis dont on recouvre les peintures; ils avivent les couleurs en communiquant aux poudres colorées le pouvoir d'exercer leur action absorbante avec une plus grande énergie.

Tous ces faits montrent combien doit être grande la variété des teintes que peut fournir le mélange des divers rayons colorés. Le nombre des rayons simples est en effet infini ; on peut les combiner entre eux de mille manières, et aux nuances résultant de ces combinaisons il faut encore ajouter toutes celles que l'on obtiendrait en les mélangeant à des proportions variables de blanc ou de noir. Comment se reconnaître au milieu de cette confusion ? comment indiquer avec quelque précision une couleur déterminée ?

On prend souvent comme terme de comparaison des objets naturels bien connus, auxquels on rapporte les nuances que l'on veut définir ; c'est ainsi que les noms de certaines fleurs, d'animaux, de pierres précieuses, servent à désigner quelques couleurs. On appelle lilas, par exemple, la nuance mélangée de rouge et de violet, propre à la fleur de ce nom, et on rattache à cette teinte une foule de variétés résultant de diverses combinaisons secondaires; on distingue le lilas clair et le lilas foncé, le lilas rougeâtre ou violacé, selon que la teinte prise pour type est mélangée de blanc, de noir, de rouge ou de violet. On dit de même un rouge groseille, un jaune serin, un bleu turquoise, etc.

Il est inutile d'insister sur l'insuffisance d'une pareille nomenclature, elle est basée sur des données trop arbitraires et trop peu précises pour avoir une utilité sérieuse ; tout au plus présente-t-elle quelque avantage dans le langage ordinaire, en groupant autour de certains types familiers les nuances principales que nous voulons définir. M. Chevreul a essayé d'obvier à cette inévitable confusion en établissant, sur des données scientifiques, une classification des couleurs, comprenant toutes les nuances employées dans l'industrie. Voici, d'après ce savant, le principe de la méthode appliquée à la solution de cet important problème :

« Une matière colorée en rouge, en jaune, en bleu, en orangé, en vert et en violet, ne peut être modifiée que de quatre manières par l'emploi qu'on en fait en teinture ou en peinture :

« 1° Par du blanc, qui, en l'éclaircissant, en affaiblit l'intensité ;

2° Par du noir, qui, en l'assombrissant, en diminue l'intensité ;

« 3° Par une certaine couleur qui la change sans la ternir ;

« 4° Par une certaine couleur qui la change en la ternissant ; de sorte que si l'effet est porté au maximum, il en résulte soit du noir, soit du gris normal, ou, en d'autres termes, du noir mêlé de blanc.

« C'est afin de définir ces modifications sans ambiguïté, au moyen d'un langage exempt de toute équivoque à l'égard de ceux qui le comprendraient, que j'ai appelé *tons d'une couleur* les différents degrés d'intensité dont cette couleur est susceptible, suivant que la matière qui la présente est pure ou simplement mélangée de blanc ou de noir ; que j'ai appelé *gamme* l'ensemble des tons d'une couleur ; que j'ai appelé *nuances* d'une couleur les modifications que celle-ci éprouve de l'addition d'une certaine couleur qui la modifie sans la ternir. »

Voici maintenant comment M. Chevreul fait l'application de ces principes. Imaginons un cercle divisé en soixante-douze secteurs égaux, sur trois secteurs équidistants, on placera les trois couleurs principales : *rouge, jaune* et *bleu ;* puis, à égale distance de chacune d'elles, celles qui résultent de leur mélange deux à deux : l'*orangé* se trouvera ainsi entre le rouge et le jaune, le *vert* entre le jaune et le bleu, le *violet* entre le bleu et le rouge. Entre ces six nuances on intercale de nouveau six autres couleurs intermédiaires ; de sorte que le cercle, une fois complété se trouve recouvert de soixante-douze *nuances* pures, passant graduellement de l'une à l'autre comme celles du spectre solaire.

Le cercle est ensuite divisé en cases rectangulaires par vingt circonférences concentriques qui donnent vingt cases pour chaque secteur coloré. Chacune d'elles reçoit successivement les divers tons que l'on obtient en mélangeant avec du blanc et du noir ces nuances pures. Au centre est un petit cercle complètement blanc, à partir duquel la nuance se fonce en perdant du blanc jusqu'à devenir pure; puis le ton s'assombrit de plus en plus par des proportions croissantes de noir jusqu'au bord du disque qui est d'un noir absolu.

Chaque secteur présente ainsi, en allant du centre à la circonférence, une *gamme* de vingt tons *éclaircis* ou *rabattus*, ce qui donne en tout mille quatre cent quarante combinaisons, qui forment des types très rapprochés les uns des autres, auxquels il convient d'ajouter les vingt tons qui résultent de la dégradation du noir, c'est-à-dire la série des tons gris allant du blanc au noir.

On conçoit tous les services que peut rendre une semblable échelle chromatique, construite avec des couleurs inaltérables; il devient facile de définir une couleur quelconque, de la désigner même par un numéro d'ordre conventionnel, inscrit sur le casier qui lui correspond. « On peut établir ainsi une synonymie des couleurs appliquées sur des tissus teints ou des surfaces peintes par des moyens quelconques, et juger ainsi la palette de toutes les industries qui parlent aux yeux par des couleurs. »

VII

L'ANALYSE SPECTRALE

Raies obscures du spectre solaire. — Spectre des corps incandescents. — Spectre des flammes. — Travaux de MM. Kirchhoff et Bunsen. — Le spectroscope. — La spectroscopie et l'analyse chimique. — Spectres d'absorption. — Renversement des raies spectrales. — Constitution physique du soleil. — Raies telluriques. — L'atmosphère des planètes.

La génération et la constitution des couleurs nous intéressent à un autre point de vue, bien différent de celui que nous venons d'examiner. La découverte de Newton avait résolu un problème d'une importance fondamentale; elle venait de donner une réponse définitive à une question controversée depuis des siècles, en expliquant avec une rigoureuse exactitude la cause si longtemps ignorée de la coloration des corps; elle était appelée à exercer sur les progrès de l'optique une influence bien autrement considérable. Le caractère de toute grande découverte est d'ouvrir à la science des horizons nouveaux et de féconder avec une étonnante rapidité un terrain resté jusqu'alors infertile; il n'en est pas, sous ce rapport, dont les conséquences aient été plus brillantes et plus utiles que celles de Newton. Nous allons voir comment ses idées, développées et complétées par le génie de ses successeurs, ont enrichi, la science en quelques années, des conceptions les plus grandioses et les plus inattendues:

Nous avons admis, dans l'exposition des phénomènes relatifs à la dispersion, que les couleurs du spectre solaire se succédaient, sans solution de continuité, depuis le rouge jusqu'au violet; c'est, en effet, l'apparence présentée par l'image spectrale obtenue dans les conditions ordinaires. Mais en prenant certaines précautions, en donnant à l'ouverture lumineuse une très petite épaisseur, en observant le spectre à l'aide d'une lunette, pour en amplifier les détails, on ne tarde pas à s'assurer que cette continuité n'est pas réelle ; une multitude de lignes obscures se dessinent à la surface de l'image colorée et la traversent perpendiculairement à sa longueur.

L'honneur de cette découverte, féconde en résultats importants, revient à un savant bavarois, Fraunhofer; il cherchait à déterminer l'indice de réfraction correspondant aux diverses couleurs, quand il observa ces raies obscures disséminées sur toute la surface du spectre; il comprit aussitôt toute la portée de sa découverte, étudia le phénomène dans tous ses détails, et la sagacité de son génie ne tarda pas à en déduire des conséquences du plus grand intérêt. Les observations de Fraunhofer complétaient, en effet, celles de Newton, et à partir de cette époque l'optique entra dans la voie du progrès, qu'elle a parcourue depuis lors avec une prodigieuse rapidité.

L'expérience de Fraunhofer se réalise aujourd'hui avec la plus grande facilité, grâce à la perfection des instruments dont dispose la science. Il suffit de substituer à l'ouverture circulaire de Newton une fente linéaire très étroite, et de recevoir les rayons qui la traversent sur un prisme bien homogène. Enfin, derrière le prisme on place une lentille à long foyer projetant sur un écran l'image de la fente.

Le spectre ainsi formé est sillonné par une multitude de raies sombres dont le nombre se compte par centaines: ce sont les *raies de Fraunhofer*. En étudiant la disposition de ces raies à la surface du spectre, on reconnaît d'abord qu'elles sont réparties, depuis le rouge jusqu'au violet, avec la plus grande irrégularité, sans servir de limites aux couleurs principales; leur apparence, aussi irrégulière que leur position, présente également les aspects les plus variés. Les unes, très déliées, se dessinent comme des lignes noires isolées, à peine visibles. D'autres, très rapprochées, forment comme une ombre que l'œil a de la peine à réduire en lignes distinctes ; d'autres enfin, plus larges et plus tranchées, semblent indiquer une solution de continuité d'une certaine étendue.

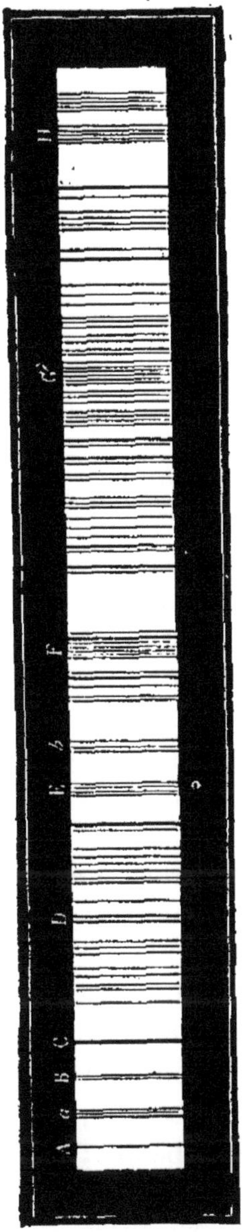

Fig. 68. — Raies de Fraunhofer.

Au milieu de cette confusion apparente règne cependant un ordre réel, qui ne pouvait échapper au physicien de Munich. Que le spectre soit resserré ou dilaté, qu'il soit produit par un prisme de verre ordinaire ou de flint très réfringent, qu'on substitue à ces derniers des prismes creux remplis des liquides les plus variés, la disposition des raies est toujours la même ; elles sont invariablement groupées de la même manière dans chacune des couleurs. Il devient dès lors évident que ces raies ne prennent pas naissance dans la substance des milieux transparents ; leur origine doit être recherchée dans la lumière elle-même. Fraunhofer compléta en effet sa découverte en démontrant que les diverses sources lumineuses étaient douées, à cet égard, de propriétés différentes.

Pour établir une sorte de classification dans les raies nombreuses du spectre solaire, Fraunhofer en choisit huit principales, placées dans les diverses couleurs et faciles à reconnaître par leur position et leur intensité ; il les désigna par les premières lettres de l'alphabet ; les trois premières, A, B, C, sont dans le rouge, A dans l'extrémité la plus sombre, C près de l'orangé. La raie D occupe la partie la plus éclatante, entre l'orangé et le jaune ; c'est une des plus nettes et des plus précieuses pour les études d'optique, à cause de sa situation. E est placé entre le jaune et le vert, F au milieu du vert; G sépare l'indigo du bleu ; enfin la double raie H est située dans le violet extrême, elle se détache sur un fond très peu lumineux, et n'est visible que lorsqu'on se place dans une obscurité complète. Entre ces raies principales se trouvent naturellement intercalées toutes les autres, et leur nomenclature devient alors moins compliquée. La figure 68 donne une idée de la disposition des principales raies à la surface du spectre.

La présence de ces raies obscures est une preuve évidente que la lumière blanche du soleil n'est pas composée de rayons formant, par leur réfrangibilité, une série continue ; un grand nombre de termes de cette série manquent, au contraire, et l'analyse prismatique démontre leur absence par l'apparition d'une bande noire à la place qu'ils devraient occuper. Plus les moyens d'observation se perfectionnent, plus le nombre des raies augmente ; telle bande, qui nous paraît simple dans les conditions ordinaires, se résout en une série de stries très fines quand on l'observe avec une lunette d'un pouvoir amplifiant considérable. De même, les plages uniformément colorées en apparence se couvrent d'une multitude de raies d'une excessive délicatesse qu'il devient presque impossible de compter. Fraunhofer en avait observé 600 environ entre A et H ; Brewster, par une étude plus attentive, en porta le nombre à plus de 2000 ; Kirchhoff, en faisant réfracter les rayons solaires à travers plusieurs prismes successifs, en indiqua plus de 3000 dans la partie colorée du spectre ; Gassiot, en employant 11 prismes de sulfure de carbone, trouva que la raie D, si nette en apparence, n'est autre chose qu'un groupe de 14 lignes très rapprochées ; ce nombre a encore été accru par d'autres observateurs.

Cette étude du spectre solaire semble, au premier abord, n'avoir qu'un intérêt spéculatif; nous verrons bientôt cependant quelles applications imprévues en ont été la conséquence. Remarquons, pour le moment, que les raies obscures, par leur fixité absolue, établissent dans le spectre des points de repère immuables, toujours faciles à retrouver; elles définissent une couleur avec une précision mathématique; elles permettent de substituer à une sensation, nécessairement variable avec les observateurs, une notion rigoureuse ne donnant prise à aucune incertitude, celle de la réfrangibilité. Il devait donc venir à l'esprit de tous les physiciens d'appliquer cette nouvelle méthode, plus précise que celle de Newton, à l'examen des sources de lumière naturelles ou artificielles; cette étude, ébauchée par Fraunhofer, a acquis dans ces derniers temps une importance capitale.

Si l'on compare au spectre solaire ceux des corps lumineux qui empruntent leur éclat au soleil, on observe toutes les raies caractéristiques du premier : ainsi se comporte la lumière diffuse du jour, celle des nuages, de la lune et des planètes. Que l'on étudie au contraire les rayons émanés de corps lumineux par eux-mêmes, les apparences changent aussitôt; à chacune des sources appartient un groupement particulier des raies spectrales; les unes disparaissent, d'autres prennent naissance. Quelquefois la lumière est réellement continue et le spectre entièrement dépourvu de raies; d'autres fois enfin un renversement complet semble se produire : des bandes brillantes se dessinent avec éclat sur un fond noir; la radiation lumineuse est réduite alors à un petit nombre de rayons de réfrangibilité très différente.

Toutes ces variétés se rattachent à trois types principaux, liés, comme on va le voir, à la nature du corps lumineux. Sauf quelques exceptions, sans importance pour le sujet qui nous occupe, la lumière émise par un corps est toujours liée à une élévation considérable de sa température : qu'une substance soit solide, liquide ou gazeuse, elle devient toujours lumineuse quand sa température acquiert une intensité suffisante.

Un bloc de fer commence à émettre de la lumière quand il est chauffé au-dessus de 500 degrés, et son éclat augmente à mesure que la température s'élève. Il en est de même des liquides; ils deviennent lumineux quand ils sont fortement échauffés; les métaux les plus fusibles, tels que l'étain, le bismuth, le plomb, conservent, au moment de la fusion, leur éclat métallique ; mais dès que leur température atteint ou dépasse 500 degrés, ils présentent l'apparence d'un liquide incandescent. Enfin, les gaz eux-mêmes, échauffés au-dessus de 500 degrés, deviennent lumineux comme les solides et les liquides ; les flammes ne sont autre chose que des masses gazeuses portées à l'incandescence, par suite de la combustion de certaines substances, alimentée par l'oxygène de l'air.

Analysons d'abord, à l'aide d'un prisme, la lumière éclatante d'un boulet de fer porté au rouge blanc, nous ne pourrons reconnaître dans le spectre la moindre solution de continuité; les couleurs passent insensiblement de l'une à l'autre. Quelles que soient les précautions apportées à l'expérience, l'apparence reste toujours la même; le spectre ressemble à ceux que produisait Newton par ses procédés imparfaits. Tous les corps solides ou liquides incandescents se comportent comme notre boulet lumineux; leur spectre, toujours continu, est absolument dépourvu de raies obscures; il est impossible de distinguer, d'après leur apparence, la nature de la source lumineuse qui leur a donné naissance.

Un phénomène complètement opposé s'observe dans la lumière émise par les gaz et les vapeurs incandescents. De larges bandes noires sillonnent alors le spectre, tandis que de simples lignes lumineuses, le plus souvent très éclatantes, se dessinent comme des traits de feu sur un fond d'une obscurité absolue. Les flammes colorées par des vapeurs métalliques sont surtout remarquables par l'éclat et la richesse inouïe de leurs spectres. Toute description est impuissante à décrire la beauté de ces phénomènes ; le dessin le plus habilement exécuté ne saurait en donner qu'une idée pâle et bien incomplète. Ajoutons que l'éclat et le nombre des raies augmente quand la température s'élève, sans entraîner la plus légère modification dans la situation des premières. Cette constance dans la place qu'elles occupent constitue même, pour chaque corps gazeux, un caractère spécifique absolu, dont l'analyse chimique a fait, dans ces dernières années, une application des plus heureuses.

Fraunhofer, presque au début de ses recherches, avait déjà signalé ces différences profondes et caractéristiques entre le spectre des flammes et ceux des autres sources lumineuses ; les travaux de Herschell, de Brewster, de Miller, de Weatsthone en Angleterre, ceux de Masson et de Foucault en France, en complétant les observations de leur devancier, ont jeté les premiers fondements d'un des plus beaux monuments de la science moderne. Enfin, en 1860, deux savants allemands, MM. Kirchhoff et Bunsen, imprimèrent une impulsion nouvelle à l'étude de ces phénomènes ; ils réunirent en un faisceau commun toutes les données éparses de cette intéressante question et créèrent, en les coordonnant, un chapitre nouveau de la physique, désigné sous le nom de *Spectroscopie*.

Le travail de MM. Kirchhoff et Bunsen fit, dans le monde savant, une vive sensation ; cependant l'intérêt qu'il présentait résidait plutôt dans une simplification des procédés d'observation que dans l'exposé de faits inconnus. Ce qui en constitua l'originalité, ce fut la découverte de deux métaux nouveaux, révélée par l'analyse spectrale et contrôlée ensuite par les procédés ordinaires dont disposent les chimistes.

L'appareil qui sert à ces recherches est des plus simples : le *spectroscope* (fig. 69) se compose essentiellement d'un prisme triangulaire, ordinairement en flint, fixé sur une tablette horizontale : vis-à-vis de l'une de ses faces est disposé un tube C dont l'extrémité la plus éloignée est munie d'une fente très étroite, et l'autre d'une lentille, nommée collimateur, dont le foyer principal coïncide avec la fente. Cette disposition a pour but de ramener au parallélisme les rayons divergents qui traversent l'ouverture. Le faisceau

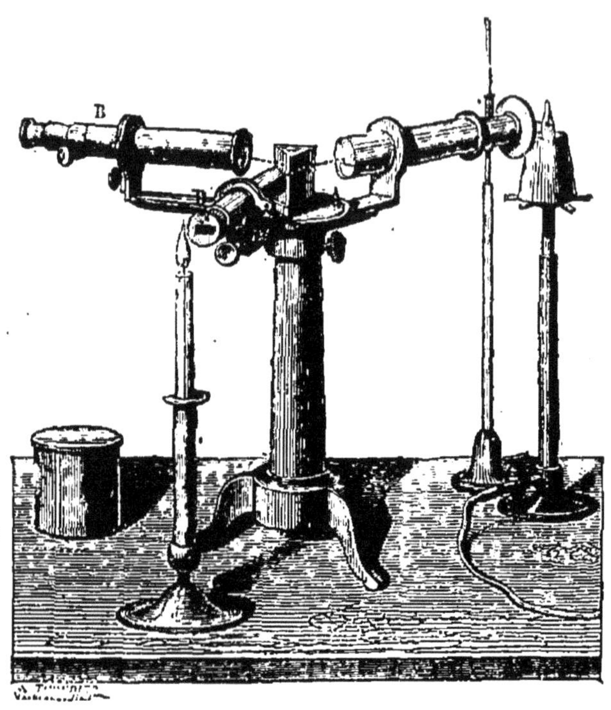

Fig. 69. — Spectroscope disposé pour l'étude des spectres d'émission.

réfracté par le prisme émerge ensuite par la face opposée, et donne un spectre que reçoit l'objectif d'une lunette B. Un observateur regardant dans la lunette voit le spectre amplifié dans ses dimensions et peut en apprécier tous les détails.

Quant à la source de lumière dont on veut étudier les radiations, on l'obtient avec la plus grande facilité. On fait usage à cet effet d'une lampe à gaz donnant une flamme très chaude et presque incolore. Dans cette flamme, on place un fil de platine dont l'extrémité supporte un fragment du composé métallique à étudier; celui-ci fond d'abord sous l'influence de cette température élevée, et se volatilise en communiquant à la flamme une coloration spéciale. Cette flamme colorée, placée devant la fente, projette ses rayons sur le prisme et produit un spectre que l'on observe dans la lunette.

On ajoute ordinairement à cet instrument une échelle divisée, destinée à mesurer la distance des bandes lumineuses et à déterminer leur position relative par rapport aux raies de Fraunhofer. Cette échelle, de très petite dimension, n'est autre chose qu'une lame de verre portant une reproduction photographique très réduite d'une règle graduée. Elle est placée dans un tube spécial D, incliné sur la face d'émergence du prisme; si l'on éclaire ce *micromètre* à l'aide d'une bougie, son image se réfléchit sur la face du prisme et pénètre dans la lunette en même temps que le spectre de la flamme.

On donne quelquefois à l'instrument une forme différente, dont le principal avantage est d'éviter la déviation des rayons lumineux. Le prisme de verre est remplacé par un assemblage de plusieurs milieux de pouvoirs réfringents différents : la lumière, en les traversant, éprouve une dispersion énergique, et le faisceau se trouve ramené, après son émergence, à sa direction primitive. De là le nom de spectroscope à vision directe, donné à cette modification de l'appareil; il est ordinairement muni, comme le précédent, d'un tube latéral renfermant un micromètre. Cet instrument est représenté par la figure 72, page 167.

Dirigeons d'abord la fente du spectroscope vers une surface blanche éclairée par le soleil ou simplement par la lumière du jour; le spectre normal apparaîtra avec une admirable netteté, et il sera facile de voir à quelles divisions du micromètre correspondent ses principales raies. On formera ainsi, une fois pour toutes, une table de correspondance qui indiquera avec exactitude la place qu'occuperait, dans un spectre quelconque, telle ou telle raie, et l'on pourra, par l'intermédiaire du micromètre, rapporter au spectre solaire la position de toutes les bandes obscures ou lumineuses qui seront observées dans l'instrument. Ces opérations préliminaires terminées, l'appareil est prêt à servir à l'analyse d'une source lumineuse.

Dans la flamme du brûleur à gaz, plaçons maintenant un fragment de différents sels, elle se colore aussitôt des nuances propres à chacun d'eux, et le spectroscope va nous indiquer la nature de leur lumière. A la flamme jaune des sels de soude correspond une bande jaune unique, très étroite et très lumineuse, qu'un œil exercé dédouble cependant en deux lignes extrêmement rapprochées l'une de l'autre. Chose remarquable, cette bande lumineuse coïncide *exactement*, par sa position, avec la raie obscure D du spectre solaire, et celle-ci se dédouble, comme elle, en deux raies très fines juxtaposées. Nous insistons sur cette coïncidence, dont on comprendra bientôt toute la portée.

Les sels de strontiane communiquent à la flamme, nous le savons déjà, une belle coloration rouge; mais cette lumière est loin d'être monochromatique comme celle de la soude; elle fournit au contraire un magnifique spectre formé de bandes lumineuses situées dans le jaune et l'orangé; la région du vert s'obscurcit, au contraire; puis dans le bleu se montre une belle raie brillante, caractéristique pour cette série de sels. Les bandes lumineuses des sels de baryte sont, au contraire, concentrées dans le vert. Les sels de potasse donnent un spectre peu intense, mais continu, depuis le jaune jusqu'au bleu, tandis qu'il présente deux raies aux deux extrémités du spectre, l'une dans le rouge, l'autre dans le violet. Tous les métaux dont les sels sont volatils à la température de la flamme du brûleur à gaz donnent des spectres analogues aux précédents, mais toujours différents par la disposition de leurs bandes lumineuses. Nous avons réuni dans la planche 70 (page 161) quelques-uns de ces spectres métalliques. On y voit la position des bandes lumineuses relativement aux principales raies de Fraunhofer.

En soumettant à cette méthode d'investigation un nombre considérable de substances naturelles, MM. Kirchhoff et Bunsen ont démontré la précision de ses indications. Pendant le cours de ces recherches minutieuses, ils ont observé certaines bandes lumineuses qui ne correspondaient à aucune de celles des métaux connus; ils attribuèrent aussitôt l'apparition de ce phénomène inattendu à l'existence de quelque nouveau corps simple échappé à l'attention des chimistes. Ils ne tardèrent pas, en effet, à isoler deux métaux nouveaux, le *cæsium* et le *rubidium*, que leurs propriétés classent dans la même famille que le sodium et le potassium. Le premier est caractérisé par deux raies bleues voisines de celles de la strontiane (planche 70, n° 4); le second, par deux bandes rouges placées à l'extrémité du spectre.

Encouragé par ces brillants résultats, les savants soumirent aussitôt à l'analyse spectrale la plupart des composés naturels, dans l'espoir d'y découvrir quelque substance nouvelle : leurs efforts ne restèrent pas infructueux, car la science s'enrichissait de deux autres corps simples, le thallium et l'indium. Le premier, découvert par Crokes en Angleterre, a été étudié en France par M. Lamy ; il ne donne qu'une seule raie très brillante et verte, et produit, par conséquent, comme le sodium, une lumière sensiblement monochromatique ; le second donne deux bandes, l'une bleue, l'autre violette.

Un des traits les plus saillants de l'analyse spectrale est son extrême sensibilité ; des traces infiniment petites de la plupart des composés métalliques révèlent immédiatement leur présence par les caractères lumineux communiqués à la flamme. Les sels de soude sont surtout remarquables sous ce rapport : l'expérience suivante de MM. Kirchhoff et Bunsen montre combien l'analyse spectrale surpasse en délicatesse toutes les réactions dont fait usage la chimie.

« Nous avons fait détonner, disent-ils, 3 milligrammes de chlorate de soude mélangés avec du sucre de lait, dans

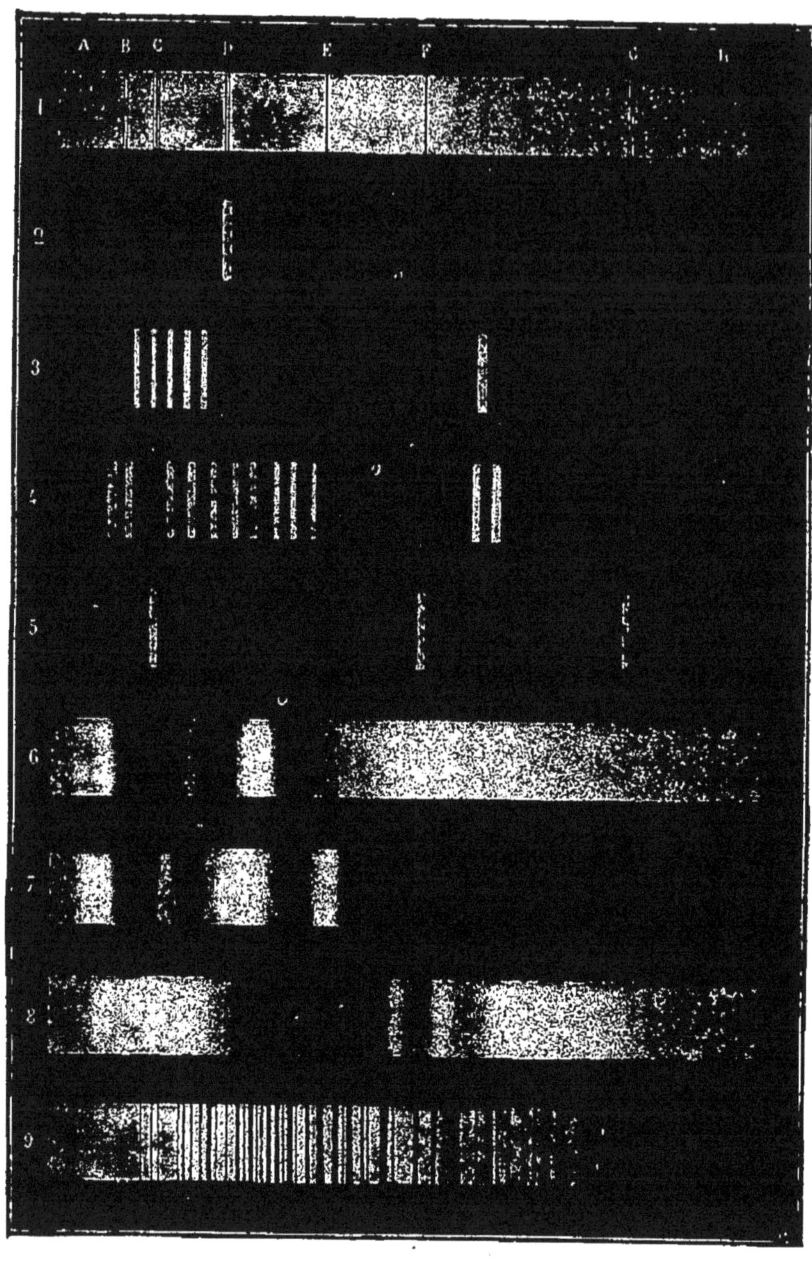

Fig. 70. — Spectres d'émission et d'asorbption.

1. Spectre solaire. — 2. Chlorure de sodium. — 3. Chlorure de strontium. — 4. Chlorure de cæsium. — 5. Hydrogène. — 6. Verre de cobalt. — 7. Chlorophylle. — 8. Permanganate de potasse. — 9. Vapeur nitreuse.

l'endroit de la salle le plus éloigné possible de l'appareil, tandis que nous observions le spectre de la flamme non éclairante d'une lampe à gaz ; la pièce dans laquelle s'est faite l'expérience mesure environ 60 mètres cubes. Après quelques minutes, la flamme, se colorant en jaune fauve, présenta, avec une grande intensité, la raie caractéristique du sodium, et cette raie ne s'effaça qu'après dix minutes. D'après la capacité de la salle et le poids du sel employé pour l'expérience, on trouva facilement que l'air de la salle ne contenait en suspension qu'un vingt-millionième de son poids de sodium. En considérant qu'une seconde suffit pour observer très commodément la réaction, et que, pendant ce temps, la flamme emploie 50 centimètres cubes d'air, on peut calculer que l'œil perçoit très distinctement la présence d'un trois-millionième de milligramme de sel de soude. »

La sensibilité excessive de cette réaction explique suffisamment pourquoi tous les corps qui ont subi le contact de l'air pendant un certain temps donnent naissance à la raie du sodium, quand on les introduit dans la flamme du spectroscope. Un fil de platine de la grosseur d'un cheveu, débarrassé par la calcination des dernières traces de sodium, présente de nouveau la réaction caractéristique de ce corps, après une exposition de quelques heures à l'air. La poussière qui se dépose dans les appartements produit le même effet, au point qu'il suffit d'épousseter un livre à quelques pas de l'appareil pour faire naître immédiatement la bande lumineuse jaune d'une manière très intense.

Au point de vue des applications journalières de l'analyse chimique, cette sensibilité exagérée constitue presque un défaut; on peut toujours se demander, lorsqu'il s'agit de rechercher des substances abondamment répandues dans la nature, si elles existent réellement en proportion notable dans le corps analysé, ou si leur présence n'est pas due à quelque cause accidentelle de diffusion. Aussi ce procédé de recherche, qui semblait, dès son origine, devoir prendre dans bien des cas la place des procédés ordinaires d'analyse chimique, n'a-t-il une réelle importance que dans certains cas déterminés.

Il ne faudrait pas croire cependant que toutes les combinaisons métalliques, étudiées dans les conditions précédentes, produisent avec la même facilité leur spectre caractéristique. Un sel de plomb, d'argent ou de fer, ne donnerait aucun résultat : cette différence tient uniquement à la faible volatilité de ces combinaisons métalliques : la flamme du gaz n'est pas assez chaude pour les transformer en vapeur, il est nécessaire de recourir à des sources calorifiques plus intenses pour provoquer l'apparition des phénomènes.

La température prodigieusement élevée de l'arc voltaïque se prête admirablement à la production des spectres des métaux peu volatils : ils acquièrent un éclat d'une merveilleuse beauté quand on fait usage d'une lampe électrique alimentée par le courant de 50 à 60 couples. Il suffit de placer sur la tige inférieure de charbon, creusée en forme de godet, un fragment du métal à étudier; dès que l'appareil est traversé par le courant, le métal entre en fusion et se volatilise en produisant une flamme très éclairante et vivement colorée.

Le spectre de ces flammes, assez intense pour être projeté sur un écran, affecte les apparences les plus variées, selon la nature du métal soumis à l'expérience. Celui de l'argent est caractérisé par deux lignes vertes très éclatantes; dans celui de cuivre, on voit briller, à côté de belles bandes vertes, une série de raies rouges et orangées, apparaissant comme des cannelures lumineuses sur le fond pâle d'un spectre continu. Le zinc produit une raie rouge et un système de trois magnifiques bandes bleues.

En général, le nombre des raies devient tellement considérable à ces hautes températures, que les figures spectrales sont d'une extrême complication. Le nombre des raies du fer dépasse 70, celles du chrome et du nickel sont plus abondantes encore; cependant, un œil exercé saisit facilement des différences caractérisques dans les spectres les plus compliqués.

On peut observer les mêmes phénomènes par un procédé beaucoup plus simple et tout aussi instructif : si on étudie, au spectroscope, les étincelles jaillissant du conducteur de la machine électrique, on remarque que la composition de leur lumière varie avec la nature du métal dont est formé le conducteur, et on retrouve les mêmes bandes lumineuses que par l'emploi de l'arc voltaïque. Il est beaucoup plus avantageux, pour ces observations, de recourir à l'étincelle d'induction fournie par une bobine de Ruhmkorff; on termine alors les

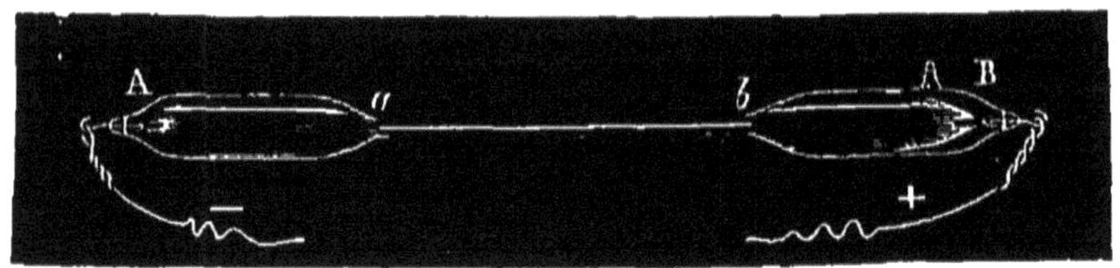

Fig. 71. — Tube de Geissler, pour l'étude des spectres d'émission des gaz.

deux conducteurs par un fragment du métal dont on veut étudier le spectre ; les étincelles se succèdent avec assez de rapidité pour produire l'effet d'un trait de feu continu, dont l'analyse spectrale ne présente aucune difficulté.

L'étincelle d'induction se prête avec la même facilité à l'étude de la lumière émise par les gaz incandescents. On fait usage, dans ce but, de tubes de Geissler d'une forme particulière, produisant une lumière d'un très vif éclat. La figure 71 montre leur disposition habituelle. Ce sont de simples tubes capillaires, terminés à chacune de leurs extrémités par une ampoule de verre soufflée recevant les deux conducteurs de platine ; les décharges électriques traversant le gaz raréfié le portent à l'incandescence et le rendent lumineux.

Cette disposition permet d'observer des systèmes de raies caractéristiques pour chaque gaz comme pour chaque flamme colorée par des vapeurs métalliques. Celui de l'hydrogène est un des plus simples; il consiste essentiellement en trois raies : l'une orangée, la seconde bleue, la troisième violette, coïncidant, par leur position, avec les raies obscures C, F, G, du spectre solaire (pl. 70, n° 5). Celui de l'azote est, au contraire, un des plus richement colorés et des plus étalés : il semble même différer de celui des autres gaz par des lignes noires analogues à celles de Fraunhofer; on en compte facilement une trentaine dans le rouge et le vert, tandis que du vert jusqu'au violet ce sont de belles bandes lumineuses se dessinant avec éclat sur un fond sombre.

On voit, par cet exposé rapide, combien sont nombreux et variés les résultats produits par l'analyse spectrale des sources lumineuses et avec quelle netteté cependant ils les caractérisent toutes ; mais là ne se bornent pas les services que la spectroscopie était appelée à rendre à la science ; nous devons étudier encore quelques phénomènes intéressants qui nous serviront à expliquer les premiers.

Nous avons déjà indiqué sommairement l'action exercée sur la lumière blanche par les milieux transparents colorés : leur coloration dépend, avons-nous dit, de la propriété qu'ils possèdent d'absorber certains rayons lumineux et de livrer à d'autres un passage facile. En appliquant la méthode spectrale à l'examen des rayons ainsi tamisés, on ne tarde pas à constater qu'un très grand nombre de ces substances exercent sur la lumière une action nettement déterminée, liée à leur constitution, et qui devient, pour eux, un caractère spécifique aussi important que l'est pour une flamme la nature des rayons qu'elle émet. On désigne sous le nom de *spectres d'absorption* ceux que l'on observe en plaçant entre la fente du spectroscope et une source de lumière blanche un corps transparent coloré solide, liquide ou gazeux.

L'état physique des milieux transparents n'est pas sans influence sur cette action élective qu'ils exercent sur la lumière. Nous avons déjà parlé, page 132, de la constitution spéciale de la lumière transmise par un verre bleu de cobalt. Généralement assez confuse pour les écrans solides, tels que des verres colorés, cette action acquiert souvent une assez grande netteté avec les liquides. Leurs spectres d'absorption sont alors formés par la succession de bandes alternativement obscures et brillantes, dont la situation est caractéristique pour chacune des matières colorantes qui les produisent; nous en citerons seulement quelques exemples.

Fig. 72. — Spectroscope à vision directe, disposé pour l'observation des spectres d'absorption.

Les feuilles des végétaux doivent leur coloration à une substance verte, contenue dans un système spécial de cellules, et que les botanistes désignent sous le nom de *chlorophylle*. Cette chlorophylle est soluble dans certains liquides, tels que l'alcool et l'éther; il suffit de traiter quelques feuilles sèches par un de ces dissolvants pour obtenir une liqueur d'une limpidité parfaite et d'une coloration identique à celle des feuilles elles-mêmes. Remplissons de cette dissolution une petite auge à parois de verre et plaçons-la entre une lampe et la fente d'un spectroscope ; la disposition de l'expérience est représentée par la figure 72. On observe alors des modifications caractéristiques dans la lumière qui a traversé le liquide, et l'on voit apparaître de magnifiques bandes noires dont le nombre et l'intensité varient avec la concentration de la liqueur.

Une solution violette de permanganate de potasse donne lieu à des effets analogues ; le spectre est alors traversé par de belles bandes obscures dans la région du vert, tandis que ses deux extrémités ne subissent presque aucune altération. De l'eau colorée par quelques gouttes de sang possède des caractères optiques du même ordre, qui permettent de la distinguer immédiatement de tout autre liquide possédant la même coloration. Les dessins 6, 7, 8 de la planche 70 montrent les apparences de quelques-uns de ces spectres d'absorption.

Nous pourrions multiplier beaucoup ces exemples ; nous croyons en avoir dit assez pour montrer l'importance de cette spécificité du spectre d'absorption comme caractère des substances colorées.

Les spectres d'absorption atteignent une plus grande complication quand le corps absorbant est un gaz ou une vapeur ; un des exemples les plus remarquables est fourni par la vapeur nitreuse. Quand on verse de l'acide nitrique sur quelques fragments de cuivre, on voit se manifester une vive effervescence, et le gaz qui se dégage produit, en se répandant dans l'air, une vapeur rouge intense, d'une odeur suffocante, désignée par les chimistes sous le nom d'*acide hypoazotique* ou de vapeur nitreuse. Ce gaz rutilant peut être aisément emprisonné dans un ballon ou dans un tube de verre, et il suffit de placer ce milieu coloré sur le trajet d'un faisceau lumineux, pour faire naître dans le spectroscope une apparence des plus brillantes.

Le spectre est sillonné de bandes noires de diverses largeurs qui rehaussent l'éclat de raies lumineuses d'une vivacité remarquable ; la région violette est seule obscurcie, tandis que le phénomène est des plus éclatants dans les autres parties du spectre (pl. 70, fig. 9). Cependant, si l'on augmente graduellement l'épaisseur de la couche gazeuse, l'absorption devient de plus en plus énergique, les bandes noires s'élargissent, se confondent et ternissent peu à peu ces vives couleurs ; le rouge seul semble d'abord résister à l'opacité du milieu, mais il finit aussi par s'éteindre sous l'influence d'une absorption trop puissante.

La plupart des gaz et des vapeurs colorés donnent lieu à des phénomènes du même ordre, quand la lumière les traverse sous une épaisseur suffisante. Le spectre du chlore est sillonné de fines stries dont l'apparence rappelle celle des raies de Fraunhofer ; il en est de même de ceux de la vapeur de brome ou d'iode.

Nous devons enfin examiner un dernier cas, le plus important de tous, à cause des résultats remarquables qui en ont été la conséquence. Dans les phénomènes d'absorption, tels que nous venons de les décrire, le milieu absorbant était toujours à une température assez basse pour n'émettre par lui-même aucune lumière. Prenons maintenant une vapeur fortement échauffée, une flamme colorée par un sel métallique, par exemple, et examinons quel sera l'effet de cette vapeur sur la lumière qui la traverse.

Pour réaliser l'expérience on projette d'abord sur un écran, par les procédés ordinaires, le spectre d'une puissante source de lumière, telle que la lumière de Drummond ; on obtient ainsi un spectre continu, entièrement dépourvu de raies brillantes ou obscures. Mais si l'on interpose entre la fente et la source lumineuse la flamme d'une lampe à gaz chargée de chlorure de sodium, on voit aussitôt apparaître une raie noire, *exactement* à la place qu'occuperait la raie jaune de la flamme du sodium, si celle-ci éclairait seule l'appareil. Ainsi, la vapeur incandescente du sodium absorbe précisément les rayons qu'elle est capable d'émettre, elle est pour eux d'une opacité absolue.

Ce fait, observé pour la première fois par M. Foucault, semble, au premier abord, paradoxal ; on a quelque peine à concevoir la cause de cette production d'obscurité, car la vapeur métallique ne cesse pas d'émettre de la lumière jaune. Qu'il nous suffise de faire remarquer, pour le moment, que la lumière propre de la flamme est excessivement faible, tandis que son pouvoir absorbant est très considérable; le spectre de la lumière de Drummond, au contraire, est incomparablement plus brillant, surtout dans le voisinage du jaune, que celui de la vapeur métallique, et bien que celle-ci continue à émettre de la lumière; un effet de contraste nous fait croire que la ligne du sodium, faiblement éclairée, est réellement noire.

Le même effet se produit quand à la vapeur incandescente du sodium on substitue celle d'un autre métal : on voit alors apparaître autant de raies noires que le métal engendre de bandes lumineuses; ces nouveaux spectres éprouvent un véritable renversement. Une flamme contenant à la fois les vapeurs d'un grand nombre de métaux devra donc fournir une infinité de lignes obscures dues à l'inversion de chacune des raies brillantes. La condition essentielle consiste à produire, derrière la vapeur lumineuse, un spectre continu aussi intense que possible.

Cette transformation subite constitue un phénomène extrêmement remarquable dont les conséquences ne pouvaient passer inaperçues. En comparant le spectre solaire à ceux des vapeurs métalliques incandescentes, on n'a pas tardé à constater des relations du plus grand intérêt. Un certain nombre de lignes sombres de Fraunhofer coïncident, d'une manière *rigoureuse*, avec les lignes lumineuses de beaucoup de nos vapeurs. M. Kirchhoff, à qui l'on doit cette intéressante observation, n'a pas hésité à attribuer les raies du spectre solaire à une absorption analogue à celle que nous venons de provoquer directement.

Pour ce savant, « le soleil a une atmosphère gazeuse, incandescente, et qui enveloppe un noyau dont la température est encore plus élevée. Si nous pouvions observer le spectre de cette atmosphère, nous y remarquerions les raies brillantes caractéristiques des métaux contenus dans ce milieu, et nous pourrions, par elles, déterminer la nature de ces métaux. Mais la lumière plus intense émise par le noyau solaire ne permet pas au spectre de cette atmosphère de se produire directement; elle agit sur lui en le renversant, c'est-à-dire que ses raies brillantes paraissent obscures. Nous ne voyons pas le spectre de l'atmosphère solaire lui-même, mais son image négative. Cette circonstance permet de déterminer avec la même certitude la nature des métaux contenus dans cette atmosphère; pour cela, il suffit d'avoir une connaissance approfondie du spectre solaire et des spectres produits par chacun des différents métaux. »

L'application de ces principes a conduit M. Kirchhoff à admettre dans le soleil l'existence de l'hydrogène, du sodium, du fer, du nickel. Le baryum, le cuivre et le zinc paraissent aussi faire partie de l'atmosphère de l'astre, mais en petite quantité; la présence du cobalt est douteuse; quant à l'or, l'argent, le mercure, le plomb, l'étain et beaucoup d'autres corps simples, abondamment répandus dans l'écorce terrestre, l'analyse spectrale n'a pu en constater la présence dans le soleil.

Cette méthode merveilleuse ne s'applique pas seulement aux rayons lumineux que nous recevons du soleil, tout corps visible est accessible à l'analyse spectrale; l'étude de la lumière des étoiles, des planètes, des nébuleuses, en fournissant de précieuses indications sur la constitution intime de ces astres, a conduit les astronomes à la solution des problèmes les plus hardis, inabordables aux plus puissants télescopes.

Cette théorie ne suffit pas cependant à expliquer toutes les particularités du spectre solaire; elle rend compte, sans doute, avec la plus rigoureuse précision, des phénomènes fondamentaux qui accompagnent sa formation; cependant une étude minutieuse signale bientôt des apparences spéciales dont la cause ne saurait être trouvée dans les faits qui viennent d'être exposés. C'est ainsi que l'image spectrale du soleil, observée au moment du lever ou du coucher de l'astre, s'enrichit de nombreuses bandes obscures qui s'affaiblissent ou disparaissent quand le soleil s'élève au-dessus de l'horizon.

D. Brewster signala le premier ces modifications : il venait de découvrir l'action si remarquable des vapeurs nitreuses sur la lumière; rapprochant ce phénomène de celui que présente le spectre du soleil à son lever et à son coucher, il pensa que les deux manifestations pourraient bien admettre une même origine. Il fut ainsi conduit à attribuer à l'atmosphère un pouvoir absorbant comparable à celui de la vapeur nitreuse, et à expliquer, par cette absorption, l'apparition de ces bandes noires fugaces qu'il désigna sous le nom de *raies telluriques*. Cependant, le phénomène disparaissant aussitôt que l'astre atteint une certaine hauteur, on pouvait considérer sa production par l'atmosphère terrestre comme une hypothèse très probable sans doute, mais encore fallait-il la démontrer directement. Aussi cette question resta-t-elle longtemps indécise.

Un savant français, M. Janssen, dont le nom est attaché à d'importantes découvertes de spectroscopie sidérale, entreprit d'élucider ce point controversé de la science, et ses efforts furent couronnés d'un éclatant succès. Nous empruntons à un de ses mémoires quelques détails intéressants relatifs à cette question.

Si un gaz, ou un milieu matériel quelconque, agit sur les rayons lumineux qui le traversent, il est évident que cette action doit augmenter avec l'épaisseur du milieu. Quand le soleil passe au méridien, l'épaisseur de l'atmosphère que traverse ses rayons est la plus petite possible, mais elle augmente à mesure que l'astre descend; au coucher, elle atteint sa plus grande valeur, qui est alors environ quinze fois plus grande qu'au moment du passage au méridien dans les longs jours. Ainsi, l'ascension d'une haute montagne, permettant de laisser au-dessous de soi une portion importante de l'atmosphère, doit avoir pour effet de diminuer ce phénomène d'absorption. C'est ce qu'a observé M. Janssen pendant un séjour d'une semaine au sommet du Faulhorn, à près de 3000 mètres d'altitude. Il a constaté, dans le spectre solaire, la diminution générale de toutes les raies obscures d'origine terrestre. Dans ces hautes régions, la constitution de la lumière solaire se rapproche beaucoup de celle qu'elle possède avant son entrée dans notre atmosphère.

Arrivé à ce terme, on pouvait considérer l'action de l'air comme démontrée; cependant une dernière épreuve était nécessaire pour donner à ce fait son dernier degré d'évidence. On pouvait craindre, en effet, que la lumière du soleil, modifiée peut-être par des milieux inconnus interposés sur son passage avant son arrivée sur notre globe, n'ait subi quelque influence capable de compliquer l'action de l'atmosphère terrestre. Au contraire, si une lumière artificielle, vierge encore de toute action de ce genre, traversant une épaisseur suffisante d'air atmosphérique, acquérait les modifications précitées, on devrait nécessairement les attribuer à l'action du milieu interposé.

Cette expérience décisive a été exécutée à Genève en octobre 1864.

La flamme d'un grand bûcher de sapin, placé sur la jetée de Nyon, était étudiée à Genève, du clocher de l'église Saint-Pierre. De près, cette flamme ne présentait aucune modification spectrale particulière; son spectre était parfaitement continu et uniforme, tandis qu'à Genève, à 21 kilomètres du bûcher de Nyon, il présentait les bandes observées par M. Brewster au soleil couchant. L'action de notre atmosphère était donc incontestablement démontrée.

La question n'était pas cependant complètement résolue, il s'agissait encore de déterminer à quels éléments de l'air on devait attribuer ce phénomène remarquable. Quelques observations particulières semblaient attribuer la plus grande part à la vapeur d'eau répandue dans l'atmosphère; mais une expérience directe était nécessaire pour vérifier le fait, et cette expérience présentait de grandes difficultés; elle exigeait l'emploi d'un appareil de dimensions considérables, et ce n'est que deux ans plus tard que M. Janssen put la réaliser.

Un tube de tôle de 37 mètres de longueur, noyé dans une caisse pleine de sciure de bois et fermé à ses extrémités par de fortes glaces, fut rempli de vapeur d'eau sous une pression de 7 atmosphères. Un faisceau lumineux, fourni par 16 becs de gaz, traversait l'axe du tube et pouvait être analysé à sa sortie. Or, la vapeur produisit sur la lumière la plupart des modifications attribuées à l'atmosphère terrestre. Avant son passage dans le tube, le spectre de ces flammes était parfaitement continu; après le passage, au contraire, il rappelait par son aspect celui du soleil couchant. M. Janssen désigne sous le nom de *spectre de la vapeur d'eau* l'ensemble des modifications spectrales que cette vapeur imprime à la lumière.

Cette découverte ne resta pas stérile : elle fournissait, en effet, un moyen certain de reconnaître la présence de la vapeur d'eau dans les corps célestes. L'ensemble des études astronomiques indique comme extrêmement probable l'existence d'une atmosphère autour de quelques planètes; mais la science ne possédait aucune donnée sur la nature et la composition de ces atmosphères. Pour la planète Mars, on avait bien remarqué que des taches blanchâtres paraissent augmenter et diminuer alternativement, suivant que le pôle considéré se présente ou se dérobe aux rayons solaires. On en avait conclu, avec beaucoup de vraisemblance, que l'atmosphère devait contenir une vapeur condensable par l'action du froid, car le phénomène rappelait beaucoup l'accumulation périodique des glaces aux deux pôles de notre terre.

Aujourd'hui, la découverte des propriétés optiques de la vapeur d'eau nous permet de savoir que cet élément indispensable à la vie organique, telle qu'elle existe sur notre globe, se retrouve dans les autres mondes. Les observations faites avec le plus grand soin, à l'aide de puissants instruments, indiquent déjà sa présence dans les atmosphères de Mars et de Saturne.

Ainsi, aux analogies si étroites qui unissent les planètes de notre système, vient s'ajouter encore un caractère nouveau et important. Toutes ces planètes forment donc comme une même famille ; elles circulent autour du même foyer central qui leur distribue la chaleur et la lumière. Elles ont chacune une année, des saisons, une atmosphère, et dans cette atmosphère, des nuages remarqués sur plusieurs d'entre elles.

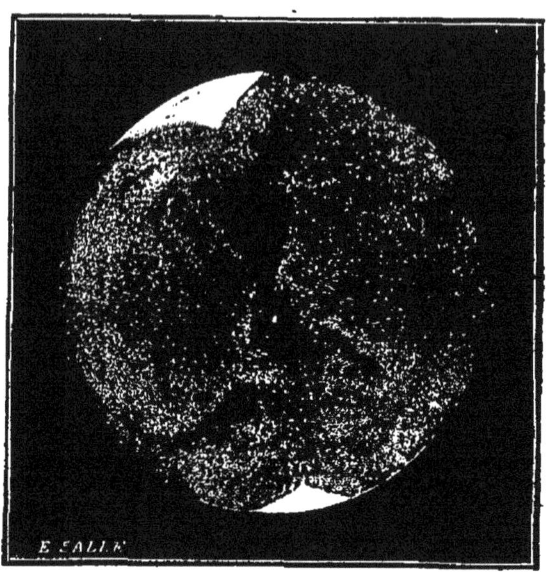

Fig. 73. — Aspect de la planète Mars.

Enfin l'eau, qui, joue un rôle si immense dans l'économie de notre organisation, l'eau est encore un élément qui leur est commun. Que de puissantes raisons de penser que la vie n'est pas le privilège exclusif de notre petite terre, sœur cadette de la grande famille planétaire !

Et tous ces résultats merveilleux ont leur point de départ dans une observation des plus simples, celle des modifications imprimées à la lumière par un prisme de verre.

VIII

LES RAYONS INVISIBLES

Chaleur des rayons solaires. — Distribution de la chaleur dans le spectre. — Rayons infra-rouges. — Transparence et opacité pour la chaleur. — Action de l'atmosphère sur les rayons calorifiques. — Influence de la vapeur d'eau. — Actions chimiques produites par la lumière. — Rayons ultra-violets. — Nature variable des actions chimiques. — Absorption des rayons ultra-violets par les milieux transparents. — Photométrie chimique.

Les phénomènes si variés que nous venons de passer en revue possèdent tous un caractère essentiel, celui d'impressionner nos yeux; ces merveilleux organes nous ont permis d'en admirer la beauté, d'en pénétrer tous les détails. Les rayons émanés du soleil n'ont pas tous, cependant, le privilège de faire naître en nous la sensation de la lumière; à côté de ces mille rayons, colorés des plus vives nuances, il en est d'autres, de beaucoup plus nombreux, dont les actions se manifestent par des effets bien différents. Ils ont pour caractère commun d'être pour nous complètement invisibles; les uns se révèlent à nos sens par leur action calorifique; les autres nous seraient absolument inconnus si la science n'avait découvert en eux de puissantes propriétés chimiques, capables d'en accuser la présence. Occupons-nous d'abord des premiers.

L'influence de la chaleur a, dans l'économie de l'univers, une part plus importante encore que celle de la lumière. Sans la chaleur du soleil, un repos absolu remplacerait, sur notre globe, la bruyante animation de la nature; l'eau des mers et des fleuves, transformée en une épaisse couche de glace, resterait immobile et silencieuse; plus de tempêtes, plus de vents ni de brises; l'atmosphère, calme comme un océan congelé, serait peut-être condensée en une masse immobile et compacte. La vie enfin, telle que nous la concevons au moins, disparaîtrait sur notre terre glacée.

La chaleur et la lumière, ces deux agents vivifiants versés à profusion sur le globe par la même source naturelle, sont si intimement liées l'une à l'autre qu'il semble impossible de séparer leur action; dès qu'un rayon de soleil nous éclaire, il nous échauffe en même temps; à l'obscurité de la nuit correspond un abaissement de température. Nous allons voir cependant la chaleur se manifester sans lumière, de même que nous aurons occasion de signaler des manifestations lumineuses presque dépourvues de chaleur.

Il existe une différence profonde dans la manière dont nous ressentons la chaleur et celle dont nous percevons la lumière : tandis qu'un organe spécial, très limité dans ses dimensions, est affecté aux sensations lumineuses, la surface entière du corps est au contraire capable de recevoir celles de la chaleur. Pour les premières, un appareil, toujours compliqué, dirige les rayons actifs; les secondes n'ont besoin, pour se produire, d'aucun instrument spécial; elles semblent intimement liées à la structure même de nos tissus. Si l'on voulait établir une hiérarchie dans nos divers organes, celui de la vision primerait de beaucoup tous les autres par son excessive perfection. L'œil ne nous transmet pas seulement la sensation de la lumière; il établit entre nous et le monde extérieur des relations intimes qui nous en révèlent les moindres détails; c'est par lui que nous percevons la forme et les dimensions des objets; nous lui devons ces jouissances, toujours nouvelles, qu'éveille en nous la riche distribution des couleurs dont se pare la nature. Voir, a-t-on dit avec beaucoup de justesse, c'est sentir à distance.

Combien sont incomplètes, au contraire, les indications

de nos sens sur l'état calorifique des corps ; le toucher nous dit seulement qu'un corps est plus chaud ou plus froid, mais là se borne à peu près son pouvoir; et encore, tel objet, qui nous paraît chaud aujourd'hui, peut nous sembler froid demain, bien que sa température n'ait pas varié; tout est relatif dans cet ordre de sensations, tout se borne à de vagues perceptions d'intensité. Quant à la qualité de la chaleur, elle est, pour nos organes, d'une monotone uniformité, rien ne révèle à notre main une propriété analogue à celle de la couleur; un corps est brûlant ou glacé, mais il l'est toujours de la même manière; au contraire, un objet sombre ou lumineux peut revêtir les nuances les plus différentes.

Ce n'est donc pas à nos sens que nous devrons faire appel pour l'observation des phénomènes calorifiques; l'intervention d'instruments spéciaux est ici nécessaire, c'est à eux seuls que la science est redevable d'un ensemble de résultats importants, qui ont fait de l'étude de la chaleur une des parties les plus avancées de la physique. Mais notre but est seulement d'envisager ici la chaleur dans ses rapports avec la lumière, il nous suffira de faire usage, pour cet examen rapide, d'un instrument bien simple, connu de tout le monde, un thermomètre. Nous dirons, en passant, que, dans ces recherches délicates, le thermomètre ordinaire, trop peu sensible, est souvent remplacé par un appareil d'une excessive précision, désigné sous le nom de pile thermo-électrique, et qui transforme en un courant électrique facile à mesurer la chaleur qu'il reçoit d'une source quelconque.

Produisons, par les moyens précédemment indiqués, un spectre solaire bien pur, et promenons un petit thermometre tres sensible dans les différentes couleurs; il indiquera des températures très différentes, selon les régions dans lesquelles il sera placé : tandis que la partie violette ou bleue semble à peine l'influencer, il accuse un accroissement notable de chaleur quand il se rapproche des rayons rouges, pour atteindre son degré le plus élevé dans le rouge le plus extrême.

Cette observation démontre deux faits également importants : d'abord, tous les rayons lumineux sont doués de propriétés calorifiques, très variables, il est vrai, par leur intensité, mais faciles à mettre en évidence ; d'un autre côté, les rayons les plus lumineux ne sont pas les plus chauds ; la région du spectre qui impressionne notre œil avec le plus d'énergie est, en effet, la région jaune, tandis que l'effet thermométrique s'accroît graduellement jusqu'au rouge extrême, là où la lumière s'affaiblit et s'éteint presque entièrement.

La couleur de feu des rayons les plus actifs pourrait faire croire qu'il est naturel à cette couleur d'être plus chaude que tous les autres ; il n'en est rien cependant, car si l'on continue à observer le thermomètre après l'avoir placé dans la région complètement obscure qui limite le spectre du côté du rouge, on voit sa température s'élever encore et continuer à monter longtemps après qu'il a dépassé cette position. Les effets thermiques s'étendent bien au delà du rouge, dans une étendue au moins égale à celle du spectre visible.

Il résulte de ce fait que le soleil n'émet pas seulement des rayons lumineux capables d'impressionner notre œil, il nous envoie encore des rayons obscurs, complètement invisibles, dont la présence dans le spectre se révèle par leur action calorifique. On désigne sous le nom de spectre *infra-rouge* cette région invisible.

On devait supposer, par analogie, l'existence, dans cette partie obscure et chaude, de bandes froides analogues aux raies sombres de Fraunhofer ; malgré les difficultés expérimentales attachées à de pareilles observations, on ne saurait conserver le moindre doute à cet égard. MM. Fizeau et Foucault, en faisant usage d'un thermomètre de très petite dimension, ont démontré, dans cette région invisible, la présence d'une large bande froide assez éloignée du rouge le plus extrême.

Puisque la radiation solaire renferme des rayons inactifs pour nos yeux, il est naturel de penser qu'il doit exister pour eux, comme pour la lumière, des corps opaques ou transparents. On peut même considérer comme probable qu'un milieu perméable à la lumière ne l'est pas nécessairement pour les rayons obscurs. Pourquoi ne posséderaient-ils pas, en effet, des caractères analogues aux diverses nuances des rayons colorés? Un physicien italien, Melloni, a confirmé ces prévisions théoriques par une série d'expériences remarquables dont la description nous entraînerait trop loin; citons seulement une élégante démonstration de M. Tyndall.

Sur un ballon de verre rempli d'eau pure, dirigeons un faisceau de lumière solaire; les rayons réfractés se réuniront, après l'avoir traversé, en un foyer très lumineux, comme s'ils sortaient d'une lentille de verre. Ce point est aussi, nous le savons, un foyer de chaleur. Remplaçons l'eau pure du ballon par un liquide opaque pour la lumière; si ce liquide est convenablement choisi, il laissera passer, sans les modifier, les rayons infra-rouges, et au foyer, devenu invisible, se manifesteront encore de puissants effets calorifiques. Une dissolution d'iode dans le sulfure de carbone jouit de cette curieuse propriété; sa couleur violette très foncée intercepte complètement la lumière, quand son épaisseur est suffisamment grande. Notre ballon, rempli d'un pareil liquide, enflammera sans peine à son foyer de l'amadou ou de la poudre, tandis que l'œil est incapable d'y percevoir la moindre clarté.

Voilà donc une substance impénétrable aux rayons lumineux et éminemment transparente pour la chaleur obscure. Les propriétés opposées se rencontrent dans beaucoup de corps, elles sont infiniment plus communes. En première ligne il faut placer l'alun, qui absorbe avec énergie les radiations obscures et laisse passer facilement la lumière. Si l'on remplace, dans le ballon de l'expérience précédente, la solution opaque d'iode par une solution concentrée et incolore d'alun, on obtient au foyer un éclat éblouissant, tandis que les propriétés calorifiques sont singulièrement affaiblies. Un fragment de coton-poudre, par exemple, s'enflamme instantanément sous l'influence des rayons invisibles tamisés par l'iode; il reste indéfiniment intact au foyer éblouissant des rayons filtrés par l'alun.

Fig. 74. — Transmission de la chaleur solaire obscure par un liquide imperméable à la lumière.

Une foule d'autres substances partagent avec l'alun ce pouvoir absorbant : l'eau, la glace, le verre et presque tous les milieux diaphanes sont doués à divers degrés de cette propriété; un seul corps, le sel gemme, laisse passer indistinctement toutes les radiations ; lui seul est transparent d'une manière absolue. De là la nécessité de faire usage de prismes et de lentilles de sel pour l'étude de la portion invisible des spectres lumineux.

Cette action particulière des corps transparents sur les rayons obscurs nous amène à examiner rapidement le rôle dévolu à notre atmosphère dans les phénomènes thermiques qui s'accomplissent à la surface du globe. Nous avons déjà vu que la vapeur d'eau contenue dans l'air agissait énergiquement sur la lumière et produisait, en l'absorbant partiellement, des raies obscures dans le spectre solaire; il résulte des expériences de M. Tyndall que la vapeur d'eau exerce une action absorbante bien autrement intense sur les rayons calorifiques. Tandis que M. Janssen a dû interposer des couches de vapeur d'une très grande épaisseur pour mettre en évidence l'absorption lumineuse, il a suffi à M. Tyndall de tubes de quelques décimètres de longueur pour démontrer nettement l'absorption de la chaleur obscure.

Ainsi, quand les rayons du soleil atteignent l'atmosphère, ils doivent perdre peu à peu une portion plus ou moins grande de leurs rayons calorifiques, et cette absorption doit augmenter à mesure qu'ils pénètrent plus profondément et qu'ils rencontrent des couches plus chargées d'humidité. L'air sec, au contraire, ne produit rien de semblable; il livre passage, avec la même facilité, à toutes les radiations, et laisse pénétrer, sans modifications sensibles, tous les rayons qui accompagnent la lumière. La vapeur d'eau joue par conséquent un rôle important dans l'économie de la nature; nous allons voir qu'elle agit comme un puissant régulateur dans tous les phénomènes thermiques.

On pourrait croire tout d'abord que cette propriété absorbante doit avoir pour résultat de priver la surface du globe d'une partie de la chaleur émanée du soleil; il n'en est rien cependant; elle intervient, au contraire, pour accumuler la chaleur sur la terre, et s'opposer à son refroidissement quand le soleil est au-dessous de l'horizon. En absorbant les rayons calorifiques, la vapeur doit nécessairement s'échauffer, et acquérir ainsi une propriété commune à tous les corps chauds, celle de rayonner de la chaleur dans toutes les directions. Elle restitue ainsi tout ce qu'elle a emprunté au soleil ; de plus, emportée par les vents, mélangée à des couches atmosphériques plus sèches et plus froides, elle devient capable de distribuer avec plus d'uniformité les rayons qui l'ont échauffée.

D'un autre côté, on ne doit pas oublier que si la vapeur d'eau se comporte comme un écran opaque pour la chaleur obscure, elle est au contraire d'une grande transparence pour les rayons lumineux, qui sont doués aussi d'un pouvoir calorifique considérable. Ces rayons pénétreront donc jusqu'à la surface du sol et l'échaufferont pendant le jour ; mais, dès que le soleil aura disparu sous l'horizon, la vapeur contenue dans l'air interviendra alors et s'opposera, par son pouvoir absorbant, à la déperdition de la chaleur vers les espaces célestes.

Si on enlevait à l'atmosphère toute la vapeur d'eau qu'elle renferme, une énorme déperdition de chaleur se ferait à la surface du sol et le coucher du soleil serait suivi d'un refroidissement instantané. Dans les déserts arides et desséchés de l'Afrique, le froid de la nuit est souvent très pénible à supporter à cause de la sécheresse de l'air : il n'est pas rare de voir, dans ces contrées brûlantes, de la glace se former pendant la nuit.

Sur les montagnes élevées l'air est toujours beaucoup plus sec que dans les plaines, les couches atmosphériques y possèdent aussi une épaisseur moins considérable. De là cette vive impression de chaleur provoquée par l'action directe du soleil au milieu des neiges d'un plateau élevé. « Jamais, dit M. Tyndall, je n'ai tant souffert de la chaleur solaire qu'en descendant du *corridor*, au *grand plateau du Mont-Blanc*, le 13 août 1857 ; pendant que je m'enfonçais dans la neige jusqu'aux reins, le soleil dardait sur moi ses rayons avec une force intolérable. Mon immersion dans l'ombre du dôme du *Goûté* changea à l'instant mes impressions, car là l'air était à la température de la glace.

Il n'était pourtant pas sensiblement plus froid que l'air traversé par les rayons du soleil, et je souffrais, non pas du contact de l'air chaud, mais du choc des rayons calorifiques lancés contre moi à travers un milieu froid comme glace. »

C'est par une action du même ordre que les châssis vitrés d'une serre concentrent à l'intérieur la chaleur du soleil. Le verre, très perméable à la chaleur lumineuse, laisse pénétrer ses rayons les plus faibles, tandis que les plantes, échauffées par leur influence, émettent des rayons obscurs qui rencontrent dans cette mince paroi de verre une barrière infranchissable.

Tous ces faits établissent la plus étroite analogie entre la chaleur rayonnante et la lumière ; ces deux agents semblent être de simples variétés d'un même type ; ils se réfractent ou se réfléchissent en obéissant aux mêmes lois ; ils sont absorbés ou transmis par des milieux convenablement choisis. S'ils éveillent en nous des sensations différentes, c'est plus àl a conformation de nos organes, qu'à la nature intime de leurs rayons, qu'il faut attribuer leur diversité d'action.

Là ne se bornent pas encore les manifestations de la radiation solaire : elle exerce d'autres effets que nous ne ressentons ni comme chaleur ni comme lumière. Les procédés thermométriques les plus délicats sont impuissants à nous les révéler ; l'œil le mieux exercé ne saurait en avoir conscience.

Les rayons du soleil produisent, sur un grand nombre de substances, des modifications qui en changent complètement la nature. Beaucoup de tissus colorés perdent à la lumière du jour leurs nuances ; tantôt ils pâlissent ou se fanent ; d'autres fois, ils changent entièrement de couleur. Un morceau de bois de sapin, fraîchement travaillé, brunit en quelques jours quand on l'expose à l'ardeur du soleil. Il est facile de mettre en évidence cette curieuse modification en préservant une partie de la surface par une découpure en papier noir. Les portions insolées brunissent seules et les découpures forment des réserves blanches sur ce fond teinté. On obtient ainsi une véritable photographie négative de la découpure.

Certaines substances jouissent à un bien plus haut degré de cette curieuse propriété : le chlorure d'argent, par exemple, blanc quand il vient d'être préparé, noircit presque instantanément quand on l'expose aux rayons du soleil. On peut enfin produire, sous la seule action de la lumière, la combinaison de certains corps qui, placés dans l'obscurité, resteraient simplement mélangés. C'est ainsi que du chlore et de l'hydrogène n'exercent l'un sur l'autre aucune action chimique, tant que le vase qui les renferme est conservé dans un lieu complètement obscur; à la lumière diffuse, les deux gaz se combinent lentement; au soleil la réaction est assez énergique pour produire une violente explosion.

Nous pourrions multiplier beaucoup les exemples de ces effets spéciaux produits par les rayons lumineux; en les étudiant de plus près, nous verrions qu'ils diffèrent notablement les uns des autres selon les corps qui les subissent. Tantôt il y a une véritable décomposition chimique, et la substance impressionnée est réduite en de nouveaux corps moins compliqués; d'autres fois, au contraire, des éléments simples s'unissent pour former une combinaison nouvelle. Dans tous les cas, ces actions sont comparables à celles qu'exercent les procédés ordinaires de la chimie; aussi désigne-t-on sous le nom général d'*actions chimiques* ces effets particuliers de la lumière, pour les distinguer des effets calorifiques ou lumineux.

Toutes les couleurs du spectre possèdent-elles au même degré la propriété d'agir chimiquement sur la matière, ou bien cette faculté est-elle le privilège spécial d'un certain nombre de rayons? Cette question devait se poser naturellement après les résultats fournis par l'étude des rayons calorifiques. Les premières observations un peu précises sur cette question sont dues à Scheele : ce savant reconnut, en 1777, que le chlorure d'argent noircit de préférence dans la région violette du spectre, tandis que les rayons rouges sont sans action apparente.

Ces recherches n'ont pris cependant un sérieux développement que depuis la mémorable découverte de Daguerre; c'est en effet sur les actions chimiques de la lumière que sont fondés tous les procédés photographiques. En indiquant une méthode simple et pratique pour fixer sur une plaque d'argent les images de la chambre noire, Daguerre ouvrit à la science un champ nouveau d'investigations, et provoqua ainsi une série d'intéressantes découvertes qui, à leur tour, ont puissamment contribué au perfectionnement de sa merveilleuse invention.

Sur une feuille de papier, recouverte par les procédés photographiques d'une couche de chlorure d'argent, projetons une image lumineuse du spectre solaire; au bout de peu de temps, la couche sensible noircira dans certaines régions du spectre, tandis que d'autres n'éprouveront aucun effet appréciable. L'action chimique, très vive dans la lumière violette, diminue peu à peu dans la lumière moins réfrangible, pour devenir nulle dans l'orangé et le rouge. Cette propriété des rayons lumineux est, comme on le voit, distribuée dans le spectre en sens inverse des propriétés calorifiques, à la région la plus chaude correspond l'inertie chimique, tandis que la plus active, à cet égard, est presque entièrement dépourvue de chaleur.

L'activité chimique du spectre ne se borne pas à sa partie lumineuse, le chlorure d'argent est encore fortement impressionné bien au delà des rayons violets. Il se produit dans ce cas un effet analogue à celui que nous avons observé au delà du rouge pour les actions calorifiques : de même que le thermomètre nous indiquait l'existence de rayons infra-rouges, de même notre feuille de papier impressionnable nous démontre celle de rayons *ultra-violets*.

Cette expérience remarquable prend un caractère nouveau lorsque à la feuille de papier simplement recouverte de chlorure d'argent on substitue une plaque collodionnée préparée pour la production d'une épreuve photographique. Une impression de quelques secondes suffit alors pour fixer sur cette plaque le spectre chimique avec toutes ses particularités. L'épreuve ainsi obtenue diffère essentiellement par son apparence du spectre visible qui lui a donné naissance ; elle a éprouvé une sorte de renversement ; elle est *négative*, comme le disent les photographes. Les raies sombres de Fraunhofer sont nettement accusées par des espaces blancs, indiquant l'absence absolue de toute action chimique ; les parties lumineuses, au contraire, sont indiquées par des bandes noires d'autant plus foncées que l'activité des rayons colorés a été plus grande ; fortement teintées dans la région bleue et violette, elles diminuent brusquement d'intensité dans le vert, pour disparaître dans le jaune.

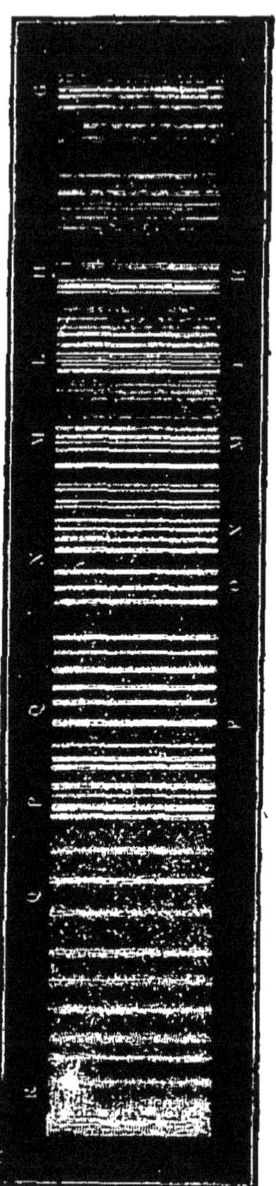

Fig. 75. — Spectre chimique, d'après une photographie.

Enfin, au delà de la région violette, le même effet se manifeste avec une remarquable netteté. L'image photographique s'étale considérablement dans cette portion invisible ; on y voit de nombreuses lignes blanches, analogues aux raies obscures de Fraunhofer et établissant, comme elles, dans ce spectre ultra-violet, des repères certains et invariables. Enfin on observe que le maximum d'action chimique ne correspond pas toujours à un des rayons visibles ; souvent, au contraire, il est situé dans la portion ultra-violette, au delà de la raie H.

Il ne faudrait pas croire, cependant, que toutes les substances impressionnables se comportent de la même manière sous l'action des rayons solaires. D'après les nombreuses recherches de M. Becquerel, les effets chimiques n'ont pas lieu, pour chacune d'elles, dans la même partie du spectre; c'est ainsi que l'iodure d'argent n'est décomposé que par les rayons bleus et violets, tandis que le bromure subit une notable altération dans la lumière verte. La figure 76 représente quelques-uns des spectres photogéniques les plus intéressants. Ces faits ont une grande importance

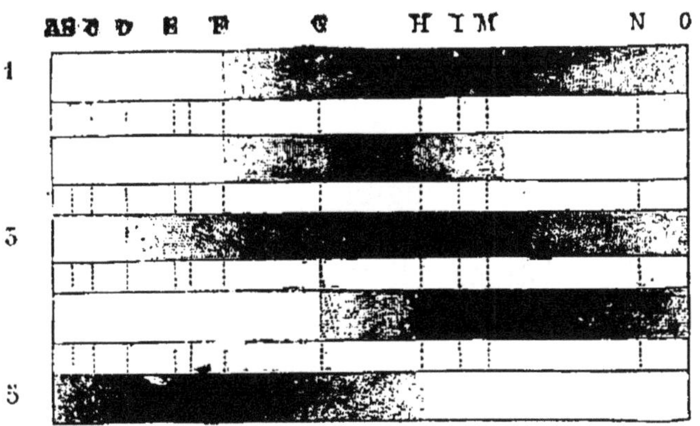

Fig. 76. — Actions chimiques exercées par la lumière sur diverses substances
1. Iodure d'argent. — 2. Chlorure d'or.
3. Acide chromique. — 4. Résine de gaïac. — 5. Gaïac bleui.

dans les applications des sels d'argent à la photographie. D'autres fois, une substance altérable subit des actions très différentes selon l'état sous lequel on l'étudie. La résine de gaïac en fournit un curieux exemple.

Senebier avait déjà observé la coloration de cette résine sous l'influence de la lumière. Vollaston analysa quelques années plus tard l'action des différents rayons colorés sur cette substance. Il a reconnu, de plus, qu'une feuille de papier, imprégnée d'une solution alcoolique de résine de gaïac, change de couleur à la lumière diffuse ou solaire et devient promptement verdâtre, puis vert bleuâtre. Comme les corps oxydants, tels que le chlore, le brome, lui communiquent, en l'absence de la lumière, la même coloration, il est probable que l'effet produit doit résulter d'une action de l'oxygène de l'air sur la résine, provoquée par l'influence de la lumière.

Mais le fait capital résultant de ces observations est le suivant : en impressionnant un papier préparé au gaïac, par un spectre solaire très brillant, on remarque que la coloration bleue ne se manifeste que dans la portion ultra-violette. Si, au contraire, on expose à l'action du même spectre un fragment de la même feuille préalablement bleui par une solution de chlore, on la voit se décolorer dans presque toute l'étendue du spectre lumineux et rester bleue dans la portion ultra-violette seulement. Les rayons les plus actifs sous ce rapport paraissent être les rayons rouges ; ils ont la propriété singulière de détruire pour ainsi dire l'action produite soit par les agents chimiques, soit par la lumière plus réfrangible. Or, comme ces différences de coloration résultent, très probablement, de réductions et d'oxydations alternatives de la matière colorante, on voit que la lumière est capable d'exercer, selon sa réfrangibilité, des effets chimiques diamétralement opposés. Les numéros 4, 5 de la figure 76 représentent ces deux actions inverses de la lumière sur la résine de gaïac.

Les rayons chimiquement actifs éprouvent, sous l'influence des milieux transparents, une absorption comparable à celle que subissent les rayons lumineux ou calorifiques ; en général, la lumière, en traversant une lame diaphane, solide ou liquide, perd une portion de son énergie chimique, et c'est sur la partie ultra-violette que s'exerce surtout cette influence. On comprend, d'après cela, l'importance que doit présenter le choix des prismes et des lentilles destinés à ce genre d'expériences, puisque, selon leur nature, ils transmettent ou absorbent ces rayons obscurs. Le cristal de roche est, de toutes les substances, la plus transparente pour les rayons ultra-violets, comme le sel gemme pour les rayons infra-rouges. Au contraire, une dissolution de sulfate de quinine, facilement perméable à la lumière blanche, arrête tous les rayons ultra-violets.

Nous avons vu qu'une solution d'alun se comportait de même pour les rayons calorifiques obscurs.

Les actions chimiques de la lumière diffèrent notablement, à un certain point de vue, de ses effets calorifiques ou lumineux. Quand un rayon impressionne notre œil, l'intensité de la sensation atteint instantanément sa plus grande valeur. La flamme d'une bougie, par exemple, ne nous paraît pas plus éclatante quand nous l'avons fixée pendant un certain temps qu'au moment même où elle frappe nos regards.

De même, un thermomètre exposé à la chaleur du soleil atteindra bien vite une température stationnaire qu'une action longtemps prolongée ne modifiera plus. Il en est tout autrement de l'action chimique de la lumière; quand elle s'exerce sur une substance impressionnable, ses effets se renouvellent à chaque instant; quelque faible que soit l'énergie des rayons, elle modifiera dans chaque fraction de seconde une certaine quantité de matière, et ces résultats individuels, s'ajoutant les uns aux autres, finiront par produire un effet total considérable.

Il paraît donc possible, en tenant compte à la fois de la durée de l'action lumineuse sur un corps impressionnable et de la quantité de ce corps altérée par cette action, de mesurer l'énergie relative de diverses sources ou celle d'une même source dans différentes conditions ; on aurait là un procédé indirect de photométrie, susceptible de rendre de réels services.

Beaucoup d'essais ont été tentés dans cette direction. Hâtons-nous cependant de le dire, une pareille méthode n'indique qu'une seule des trois qualités fondamentales d'une radiation; elle est incapable de nous renseigner sur l'intensité des rayons calorifiques obscurs ou même sur celle des rayons éclairants. Nous venons de voir, en effet, que la lumière du soleil renferme en grande quantité des rayons photogéniques invisibles; l'on conçoit qu'ils puissent suffire à eux seuls, en l'absence de toute lumière, à provoquer des combinaisons ou des décompositions chimiques.

Il faut remarquer encore que les corps altérables par la lumière ne sont pas tous influencés par les mêmes rayons, de sorte que les résultats obtenus à l'aide de substances diverses seraient loin d'être comparables entre eux.

Les procédés photométriques fondés sur ce principe fournissent cependant, faute de mieux, d'utiles renseignements. Quand on songe à l'insuffisance de nos moyens d'observation en pareille matière, on aurait tort de négliger ceux qui résolvent quelques-uns des éléments d'un problème si compliqué. Aussi, beaucoup d'observatoires météorologiques enregistrent-ils par cette méthode les variations de la lumière solaire.

La substance impressionnable est une bande de papier recouverte d'une couche de chlorure d'argent; elle est enroulée sur un cylindre placé dans une boîte opaque et mis en mouvement par un mécanisme d'horlogerie. La boîte porte elle-même une fente étroite, par laquelle pénètrent les rayons solaires. Le papier, entraîné derrière la fente d'un mouvement uniforme, subit l'impression lumineuse et prend une teinte d'autant plus foncée que l'intensité de l'action chimique est plus considérable. On compare enfin les teintes ainsi obtenues à celles d'une échelle arbitraire, formée d'une série de tons passant du blanc pur au noir absolu.

Les moindres variations dans l'intensité chimique de la lumière s'impriment ainsi sur la feuille sensible avec une assez grande netteté. Par un jour pur, la teinte se fonce graduellement depuis le lever du soleil jusqu'à midi, où elle atteint sa plus grande coloration ; elle diminue ensuite jusqu'au coucher de l'astre, en passant par la série des mêmes nuances. Un nuage accuse immédiatement sa présence par une surface plus ou moins claire; par un temps couvert, l'impression s'affaiblit et la feuille se colore avec une énergie variable selon l'état de l'atmosphère.

IX

LA PHOTOGRAPHIE

Premières tentatives. — Difficultés du problème. — Niepce et Daguerre. — Les agents révélateurs. — Photographie sur papier. — Le collodion. — Épreuves négatives et positives. — Altération des épreuves. — La photographie au charbon. — L'héliogravure.

Aux actions chimiques exercées par la lumière se rattache une des plus étonnantes inventions de notre époque. Lorsque, vers la fin du seizième siècle, Porta découvrit la chambre noire, il comprit aussitôt combien de précieuses ressources elle devait fournir à l'art de la peinture. Son appareil, d'une extrême simplicité, donnait une solution immédiate aux problèmes les plus compliqués de la perspective; il suffisait de calquer, pour ainsi dire, sur la nature, pour représenter avec une scrupuleuse fidélité les détails les plus minutieux et les plus fugitifs. Mais pouvait-on prévoir que la science parviendrait un jour à fixer d'une manière indélébile, à l'aide de quelques agents chimiques, ces délicates images dessinées par la lumière, avec une perfection qui défie le talent des plus habiles artistes? Tel est cependant le résultat merveilleux dû aux persévérants efforts de quelques infatigables chercheurs.

A peu près à la même époque où Porta faisait connaître sa découverte, l'attention des alchimistes était attirée sur un phénomène bien singulier. Ils connaissaient, depuis longtemps déjà, cette matière blanche qui se précipite quand on ajoute du sel marin à une dissolution d'argent dans l'acide nitrique. Ce corps insoluble, blanc comme de

Fig. 77. — La photographie au dix-huitième siècle. — Expériences du professeur Charles.

la neige, désigné par eux sous le nom de *lune cornée*, n'est autre chose que le chlorure d'argent dont nous avons déjà indiqué les propriétés photogéniques. L'action de la lumière sur ce composé n'a été connue que plus tard, mais elle ne tarda pas à éveiller dans l'imagination ardente des disciples d'Hermès l'espoir d'utiliser cette curieuse propriété pour fixer les images de la chambre noire. Les résultats informes de toutes leurs tentatives n'étaient cependant pas de nature à les encourager.

Vers la fin du dix-huitième siècle, ces essais furent repris avec un peu plus de méthode, mais sans beaucoup plus de succès. Le professeur Charles en France, Weedgwood en Angleterre, obtenaient sur une feuille de papier impressionnable des dessins reproduisant, toujours assez vaguement, des silhouettes d'objets opaques, ou même les images de la chambre noire. Davy lui-même, à qui la science est redevable de si importantes découvertes, se heurta contre les difficultés du problème sans parvenir à le résoudre.

« Il ne manque, dit-il, qu'un moyen d'empêcher les parties éclairées du dessin d'être colorées ensuite par la lumière du jour; si l'on arrivait à ce résultat, le procédé deviendrait aussi utile qu'il est simple. Jusqu'ici, il faut conserver dans un endroit obscur la copie du dessin; on ne peut que l'observer à l'ombre et encore pendant peu de temps. J'ai essayé de tous les moyens possibles pour empêcher les parties incolores de noircir à la lumière. Quant aux images de la chambre noire, elles étaient sans doute trop peu éclairées pour que j'aie pu obtenir un dessin apparent avec le nitrate d'argent. C'est là cependant qu'est le grand intérêt de ces recherches. Mais tous les essais ont été inutiles. »

Tel était l'état de la question au commencement de ce siècle; Davy l'avait posée sur son véritable terrain, mais la solution semblait encore irréalisable; il s'agissait non seulement de trouver une substance plus sensible à la lumière que les composés d'argent, il fallait de plus empêcher cette même substance de noircir sous l'action de la même lumière. Il y avait une telle contradiction entre ces deux données qu'on pouvait désespérer de concilier jamais des exigences aussi incompatibles.

Les recherches stériles des savants les plus éminents n'étaient cependant pas de nature à décourager tous les esprits; des travailleurs infatigables mirent en œuvre avec persévérance toutes les ressources de la science et, dans leurs mains habiles, ce problème si compliqué reçut enfin une éclatante solution.

C'est à deux Français que revient la gloire de cette brillante découverte. Nicéphore Niepce et Daguerre s'occupaient séparément et sans se connaître de ce difficile sujet. Engagés chacun dans des voies différentes, encouragés l'un et l'autre par un commencement de succès, ils ne tardèrent pas à se rencontrer sur un terrain qui leur était commun. Après mille hésitations, dans lesquelles la méfiance des deux rivaux n'avait pas la moindre part, ils finirent par mettre en commun leurs efforts et leur talent.

Niepce avait découvert l'impressionnabilité du bitume de Judée et cherchait à appliquer son invention à la reproduction des gravures; son ambition semblait se réduire à former, à l'aide de la lumière, sur une plaque de métal, une sorte d'ébauche destinée à faciliter le travail du graveur.

Daguerre, de son côté, avait apporté des perfectionnements importants à la chambre noire : il rêvait la fixation immédiate de ses séduisantes images; il avait déjà obtenu quelques résultats encourageants sans doute, mais encore assez éloignés du but pour que, dans leur acte d'association, Niepce prît le nom d'*inventeur* d'une méthode que Daguerre s'engageait à perfectionner.

Voilà le faible bagage apporté par les deux associés dans leur industrie naissante. Le traité répartissait d'ailleurs à chacun d'eux, d'une manière égale, la gloire et les bénéfices de toute nature qui devaient résulter de leurs découvertes. Ajoutons que leurs conventions furent loyalement remplies de part et d'autre; une correspondance régulière mettait Niepce au courant des moindres progrès réalisés par Daguerre; celui-ci recevait à son tour un compte rendu détaillé des expériences de son collaborateur.

Cependant, la question n'avançait qu'avec lenteur; la difficulté du problème semblait défier l'audacieuse persévérance des deux savants lorsqu'un de ces heureux hasards, dont les esprits d'élite savent seuls profiter, mit entre les mains de Daguerre le fil conducteur qui devait le faire sortir du labyrinthe.

Parmi les substances nombreuses dont il avait essayé l'action, se trouvaient des plaques d'argent soumises à la vapeur d'iode; il remarqua un jour qu'une de ces plaques, sur laquelle il avait négligemment abandonné une cuiller d'argent, avait conservé une empreinte nettement dessinée de cet objet. S'emparant de cette révélation inattendue, il étudia attentivement les effets exercés par la lumière sur l'iodure d'argent et il ne tarda pas à découvrir un fait nouveau, d'une importance capitale, qui a été le point de départ de toutes les méthodes photographiques employées actuellement.

L'iodure d'argent possède, comme la plupart des substances directement impressionnables, une médiocre sensibilité à l'action des rayons lumineux; il le cède même beaucoup sous ce rapport au chlorure d'argent et à d'autres combinaisons métalliques; mais il jouit d'une propriété curieuse, dont la découverte constitue certainement le plus beau titre de gloire de Daguerre.

Quand une plaque métallique recouverte d'iodure d'argent reçoit, dans la chambre noire, l'image d'un objet éclairé, l'impression, même longtemps prolongée, ne produit pas d'effet appréciable; on dirait qu'aucune action ne s'est manifestée; la surface semble n'avoir pas subi d'altération. L'image existe cependant à l'état latent sur cette plaque; la lumière a profondément modifié la couche sensible, et son œuvre n'a besoin pour être complétée que de l'action de quelque substance convenablement choisie. Il suffit, en effet, de soumettre la plaque impressionnée aux vapeurs d'un bain de mercure légèrement chauffé pour faire apparaître, comme par enchantement, un dessin d'une merveilleuse beauté.

Que s'est-il passé pendant cette mystérieuse action de la vapeur mercurielle ? L'examen microscopique des images daguerriennes démontre que les blancs et les demi-teintes sont formés par des sphérules infiniment petites d'un amalgame d'argent et de mercure, réfléchissant ou plutôt diffusant énergiquement la lumière. Ces sphérules, très rapprochées dans les clairs, diminuent graduellement en nombre dans les demi-teintes jusqu'aux noirs qui en sont complètement dépourvus. Or, comme le mercure est sans action sur l'iodure d'argent, et qu'il s'unit, au contraire, à l'argent métallique avec la plus grande facilité, on doit conclure que la lumière avait, par son action chimique, décomposé l'iodure d'argent, et que le métal, mis en liberté dans les parties impressionnées, a seul reçu l'action des vapeurs mercurielles. On a donné le nom d'*agents révélateurs* à toutes les substances capables, comme la vapeur de mercure, de rendre visibles les effets exercés par la lumière.

L'œuvre de l'ingénieux inventeur n'eût pas été complète sans la découverte d'un moyen efficace de protéger les épreuves contre l'action ultérieure de la lumière. C'était là, on se le rappelle, une condition essentielle, déjà prévue par ses prédécesseurs. Herschell trouva dans l'hyposulfite de soude l'agent qui répondait à ce côté de la question. Ce sel dissout l'iodure d'argent non altéré, tandis qu'il reste sans action sur les parties qui ont subi l'action lumineuse. Il suffisait donc de laver l'image avec une dissolution de ce composé pour la rendre désormais inaltérable.

Daguerre semblait avoir résolu complètement le problème. Il ne fut pas donné à son collaborateur de partager les joies de ce triomphe éclatant ; il était subitement emporté dans la tombe au moment où le succès allait devenir définitif. Mais ses héritiers continuaient à participer aux bénéfices de l'association. De nouveaux traités furent conclus, et si nous en parlons ici, c'est seulement pour établir un fait important, au point de vue historique, dans l'évolution de la photographie. Tandis que le premier contrat considérait Niepce comme l'inventeur d'une méthode que Daguerre devait perfectionner, le second attribuait, au contraire, à Daguerre « la découverte d'un procédé qui remplacerait la base de la découverte exposée dans le traité provisoire en date du 14 décembre 1829. »

Sans vouloir diminuer en rien la part qui revient légitimement à Nicéphore Niepce dans l'invention de la photographie, on ne saurait pourtant, sans injustice, enlever à Daguerre ce qui lui appartient exclusivement dans cette laborieuse étude. Toutes les modifications ultérieures reconnaissent comme point de départ l'action des agents révélateurs. Si la méthode primitive a subi de nos jours une transformation à peu près complète, le principe si nettement indiqué par Daguerre a servi de base à tous les perfectionnements.

Quant au procédé de Niepce, il a lui aussi fait ses preuves; une branche importante de la photographie, la *gravure héliographique*, entièrement basée sur les conceptions de Niepce, est aujourd'hui en voie de progrès : peut-être même est-elle appelée à remplacer un jour les méthodes qui font en ce moment l'objet de notre admiration. On ne saurait donc séparer les noms de ces deux hommes de génie, à qui la science doit une égale part de reconnaissance.

Il serait difficile de décrire l'enthousiasme qui accueillit en France la publication des découvertes de Daguerre. Arago leur servit de parrain à l'Académie des sciences, et l'illustre savant mesura d'un coup d'œil l'immense avenir de la photographie. Il montra dans une communication restée célèbre tout ce qu'elle promettait à l'artiste et aux savants, et sut prédire les applications nombreuses dont elle devait être l'objet.

Cependant l'invention du daguerréotype ne donnait pas encore satisfaction à toutes les exigences ; l'imagination des artistes devançait les progrès d'un art naissant; on obtenait sans peine des reproductions de paysages et d'objets inanimés, mais la durée encore longue de *la pose* semblait un obstacle insurmontable à la reproduction des portraits et de la nature vivante. « En général, nous dit Arago, on se montre peu disposé à admettre que le même instrument servira jamais à faire des portraits. Le problème renferme, en effet, deux conditions, en apparence inconciliables. Pour que l'image naisse rapidement, c'est-à-dire pendant les *quatre ou cinq minutes d'immobilité*, qu'on peut exiger et attendre d'une personne vivante, il faut que la figure soit en plein soleil ; mais en plein soleil une vive lumière forcerait la personne la plus impassible à un clignotement continuel ; elle grimacerait ; toute l'habitude faciale se trouverait changée.

« Heureusement M. Daguerre a reconnu, quant à l'iodure d'argent dont les plaques sont recouvertes, que les rayons qui traversent certains verres bleus y produisent la presque totalité des effets photogéniques. En plaçant un de ces verres entre la personne qui pose et le soleil, on aura donc une image photogénique presque aussi vite que si le verre n'existait pas, et cependant la lumière éclairante étant alors très douce, il n'y aura plus lieu à grimace ou à clignotements trop répétés. »

Que penserait-on aujourd'hui d'un photographe qui imposerait une pareille torture à ses modèles ? S'il rencontrait par hasard quelque fanatique amateur capable de résister à une aussi rude épreuve, les produits de son art se réduiraient à une curiosité scientifique démontrant à la fois l'habileté de l'opérateur et la patience du modèle. Heureusement, l'œuvre de Daguerre, loin d'avoir atteint son apogée. était encore à son berceau ; les perfectionnements se succèdent avec une surprenante rapidité et donnent satisfaction aux impatiences toujours croissantes du public. Notre but n'est pas d'indiquer ici les diverses phases parcourues en si peu de temps par la photographie ; nous signalerons seulement à grands traits les périodes principales de son évolution.

Ce sont d'abord des modifications apportées dans le choix

des matières impressionnables. A l'action des vapeurs d'iode on ajoute celle du brome et du chlore, qui ont l'avantage de diminuer la durée de la pose. Bientôt après interviennent les sels d'or qui assurent la solidité de l'épreuve, jusqu'alors d'une extrême fragilité.

A mesure que l'art se perfectionne, les artistes deviennent plus difficiles; le miroitement des plaques métalliques commence à devenir l'objet des plus vives critiques. On ne parvient à apprécier la beauté des dessins qu'en les éclairant sous une certaine incidence. Il serait bien plus avantageux de fixer sur une simple feuille de papier ces merveilleuses images; un album suffirait à en contenir des centaines et leur effet serait beaucoup plus artistique.

A toutes ces exigences nouvelles répondait à chaque instant un nouveau progrès, et en quelques années l'art de la photographie avait atteint à peu de chose près la perfection où nous le voyons aujourd'hui. La substitution du papier aux plaques d'argent devait, en effet, préoccuper tous les esprits pratiques. En même temps que Daguerre publiait en France le résultat de ses recherches, Talbot s'occupait en Angleterre du même sujet. Il se servait, comme matière sensible, d'une couche d'iodure d'argent étalée à la surface d'une feuille de papier et il indiqua l'action d'un nouveau révélateur, l'acide gallique, jouissant de la propriété de *noircir* les portions impressionnées par la lumière. Cette idée neuve devint bientôt le pivot de toutes les recherches, et en peu de temps la photographie sur papier était définitivement créée.

L'action de l'acide gallique, telle que nous venons de l'indiquer, doit, on le comprend, donner une image inverse de celle qu'on a l'intention d'obtenir. Les parties les plus lumineuses du dessin sont traduites par des noirs opaques, tandis que, dans les ombres, le sel d'argent conserve sa blancheur, les demi-teintes produisent un effet intermédiaire. On obtient, en un mot, ce qu'on est convenu d'appeler une *image négative*. Un pareil résultat serait resté sans utilité au point de vue artistique, si l'on n'eût disposé d'un moyen facile de transformer cette image inverse en une autre reproduisant dans leurs rapports naturels les ombres et les clairs du modèle ; on y arrive d'une manière extrêmement simple.

Prenons une feuille de papier uniformément recouverte d'une couche de chlorure d'argent. Nous savons qu'elle noircira rapidement si on l'expose aux rayons solaires. Mais si, pendant l'action lumineuse, on la recouvre d'une épreuve négative, celle-ci, jouant le rôle d'un écran, préservera la couche sensible par ses portions les plus opaques, tandis que la lumière exercera son action à travers les parties transparentes. On obtiendra donc une image inverse de la précédente, ce sera une *épreuve positive*. Il est seulement nécessaire d'éliminer, après l'opération, le sel d'argent non impressionné. La solution d'hyposulfite de soude, dont nous avons déjà parlé, se prête parfaitement à cet usage. Il suffit ensuite de laver l'épreuve à grande eau ; elle est alors *fixée* et peut résister à l'action de la plus vive lumière.

La nécessité de recourir ainsi à une double opération pour arriver à l'image positive peut, au premier abord, sembler un pas rétrograde ; elle constitue, au contraire, un progrès réel de la plus grande importance. L'épreuve négative n'est, en effet, qu'un terme intermédiaire entre le modèle et le dessin définitif ; et, comme elle est inaltérable à la lumière, on conçoit qu'elle puisse servir au tirage d'un nombre illimité de positifs. La photographie devient alors comparable à la gravure ou à la lithographie, qui se prêtent à la reproduction indéfinie de l'œuvre primitive de l'artiste. De là le nom de *cliché*, sous lequel on désigne ordinairement les images négatives ; il rappelle le procédé du clichage d'un si fréquent usage en typographie.

Cette méthode, déjà si parfaite, n'était pas cependant à l'abri de tout reproche. La beauté d'une image photographique doit être intimement liée, on le conçoit, à celle du cliché qui lui sert d'intermédiaire ; aussi les efforts des photographes ont-ils eu surtout pour objet le perfectionnement de l'épreuve négative. Le papier était loin de remplir à cet égard des conditions avantageuses; ses moindres impuretés deviennent visibles par transparence et se reproduisent sur l'épreuve directe. De plus, une substance aussi poreuse, aussi peu homogène que le papier, doit donner aux images des contours baveux et mal définis. On se mit alors à améliorer la fabrication du papier, on chercha à le rendre moins spongieux en l'imprégnant de diverses substances; la cire, l'amidon, furent employés avec quelque succès.

Cependant la photographie n'a acquis toute sa perfection que lorsqu'on parvint à substituer au papier une substance d'une homogénéité et d'une transparence irréprochables. La première en date qui ait reçu une application utile est la matière albumineuse qui constitue le blanc d'œuf. Cette substance étendue sur une lame de verre forme, après dessiccation, une couche d'une extrême ténuité, capable d'acquérir une assez grande sensibilité par une préparation convenable, et fournit des clichés infiniment supérieurs, par leur finesse et leur netteté, à ceux que donnaient les meilleurs papiers.

Malheureusement, l'emploi de l'albumine entraînait de sérieuses difficultés expérimentales. La préparation des plaques exigeait des soins minutieux; la durée de la pose, encore longue, ne permettait guère la reproduction de la nature vivante. Toutes ces difficultés disparurent à la fois par l'introduction d'un nouveau produit, le *collodion*, dans le laboratoire du photographe.

Tout le monde connaît la substance explosible désignée sous le nom de coton-poudre. On l'obtient facilement en plongeant pendant quelques minutes du coton cardé bien pur dans un mélange de salpêtre et d'acide sulfurique. Sous l'action de ces réactifs énergiques, les fibres du coton ne semblent pas sensiblement modifiées dans leur apparence extérieure; c'est tout au plus si elles ont perdu de leur ténacité. Elles possèdent cependant des propriétés inattendues : une étincelle suffit à enflammer ce composé nouveau; il produit une violente explosion dont les effets sont plus énergiques que ceux de la poudre.

Mais la propriété qui nous intéresse ici est d'un ordre bien différent : tandis que le coton ordinaire résiste à l'action de tous les dissolvants, le fulmi-coton, au contraire, se dissout avec la plus grande facilité dans un mélange d'alcool et d'éther; c'est à cette dissolution, d'une consistance visqueuse, qu'on a donné le nom de collodion. Étendue sur une lame de verre, elle se solidifie presque instantanément, en perdant ses dissolvants par évaporation, et laisse une couche mince et solide, d'une transparence et d'une homogénéité parfaites, douée de toutes les qualités nécessaires pour la production de belles épreuves.

Sans entrer ici dans tous les détails des opérations délicates et nombreuses que comporte l'art du photographe, nous indiquerons sommairement la marche générale de la méthode; elle ne diffère d'ailleurs que par quelques points d'une importance secondaire de celle dont Talbot a, le premier, formulé les principes.

Dans du collodion bien limpide on dissout un iodure métallique soluble, ordinairement mélangé à une certaine quantité d'un bromure. Les sels de cadmium et d'ammonium sont employés de préférence. Le collodion ioduré est ensuite étendu sur une lame de verre, et dès qu'il a fait prise, on plonge la glace dans une solution de nitrate d'argent. Il se forme ainsi dans la couche de collodion un véritable précipité d'iodure et de bromure d'argent, prêt à recevoir l'action de la lumière. Dans cet état, la glace *sensibilisée* est placée au foyer de la chambre obscure où quelques secondes suffisent à son impression.

Rien ne décèle encore à sa surface la formation d'une image; il faut qu'un révélateur vienne achever la décomposition commencée par la lumière et rendre visible l'image latente dont rien ne fait soupçonner l'existence. L'acide pyrogallique, le protosulfate de fer et, en général, tous les corps oxydables, produisent un pareil effet. Le dessin est ainsi développé, et si l'opération a été bien conduite,

Fig. 78. — Atelier du photographe (le cabinet noir).

l'épreuve négative obtenue reproduit, avec une harmonie parfaite, toutes les dégradations d'ombre et de lumière, la pureté des contours, la délicatesse de détails qui font le charme des images de la chambre obscure.

Une dernière opération est encore nécessaire pour assurer l'inaltérabilité de cette épreuve; il faut dissoudre les portions du sel d'argent inattaquées par la lumière. Sans cette précaution, la plaque ne tarderait pas à noircir sur toute sa surface et l'image disparaîtrait bientôt sous un voile uniforme qui en couvrirait tous les détails. On se sert ordinairement, pour l'opération du *fixage*, d'une solution d'hyposulfite de soude, à laquelle on préfère quelquefois le cyanure de potassium. Ce dernier sel possède une action plus énergique et plus rapide, mais ses propriétés, éminemment toxiques, commandent les plus grandes précautions lorsqu'on en fait usage.

Il est presque inutile d'ajouter que toutes ces opérations doivent être exécutées dans un laboratoire obscur, éclairé seulement par la lumière d'une bougie. La sensibilité des glaces collodionnées est telle, que le moindre rayon de lumière diffuse produirait infailliblement un voile grisâtre sur les épreuves. Une bougie exerce même une action nuisible, quand elle agit pendant un temps assez long sur la couche sensible. Aussi préfère-t-on généralement éclairer le laboratoire par la lumière naturelle tamisée au travers d'un verre jaune ou rouge. Nous savons, en effet, que les rayons de cette couleur sont sans action sur les sels d'argent; la plaque se trouve donc, par ce moyen bien simple, à l'abri des atteintes de la lumière capable de l'altérer, en même temps que l'opérateur suit avec plus de facilité toutes les phases de l'expérience.

L'épreuve négative une fois obtenue, le tirage des positifs ne présente pas de difficultés sérieuses. Le commerce fournit aujourd'hui des papiers déjà à moitié préparés, qu'une opération des plus simples rend sensibles à la lumière. Ces papiers sont recouverts d'une couche d'albumine dans laquelle on a fait dissoudre une proportion convenable de chlorure de sodium ; il suffit d'appliquer leur surface pendant quelques minutes sur un bain de nitrate d'argent pour former du chlorure d'argent impressionnable. Les feuilles une fois sèches sont mises en contact intime avec le cliché dans un *châssis à reproduction* et exposées à la lumière diffuse ou à celle des rayons solaires. Grâce à la disposition du châssis, on suit sans difficulté la venue de l'épreuve ; on arrête l'action lumineuse quand l'image a acquis une intensité suffisante.

Enfin, reste l'opération du fixage, une des plus délicates de la photographie, car elle intéresse à la fois l'effet artistique des images et leur solidité. L'hyposulfite de soude est encore l'agent essentiel de cette opération ; il dissout avec facilité le chlorure d'argent inaltéré et n'exerce pas d'action appréciable sur celui que la lumière a noirci. Malheureusement ce sel, employé seul, donne aux épreuves un ton brun chocolat, désagréable, que l'on a longtemps accepté, faute de mieux, en le comparant à la couleur des dessins à la sépia. Mais la différence était trop criante pour permettre une longue illusion, et l'on a dû chercher des moyens capables de remplacer cette teinte peu harmonieuse par une autre d'un effet plus artistique. On y parvient aujourd'hui facilement par l'action des sels d'or.

En sortant du châssis à reproduction, l'épreuve est d'abord lavée à l'eau pure qui la débarrasse du nitrate d'argent libre, retenu par le papier. Elle est ensuite plongée dans une faible solution de chlorure d'or, ordinairement mélangé à d'autres sels, tels que le phosphate, l'acétate, le borate de soude. Cette opération est désignée sous le nom de *virage*. Après quelques minutes de séjour dans ce bain, l'image est traitée par l'hyposulfite de soude et soumise ensuite à un nouveau lavage à l'eau, longtemps prolongé. L'épreuve est enfin terminée ; elle possède alors ces tons riches et veloutés qui sont le cachet spécial de toutes les productions de la photographie.

Telles sont, dans leur ensemble, les manipulations nombreuses à l'aide desquelles on parvient à fixer sur une sim-

Fig. 79. — La photographie en pleine campagne.

ple feuille de papier les images de la chambre obscure. Il ne faudrait pas croire, cependant, qu'il suffise de connaître ces quelques recettes pour devenir d'un seul coup un habile photographe. Rien de plus délicat, au contraire, que la mise en œuvre de ces données si simples en apparence. Ces opérations si variées, si multiples, sont toutes solidaires les unes des autres; chacune d'elles doit être menée à bon port avant de faire place à la suivante, et la perfection du résultat définitif dépend des soins apportés à chacun des degrés intermédiaires. Il ne suffit pas même de s'être rompu, par une longue expérience, à toutes les difficultés

Fig. 80. — Châssis pour le tirage des épreuves positives.

des manipulations photographiques; un habile opérateur pourra sans doute jouer avec ces difficultés, mais ses œuvres resteront pâles et sans charme si elles ne sont animées par le souffle de l'artiste.

Que l'on compare ces images souvent grotesques qui s'étalent sur nos champs de foire à ces épreuves harmonieuses qui sortent des ateliers d'un photographe habile. Ce n'est ni dans les agents chimiques ni dans la perfection des appareils qu'il faut chercher la cause essentielle de ces différences : l'art de ménager la lumière, celui de disposer les moindres détails du tableau, voilà le secret qu'aucun manuel ne saurait traduire en préceptes. Comme dans la peinture ou le dessin, le sentiment artistique prime les procédés d'exécution. La photographie devient un simple instrument; c'est un crayon ou un pinceau, qui a besoin de la main d'un artiste pour être habilement dirigé.

Malgré tous les soins apportés à leur production, les photographies présentent encore un vice capital qui en restreint les applications industrielles. Sous l'influence de causes, encore peu connues, les meilleures épreuves ne tardent pas à pâlir, à disparaître même complètement au bout de quelques années. Celles qui semblent résister le mieux à l'action du temps sont certainement destinées à partager le même sort, sans que rien puisse s'opposer à leur destruction progressive.

Ce n'est pas à l'action de la lumière qu'il faut attribuer un pareil effet, car on le voit ordinairement se produire, plus facilement encore, sur les épreuves soigneusement conservées dans un album. Il y a là une action lente des agents chimiques mis en présence; le papier retient sans doute dans ses pores des substances nuisibles que les meilleurs lavages n'ont pu entraîner. Toujours est-il que tous les perfectionnements apportés aux méthodes précédentes ont eu peut-être pour effet d'atténuer le mal, mais non de le détruire. Il y avait là un nouveau sujet d'études de la plus haute importance; la solution de ce problème devait, en effet, ouvrir un nouvel avenir aux productions de la photographie.

En 1855, M. Poitevin découvrait l'action curieuse exercée par la lumière sur certaines matières organiques, en présence du bichromate de potasse. La gélatine est surtout remarquable sous ce rapport. Cette substance se gonfle au contact de l'eau froide et se dissout facilement dans l'eau chaude. L'addition de bichromate de potasse ou d'ammoniaque ne modifie en rien ces propriétés, tant que le mélange n'a pas subi l'action de la lumière; mais dès que cet agent intervient, il modifie la gélatine bichromatée en la rendant insoluble dans l'eau chaude.

Si on a préalablement mélangé à la gélatine une matière

pulvérulente inerte, telle que du charbon, certains oxydes métalliques, etc., celle-ci restera mécaniquement emprisonnée dans les parties devenues insolubles, tandis qu'elle sera entraînée par un simple lavage avec la portion non insolée, qui aura conservé sa solubilité. Il devient donc possible d'obtenir, à l'aide de la gélatine bichromatée, une impression photographique, et il suffira d'employer de l'eau pure comme agent révélateur; de plus, la solidité de l'image ne dépendra que de la stabilité de la poussière colorée dont on aura fait usage.

Le charbon en poudre impalpable a depuis longtemps fait ses preuves à cet égard; c'est lui qui sert de base à toutes les encres employées dans les impressions typographiques et l'on sait quelle résistance elles opposent à tous les agents de destruction; aussi est-ce au charbon que l'on a recours pour ce genre d'épreuves; l'on désigne sous le nom de *photographie au charbon* ce nouveau chapitre de l'art qui nous occupe.

Ce principe bien simple a été le point de départ d'une foule de procédés ingénieux; le suivant se recommande à la fois par la facilité de son exécution et par la perfection de ses résultats. Une feuille de papier est d'abord recouverte d'une solution chaude de gélatine, intimement mélangée à du noir d'impression en poudre très fine et très homogène; ces feuilles une fois sèches se conservent indéfiniment sans altération, car elles sont encore insensibles à la lumière. Il suffit, pour les sensibiliser, de les plonger pendant quelques minutes dans une solution de bichromate de potasse ou d'ammoniaque; on les laisse sécher de nouveau dans l'obscurité, elles sont prêtes alors à recevoir l'action lumineuse.

L'impression se fait comme à l'ordinaire, sous un cliché, dans un châssis à reproduction. Après quelques minutes d'exposition à l'ombre, la feuille est légèrement humectée, puis on applique sur la face gélatinée une feuille albuminée, que l'on fait adhérer fortement par l'action d'un rouleau, suivie de celle d'une presse.

Cette opération a pour but de fixer la gélatine, par sa face impressionnée, sur la couche d'albumine. Il suffit ensuite de plonger les deux feuilles, ainsi collées l'une à l'autre, dans de l'eau presque bouillante; elles ne tardent pas à se séparer et l'image apparaît comme par enchantement sur la couche albuminée, à mesure que l'eau dissout la gélatine épargnée par l'action de la lumière. L'épreuve se trouve du même coup développée et fixée; un dernier lavage à l'eau fraîche la débarrasse facilement de quelques parcelles de noir encore adhérentes et il ne reste plus qu'à la sécher.

Les dessins obtenus par cette méthode sont absolument inaltérables à tous les agents extérieurs, et l'on est à se demander pourquoi ils n'ont pas, depuis longtemps déjà, remplacé les photographies ordinaires au chlorure d'argent qui s'effacent avec une désespérante rapidité. La raison en est facile à découvrir; la photographie aux sels d'argent est passée dans le domaine de l'industrie; cette méthode est aujourd'hui à la portée de simples ouvriers, tandis que le procédé au charbon exige encore des soins un peu plus minutieux, que la routine n'a pas même essayé de réduire à des manipulations pratiques. Tant que le public accepte avec empressement des produits qui lui plaisent, pourquoi modifier une fabrication réglée qui rapporte tous les jours de gros bénéfices? Mais les convenances des industriels ne sont pas toujours compatibles avec les intérêts bien compris du consommateur, et il n'est pas douteux, qu'à moins de perfectionnements inattendus, l'ancienne méthode ne cède rapidement le pas à la nouvelle.

Cependant, il faut bien le reconnaître, tous les procédés photographiques, tels que nous venons de les décrire, sont loin de satisfaire aux exigences que réclament les applications dont ils pourraient être l'objet. Le tirage des positifs est toujours lent, il demande une surveillance continuelle qui doit se renouveler à chaque épreuve, tandis que la presse du lithographe fournit en quelques heures un nombre considérable de dessins sans que l'intelligence de l'ouvrier qui la dirige ait une grande part dans la perfection des résultats; une épreuve une fois obtenue, les autres se succèdent toujours identiques à la première, avec une surprenante rapidité.

Réduire la photographie aux procédés si simples de la gravure ou de la lithographie; produire, à l'aide de la lumière, des planches gravées, tel était le rêve que poursuivait avec acharnement le collaborateur de Daguerre. Les brillantes découvertes de ce dernier firent bientôt oublier le point de départ dont Niepce avait doté la science; ce côté, trop longtemps négligé, est aujourd'hui étudié à nouveau par des chercheurs infatigables, et la combinaison des deux méthodes fournit déjà des résultats du plus heureux augure pour l'avenir.

Nous ne pouvons entrer ici dans les détails historiques relatifs à cette partie de la photographie, ni décrire les procédés nombreux, imaginés pour résoudre cet important problème. Il nous suffira de dire que déjà ils ont atteint une assez grande perfection pour être appliqués industriellement et d'une manière utile aux illustrations des éditions typographiques.

Doit-on conclure de ce nouveau progrès que la photographie soit destinée à faire disparaître l'art du graveur ou du lithographe? Loin de se nuire l'un à l'autre, ces deux arts sont destinés à se prêter un mutuel secours. Leur but n'est pas le même; chacun restera avec son individualité, mettant à profit les progrès réalisés à côté de lui, sans rien perdre de son propre caractère. La peinture a-t-elle reçu la moindre atteinte après la découverte de Daguerre? Elle a, au contraire, trouvé dans la photographie son plus puissant auxiliaire et lui prodigue à son tour toutes les ressources dont elle dispose.

X

PHOSPHORESCENCE ET FLUORESCENCE

Notions historiques. — Animaux et végétaux phosphorescents. — Phosphorescence de la mer. — Intervention des actions chimiques. — Minéraux phosphorescents. — Pierre de Bologne. — Phosphore de Canton. — Action de la chaleur. — Phosphorescence produite par la lumière. — Recherches de M. Becquerel. — Le phosphoroscope. — La fluorescence. — Action des rayons ultra-violets. — Identité de la phosphorescence et de la fluorescence. — Emploi de la lumière électrique.

On donne le nom de phosphorescence à la propriété commune à un très grand nombre de corps d'émettre spontanément de la lumière, dans des conditions essentiellement différentes de celles qui accompagnent ordinairement sa production. Le caractère le plus saillant de cette classe de phénomènes est l'absence de la chaleur que l'on rencontre presque toujours, à divers degrés, dans les sources lumineuses. Le phosphore qui sert à la fabrication des allumettes nous présente un type remarquable de cette curieuse propriété à laquelle il doit son nom. Un grand nombre d'animaux, les vers luisants, par exemple, possèdent également la faculté d'émettre dans l'obscurité de vives lueurs. Il en est de même de certaines substances minérales, qui deviennent phosphorescentes soit sous l'action de la chaleur, soit sous l'influence de la lumière.

La diversité même de ces phénomènes doit faire soupçonner une aussi grande variété dans les causes qui les provoquent. M. Becquerel a, le premier, réuni les résultats épars relatifs à cette question, les a coordonnés et a montré quelles étaient les conditions nécessaires à leur production ; nous ferons de nombreux emprunts à ses intéressants travaux. De toutes ces manifestations lumineuses, les plus importantes, au point de vue qui nous occupe, sont, sans contredit, celles qu'engendrent les actions physiques et plus spécialement la lumière. Nous les étudierons avec quelques détails, après avoir jeté un coup d'œil d'ensemble sur la phosphorescence produite par les animaux.

L'émission spontanée de lumière par des êtres vivants a dû être connue dès la plus haute antiquité, car elle apparaît directement à l'observateur sans l'intervention nécessaire d'aucune cause provocatrice. Le nom seul donné par Aristote à certains animaux semble indiquer leurs facultés lumineuses, bien qu'il n'en fasse pas une mention spéciale dans ses écrits. Il désigne seulement sous la dénomination de *purolampides* (de πυρ, feu, et λαμπειν, briller) certains insectes dont la description se rapporte assez bien à celle de nos vers luisants ou *lampyres*. Pline est plus explicite à cet égard lorsqu'il nous dit : « Pendant la nuit les lampydes brillent comme des feux par la couleur éclatante de leurs flancs et de leur croupe ; étincelants lorsqu'ils déploient leurs ailes, cachés dans l'ombre quand ils les ferment. »

Les animaux phosphorescents sont bien plus communs qu'on ne pourrait le croire ; les animaux marins surtout l'emportent de beaucoup par le nombre des espèces douées de cette propriété. On la trouve à divers degrés chez les méduses, chez certains mollusques tels que les pholades, chez quelques crustacés, et même chez des poissons. Nous devons citer principalement quelques infusoires de très petite dimension qui, accumulés dans l'eau des mers en quantité prodigieuse, donnent lieu à cet admirable spectacle connu sous le nom de phosphorescence de la mer. Dans certaines contrées, la lumière émise est tellement brillante que les personnes qui prennent le moins d'intérêt aux phénomènes naturels sont frappées de l'effet qu'elle produit.

Dans toutes les régions océaniques, mais particulièrement sous la zone tropicale, dès la chute du jour, on voit jaillir du sein des eaux une lumière phosphorique plus ou moins vive, due en général à des animalcules qui s'y trouvent contenus. La lumière se montre quelquefois aux crêtes des vagues et partout où l'eau de la mer est agitée. L'effet peut être tel qu'un vaisseau laisse au loin, derrière lui, une traînée lumineuse qui s'efface lentement. MM. Becquerel et Brachet observèrent à Venise ce phénomène à l'embouchure de la Brenta, et constatèrent cette influence de l'ébranlement pour exciter vivement l'émission lumineuse. Cette lueur dirige même les pêcheurs et leur indique les poissons rassemblés qui, en sautant, font jaillir la lumière.

Il existe dans la mer une foule d'infusoires et d'animalcules qui jouissent de la phosphorescence ; suivant leur nature et leur activité, le phénomène est plus ou moins brillant. Quand les animaux sont très nombreux, leur phosphorescence est telle que les eaux sont tout à fait blanches ; on indique cet effet par le nom de mer de lait ou mer de neige.

MM. Quoy et Gaymard rapportent, à propos de ce phénomène, les observations suivantes : « Étant mouillés dans la petite île de Rawak, placée sous l'équateur, ils virent un soir, sur l'eau, des lignes d'une blancheur éclatante ; en les traversant avec leur canot, ils voulurent en enlever une partie, mais ils ne trouvèrent qu'un fluide dont la lueur disparut entre leurs doigts. Peu de temps après, pendant la nuit et la mer étant calme, ils virent près du vaisseau beaucoup de zones semblables, blanches et fixes ; les ayant examinées avec soin, ils reconnurent qu'elles étaient produites par des zoophytes d'une petitesse extrême, et qui renfermaient en eux un principe de phosphorescence si subtil, qu'en nageant avec vitesse en zigzag, ils laissaient sur la mer les traînées lumineuses dont on vient de parler. Ils mirent le fait hors de doute en plaçant dans un bocal rempli d'eau deux de ces animalcules qui rendirent immédiatement toute l'eau lumineuse. Ils ont constaté en outre que la chaleur est une des causes déterminantes de la faculté lumineuse de ces animalcules. »

M. Ehrenberg, qui a étudié la lumière émise par les infusoires et les annélides, lesquels, dans certaines contrées, rendent la mer lumineuse, a vu qu'au microscope la lueur diffuse qui les entoure n'est autre que la réunion de petites étincelles qui partent de tous les points de leur corps et particulièrement du corps des annélides. Ces étincelles se succédaient avec une telle rapidité et avaient une telle ressemblance avec celles que l'on observe dans les décharges électriques, que M. Ehrenberg a établi un rapprochement entre ces deux ordres de phénomènes. Il pense que la lumière n'est pas due à une sécrétion particulière, mais à un acte spontané de l'animal, et qu'elle se manifeste aussi souvent qu'on l'irrite par des moyens mécaniques ou chimiques, c'est-à-dire en agitant l'eau ou en versant quelques gouttes d'un acide.

Le noctiluque miliaire est un des infusoires qui contribuent le plus à la phosphorescence de la mer sur nos côtes

Fig. 81. — Noctiluque miliaire (considérablement grossi).

et probablement sur les côtes du Nord. Ce sont de petits animalcules globulaires ayant $\frac{1}{3}$ à $\frac{1}{5}$ de millimètre de diamètre. En les supposant pressés les uns contre les autres, il pourrait donc s'en trouver de 25 à 30 000 dans 1 centimètre cube.

Il n'est pas rare d'observer cet imposant spectacle dans le Midi de la France ; les baigneurs qui fréquentent pendant les mois d'été les côtes de la Méditerranée ont pu être plusieurs fois témoins de ce magnifique phénomène ; la mer semble rouler des vagues de feu et ajoute à sa majestueuse beauté la splendeur d'une féerique illumination.

Les animaux terrestres lumineux, beaucoup moins nombreux que ceux qui peuplent l'Océan, appartiennent presque tous à la classe des insectes. Le lampyre ou ver luisant nous en offre un exemple bien connu. Il est peu de personnes qui n'aient observé, pendant les nuits chaudes de l'été, quelques-unes de ces étoiles brillantes qui semblent se cacher aux pieds des buissons. Quand on parvient à les saisir, on remarque que cette vive lumière a sa source dans un petit insecte et qu'elle émane de quelques taches phosphorescentes placées sur les derniers anneaux de l'animal. Dans l'espèce de lampyre la plus commune dans nos

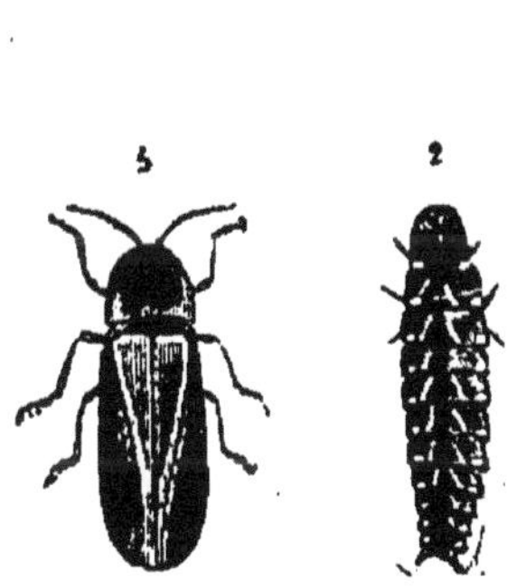

Fig. 82. — Lampyre ou ver luisant (mâle et femelle).

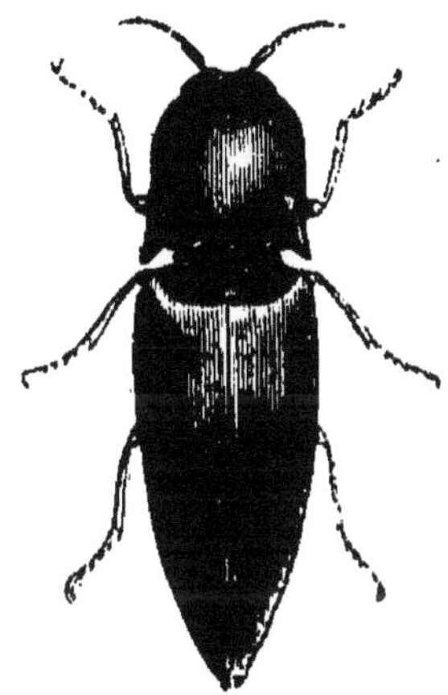

Fig. 83. — Pyrophore noctiluque (Taupain).

pays, la femelle seule, qui est privée d'ailes, donne lieu à ce curieux phénomène ; le mâle est ailé et n'est pas lumineux. Chez une autre espèce, qui habite l'Italie et le Midi

Fig. 84. — Phosphorescence de la mer.

de la France, les individus des deux sexes sont en même temps ailés et lumineux.

Cette propriété singulière est surtout remarquable chez certains *Taupains*, très communs dans les régions chaudes de l'Amérique. Ces coléoptères doivent leur phosphorescence à des organes analogues à ceux de nos vers luisants, placés sur le corselet. Ils paraissent avoir la faculté de faire varier à volonté l'intensité de cette lueur. Les femmes, dit-on, utilisent pour leur parure ces animaux brillants, et les placent comme ornements dans leurs cheveux. On assure même que les Indiens s'en servent pour s'éclairer quand ils voyagent de nuit.

Ce n'est pas seulement dans le règne animal que l'on rencontre des êtres doués de propriétés phosphorescentes : les végétaux en fournissent aussi des exemples, plus rares, il est vrai, mais parfaitement observés. Martius a signalé dans son voyage de Malhada à Baya, au travers du Brésil, la phosphorescence du suc laiteux d'une espèce d'Euphorbe, mais c'est surtout dans les végétaux inférieurs que le phénomène a pu être étudié. On l'a souvent constaté sur un champignon du genre *agaric* qui se développe dans le Midi de la France au pied des oliviers ; beaucoup d'autres espèces du même genre possèdent la même propriété.

Dans les exemples précédents, la phosphorescence est liée à la vie même des êtres qui la produisent ; elle s'éteint rapidement après la mort ; souvent même elle paraît être sous la dépendance de la volonté. D'autres fois, au contraire, des phénomènes du même ordre se manifestent chez des animaux ou des végétaux seulement après leur mort. On rencontre accidentellement des tiges de bois, des fragments de poutre, des feuilles, des fruits même qui deviennent lumineux pendant leur décomposition. Les matières animales acquièrent cette propriété bien plus facilement encore que les végétaux.

Ainsi, au printemps ou pendant l'été, il suffit de suspendre des poissons comme les harengs, les merlans, dans un endroit frais, et au bout de peu de jours ils commencent à devenir lumineux dans l'obscurité. Leur surface se revêt d'une matière lumineuse que l'on enlève facilement. La lumière diminue à mesure que le poisson se putréfie, et finit par s'éteindre tout à fait. La phosphorescence se manifeste comme dans le bois, lorsque ces substances se trouvent dans un certain état de décomposition qui précède la putréfaction; quand celle-ci a lieu, toute lumière cesse.

On a cherché depuis longtemps à expliquer la phosphorescence des animaux; il est démontré aujourd'hui qu'elle a pour cause une action chimique; elle est le résultat d'une véritable combustion s'effectuant sous l'action de l'oxygène de l'air. Elle disparaît en effet dans le vide, dans l'acide carbonique, l'azote, l'hydrogène, et en général dans tous les milieux incapables d'entretenir la combustion. Cette action chimique, très lente, ne saurait, on le conçoit, donner lieu à une élévation de température appréciable; aussi tous les observateurs qui ont cherché à constater l'émission de chaleur pendant la phosphorescence n'ont-ils pu parvenir à la mettre en évidence.

Bien que la science n'ait encore que de vagues données sur cette classe de phénomènes, il n'en est pas moins établi que les matières animales et végétales, soit pendant la vie, soit après la mort, doivent, comme le phosphore, leurs propriétés lumineuses à une action chimique dans laquelle l'intervention de l'air est nécessaire. Mais il est un autre mode de phosphorescence, complètement indépendant de cette cause, parfaitement étudié depuis quelques années; nous voulons parler de la phosphorescence des matières minérales.

L'observation la plus ancienne méritant quelque créance est due à Benvenuto Cellini. Dans son traité sur la bijouterie, publié dans le seizième siècle, il assure que « du temps de Clément VII il vit une escarboucle entre les mains d'un marchand de Raguse; que cette pierre était blanche comme les rubis blancs, et qu'elle retenait en elle une lumière si agréable et si admirable qu'on la voyait briller dans les ténèbres; il ajoute que sa lumière n'était pas aussi vive que celle des escarboucles de couleur, mais qu'il l'avait vue dans l'obscurité briller comme un feu qui commence à s'éteindre. »

Cependant, cette observation était révoquée en doute par les savants de l'époque; quoique beaucoup d'auteurs anciens fissent mention de propriétés lumineuses dans les pierres précieuses, l'exagération semblait avoir une large part dans leurs descriptions. M. Becquerel rapporte à cet égard une citation curieuse empruntée à Boëce de Boot, qui publiait au commencement du dix-septième siècle un ouvrage fort estimé sur l'histoire des pierreries.

« L'on fait grand estat de l'escarboucle; l'on dict qu'il luit dans les ténèbres, comme un charbon, peut-estre que pour cela il a esté appelé des anciens pyrope ou anthrax. Mais pour dire le vray, jusques à présent personne n'a osé asseurer d'avoir vu une pierre précieuse luire de nuict. Garcias ab Horto, médecin du vice-roy des Indes, escrit qu'il a parlé à des personnes qui affirmaient avoir veu, mais il ne leur pas baillé sa croyance.

« Louis Vertoman rapporte que le roy de Pégu en porte de telle grandeur et splendeur, que quiconque regarde le roy dans les ténèbres, il le voit resplendir, comme s'il estoit illuminé par le soleil. Mais ny lui aussi ne l'a pas veu. Si donc la nature produit une pierre précieuse luisante de nuict, ce sera véritablement un escarboucle; et par ainsi il sera distingué des autres pierres précieuses et surpassera toutes les autres en dignité.

« Plusieurs croyent que les pierres précieuses qui luisent de nuict ne peuvent pas estre formées par la nature, mais ils se trompent. Car, comme la nature peut bailler aux bois pourris, aux vers qui luisent de nuict, aux escailles des sardines et aux yeux des animaux un esclat et lumière, je ne vois pas pourquoi elle ne puisse pas bailler cette lumière aux pierres précieuses dans l'abondance de tant de choses créées, la matière propre et disposée estant substituée. Pourtant, selon l'opinion de personnages très doctes, il ne se-trouve point de pierres précieuses de ceste nature. D'où vient que toutes les pierres précieuses rouges sont appelées par iceux escarboucles, anthrax, pyropes et charbons? Parce qu'elles imitent la lueur d'un charbon et qu'elles jettent leurs rayons de tous costés tout ainsi que le feu. »

On voit d'après ces quelques citations que, si l'on croyait à l'existence de pierres lumineuses, cette existence était loin d'être bien constatée. Peut-être confondait-on les effets d'éclat et de coloration, produits par réflexion ou par transmission de lumière, avec ceux qui pouvaient résulter d'une émission propre, en vertu d'une action spéciale. Il est dans tous les cas surprenant de ne pas voir le diamant mentionné parmi les minéraux phosphorescents, lui qui jouit de cette propriété à un degré très remarquable dans les conditions où on observait de pareils phénomènes.

A l'époque même où écrivait Boëce de Boot, une découverte due au hasard sortait du laboratoire d'un alchimiste, et ouvrait un horizon nouveau à cette intéressante étude.

En 1603, un artisan de Bologne, un cordonnier, dit-on, nommé Vencenzo Casciorolo, poursuivait la recherche de la pierre philosophale. Il calcina un jour un morceau de sulfate de baryte dans l'espoir d'en retirer de l'argent. Quel ne fut pas son étonnement quand il observa que cette pierre calcinée possédait la propriété de rester quelque temps lumineuse dans l'obscurité, lorsqu'elle avait été exposée à la lumière!

Peu de temps après, Boyle découvrait un fait du même ordre; il reconnut que certains diamants devenaient lumineux dans les ténèbres après avoir été frottés, chauffés ou simplement approchés de la flamme d'une bougie. Ces découvertes firent sensation parmi les savants de l'époque, car elles répondaient à la question si controversée de la phosphorescence des minéraux.

A dater de ce moment, les observations et les expériences se multiplient; on étudie et on perfectionne le mode de production de la pierre de Bologne; on reconnaît dans plusieurs minéraux des propriétés phosphorescentes analogues à celles des diamants; on trouve que la chaleur est capable de développer le phénomène dans quelques substances, et que la percussion, le frottement, le clivage, produisent souvent les mêmes effets.

Enfin, en 1764, Canton fait connaître une matière lumineuse nouvelle, plus remarquable encore et plus facile à préparer que la pierre de Bologne; elle est connue depuis sous le nom de phosphore de Canton. Cette singulière substance s'obtient en chauffant au rouge, pendant une heure, des écailles d'huîtres calcinées et pulvérisées, mélangées avec un peu de soufre. Le composé ainsi obtenu émet dans l'obscurité une belle lueur jaune ou verte lorsqu'il a subi l'action préalable de la lumière.

La phosphorescence peut donc prendre naissance dans les matières minérales sous l'influence de causes très variées. Les effets produits par les actions mécaniques, telles que la percussion, le frottement, offrent trop peu d'intérêt pour nous arrêter ici; nous dirons seulement un mot de la phosphorescence développée par la chaleur et par la lumière.

Nous avons déjà cité à cet égard l'observation de Boyle : les faits du même ordre sont aujourd'hui très communs; l'intensité de la lumière émise sous l'influence d'une élévation de température est cependant toujours assez faible. En première ligne se place le diamant ; tous les échantillons sont loin de posséder sous ce rapport des propriétés identiques; les uns dégagent facilement une lumière intense quand on les chauffe modérément; d'autres restent complètement obscurs. On ignore encore la cause de ces différences.

A côté du diamant nous citerons une substance naturelle très commune, le spath fluor, dont les propriétés optiques sont intéressantes à plusieurs points de vue. Ce minéral, ordinairement désigné sous le nom de *fluorine*, se présente sous la forme de cristaux ou de masses compactes, souvent incolores et transparentes, d'autres fois remarquables par la vivacité de leurs nuances. Dans certains échantillons les couleurs sont disposées en zones ou en zigzags, comme celles des améthystes et des albâtres ; on les emploie souvent à faire des coupes et des vases d'un fort bel effet. Il est probable que la matière des vases murrhins, si célèbres dans l'antiquité, n'était qu'une variété particulière de fluorine analogue aux précédentes.

Il est très facile de constater sur le spath fluor la phosphorescence due à l'action de la chaleur. Il suffit de projeter la substance réduite en poudre sur une plaque métallique chauffée à deux ou trois cents degrés, pour voir apparaître une lumière d'abord bleuâtre, passant successivement à des nuances rose, violette et enfin bleue foncée ; après quelques instants la phosphorescence s'éteint et toute lumière disparaît. Quelques variétés de fluorine peuvent devenir lumineuses à une température beaucoup plus basse, inférieure même à celle de l'eau bouillante. On peut répéter plusieurs fois de suite l'expérience sur le même échantillon ; mais chose singulière, s'il a été porté à une température un peu trop élevée, il perd à jamais ses propriétés phosphorogéniques. Cette particularité appartient aussi aux diamants et à la plupart des matières phosphorescentes par la chaleur.

La lumière est sans contredit l'agent le plus apte à provoquer la phosphorescence dans les matières minérales ; c'est celui aussi dont les effets sont le mieux étudiés. Les recherches de M. Becquerel ont fait connaître un grand nombre de composés capables de devenir spontanément lumineux après avoir été insolés : on peut même dire que cette propriété est commune à tous les corps ; ils semblent, sous ce rapport, ne différer les uns des autres que par le temps plus ou moins long pendant lequel ils peuvent la manifester. Les uns continuent à émettre de la lumière plusieurs heures après leur insolation ; d'autres, au contraire, brillent d'un éclat passager. Dans bien des cas enfin, la durée de la phosphorescence est tellement courte qu'on doit recourir pour l'observer à des appareils spéciaux.

Les substances les plus remarquables sous ce rapport sont les sulfures de calcium, de baryum et de strontium, préparés dans des conditions déterminées. On les obtient aisément en calcinant, à une haute température, les carbonates de ces métaux mélangés à de la fleur de soufre. Le résidu de l'opération possède une phosphorescense intense, dont la couleur dépend surtout de la nature du métal. Bleue ou verte avec les sels de strontium, elle est le plus souvent rouge ou jaune avec ceux de baryum, tandis que les composés de chaux peuvent donner presque toutes les nuances. La pierre de Bologne et le phosphore de Canton ne sont en réalité que des sulfures de baryum ou de calcium obtenus par des procédés un peu différents.

On introduit ordinairement ces matières dans des tubes

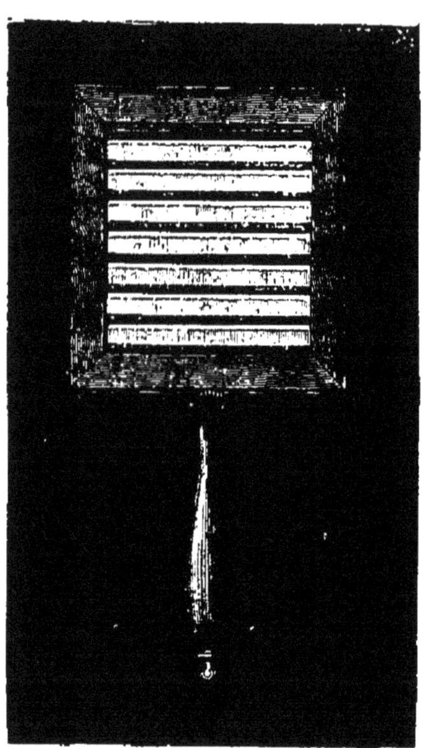

Fig. 85. — Série de tubes contenant des matières phosphorescentes.

de verre scellés à la lampe, afin d'éviter leur atération par le contact prolongé de l'air. Plusieurs de ces tubes réunis dans un même cadre permettent de comparer aisément les couleurs de la lumière émise. Il suffit de les exposer pendant quelques secondes au soleil ou même à la lumière diffuse et de les porter rapidement dans l'obscurité, pour les voir briller d'une vive clarté, diminuant peu à peu pour s'éteindre complètement après un temps variable, selon la nature du composé phosphorescent. En se plaçant dans les conditions les plus favorables à ce genre d'observation, on peut constater chez certaines substances une production appréciable de lumière, trente heures après leur insolation.

Nous disions il y a un instant que presque tous les corps possédaient, à divers degrés, ces propriétés phosphorogéniques. M. Becquerel a démontré ce fait à l'aide d'un appareil ingénieux, auquel il a donné le nom de *phosphoroscope*. La difficulté de l'expérience consistait à pouvoir examiner les substances soumises à l'insolation, immédiatement après cette action, avant qu'elles aient perdu la faculté de dégager elles-mêmes de la lumière; voici comment le problème a été résolu :

Deux disques de métal, fixés sur un même axe de rotation,

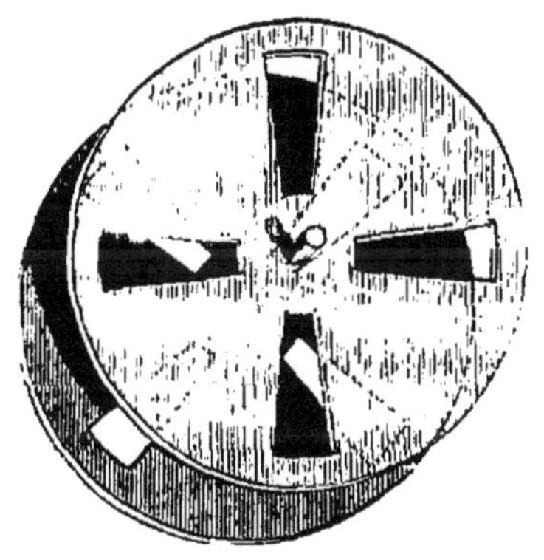

Fig. 86. — Disques du phosphoroscope.

sont percés chacun de quatre ouvertures et disposés de telle manière que les parties pleines de l'un sont vis-à-vis des ouvertures de l'autre; les deux disques, renfermés dans une boîte opaque, munie de deux fenêtres opposées, peuvent recevoir un mouvement rapide à l'aide d'un système d'engrenages. Tout l'appareil est placé dans une chambre parfaitement obscure, la face antérieure de la boîte métallique recevant seule l'action directe des rayons solaires.

Si, dans ces conditions, on regarde à travers la fenêtre postérieure, on ne percevra aucune sensation lumineuse,

Fig. 87. — Phosphoroscope de M. Becquerel.

quelle que soit la rapidité du mouvement imprimé à l'appareil, car, d'après sa disposition, une des deux ouvertures de la boîte est nécessairement fermée pendant que l'autre est ouverte. Introduit-on au contraire entre les deux disques un fragment d'une matière phosphorescente, assez mince pour être transparent, il sera insolé quatre fois dans chaque révolution et deviendra visible pour un observateur placé dans la chambre obscure, toutes les fois que la fenêtre intérieure se trouvera à découvert. On voit de plus que le temps écoulé entre l'insolation et l'observation sera d'autant plus court que la vitesse de rotation sera plus grande.

En étudiant à l'aide du phosphoroscope un grand nombre de substances naturelles ou artificielles, M. Becquerel a constaté, dans le plus grand nombre, une phosphorescence manifeste, mais d'une durée très variable; pour quelques-unes, elle disparaît entièrement en moins de $\frac{1}{8000}$ de seconde. N'est-il pas permis de supposer, qu'avec des moyens d'observation plus parfaits encore, on arriverait à généraliser cette propriété et à démontrer qu'elle est commune à toutes les substances, quelle qu'en soit la nature? Cette opinion se trouve confirmée par d'autres manifestations lumineuses intimement liées aux phénomènes de phosphorescence.

Il existe un grand nombre de corps dont la coloration présente des particularités remarquables qui semblent constituer une véritable anomalie. Une dissolution de sulfate de quinine, par exemple, est absolument incolore quand on la regarde par transparence; si, au contraire, on examine sa surface, on est frappé de sa belle nuance azurée. Une légère infusion d'écorce de marronnier possède la même propriété avec plus d'énergie encore. On peut mettre ces faits en évidence d'une manière fort simple par le procédé suivant : aux rayons directs du soleil, exposons un grand vase de verre rempli d'eau bien limpide, et faisons flotter à sa surface de légers fragments d'écorce de marronnier; aussitôt, de belles traînées bleuâtres se dirigent vers le fond du vase et envahissent peu à peu toute la masse liquide. Ce fait est dû, on le devine, à la dissolution d'une substance particulière contenue dans l'écorce du marronnier; les chimistes la désignent sous le nom d'*Esculine*.

Un grand nombre de liquides colorés possèdent des apparences semblables : des feuilles sèches, macérées pendant quelques heures dans de l'alcool ou de l'éther, communiquent à ces liquides une belle nuance verte due à la dissolution d'un de leurs éléments, la *chlorophylle*. Cette dissolution de chlorophylle est d'un vert émeraude par transmission, tandis que la lumière diffusée par la surface est d'un rouge grenat. Le liquide paraît trouble quand on en regarde la surface, il est au contraire d'une limpidité parfaite pour la lumière qui le traverse.

Beaucoup de matières colorantes dérivées du goudron de houille possèdent le même caractère à un très haut degré ; nous pourrions citer encore certains échantillons de pétrole et une foule d'autres substances.

On connaît enfin plusieurs corps solides doués des mêmes propriétés ; un des plus remarquables sous ce rapport est le spath fluor, dont nous avons déjà parlé à propos de la phosphorescence. L'aspect particulier de certains cristaux transparents de fluorine avait frappé depuis longtemps l'attention des physiciens ; éclairés, dans une chambre obscure, par les rayons directs du soleil, ils semblent enveloppés d'une couche laiteuse et opaline, diffusant une lumière ordinairement violacée.

Un autre très bel exemple de ces curieux effets nous est fourni par ces verres d'un vert clair, à reflets jaunâtres, qui servent aujourd'hui à fabriquer une foule d'objets de luxe ; ils doivent leur aspect spécial à des composés d'urane, incorporés dans la matière du verre.

Tous ces phénomènes ont été étudiés dans leur ensemble par un physicien anglais, Stokes, qui leur a donné le nom de *fluorescence* pour rappeler la manière dont se comporte le spath fluor.

Un des principaux caractères de la fluorescence est de se manifester à la surface des corps ; l'activité de la lumière semble épuisée par son passage à travers les premières couches, elle devient ensuite incapable de provoquer de nouveau le phénomène.

Lorsque, par exemple, un même faisceau de rayons solaires traverse successivement deux auges transparentes contenant l'une et l'autre une solution de sulfate de quinine, la première seule s'illumine par fluorescence, la seconde se comporte comme de l'eau pure sans donner lieu à aucun effet appréciable. Ce fait important va nous permettre d'expliquer le mode de production de ces curieuses manifestations.

Quand le composé fluorescent est complètement incolore, comme dans le cas précédent, on ne saurait admetttre une décomposition de la lumière blanche, puisque les rayons transmis possèdent, au point de vue de leurs effets lumineux, la même constitution que les rayons incidents ; ce fait est démontré d'ailleurs par l'analyse spectrale.

Cependant, en étudiant de plus près le phénomène, on ne tarde pas à constater une absorption réelle portant, non pas sur la partie lumineuse, mais sur les rayons invisibles ultra-violets. La lumière, tamisée par une solution de sulfate de quinine, a perdu une grande partie de son énergie chimique ; un spectre engendré par cette lumière et reproduit par les procédés photographiques s'arrête comme le spectre visible dans la portion violette sans présenter cette longue bande qui caractérise les rayons ultra-violets. Il suffit, au contraire de supprimer l'écran fluorescent pour la voir immédiatement apparaître sur la substance impressionnable.

La radiation solaire a donc subi une modification essentielle sous l'influence du milieu fluorescent, et cette modification consiste dans l'absorption de ses rayons les plus réfrangibles ; il reste à chercher ce que deviennent ces rayons absorbés. Nous avons déjà dit qu'ils ne sauraient être anéantis ; ne seraient-ils pas, par suite d'une transformation spéciale, la cause même de l'illumination des surfaces fluorescentes ? Cette hypothèse, naturellement suggérée par l'ensemble des observations, avait cependant besoin d'une démonstration directe ; elle a été brillamment justifiée par les expériences de Stokes.

Produisons à l'aide d'un faisceau de lumière naturelle un spectre bien pur, projeté sur un écran blanc ; nous connaissons ses apparences : il sera limité d'un côté par le rouge, de l'autre par le violet ; à sa surface apparaîtront les lignes noires de Fraunhofer. Substituons maintenant à notre écran une feuille de carton, imbibée d'une solution de sulfate de quinine : l'aspect du spectre est aussitôt changé ; il se prolonge très loin au delà du violet extrême ; cette portion obscure, subitement devenue visible, est sillonnée de raies sombres dont le nombre et la position

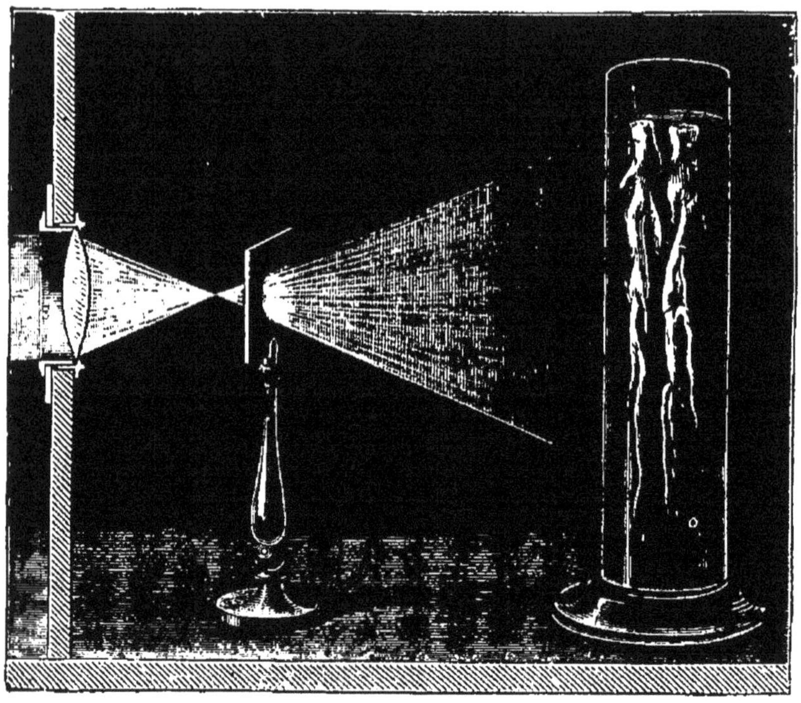

Fig. 88. — Fluorescence de l'Esculine.

coïncident exactement avec les bandes dessinées sur une image photographique. Ainsi, la simple action d'un corps fluorescent a eu pour résultat de rendre sensibles à nos yeux des rayons primitivement invisibles. Le sulfate de quinine a opéré instantanément la transformation d'une partie obscure du spectre en rayons lumineux, analogues à ceux de la région la plus brillante.

Presque toutes les substances fluorescentes produisent le même effet : une solution de chlorophylle portée dans le spectre ultra-violet s'illumine immédiatement en rouge ; le verre d'urane y prend une couleur verte ; un cristal de fluorine acquiert des reflets bleus ou violacés.

Ces expériences prennent une forme saisissante et fort curieuse par la disposition suivante : un faisceau de lumière solaire est introduit dans une chambre obscure et concentré par une lentille convergente ; il rencontre ensuite une lame de verre colorée en violet très foncé. Ce verre est, par sa nature, très perméable aux rayons les plus réfrangibles qui excitent vivement la phosphorescence et presque entièrement opaque pour les rayons doués d'une grande intensité lumineuse. Toutes les matières fluorescentes placées sur le trajet de cette lueur violette invisible acquièrent aussitôt un vif éclat et émettent une lumière propre, dont la couleur offre un étrange contraste avec celle des rayons qui la frappent. L'expérience est d'une extrême beauté quand on illumine ainsi de l'eau tenant en suspension quelques fragments d'écorce de marronnier.

La génération des couleurs à la surface des matières fluorescentes admet donc une cause entièrement différente de celle qui produit la coloration de la plupart des corps. Il ne s'agit plus ici d'une décomposition de la lumière blanche, puisque les couleurs apparaissent sous l'influence de rayons dépourvus de toute propriété lumineuse. Les rayons obscurs subissent, sous l'action des corps fluorescents, une modification profonde qui diminue leur réfrangibilité ; ainsi transformés, ils se colorent de diverses nuances et deviennent capables d'impressionner nos yeux.

Les rayons ultra-violets n'ont pas, cependant, le privilège exclusif de provoquer la fluorescence. On retrouve la même propriété, à divers degrés, dans les autres régions du spectre. Sous ce rapport, comme sous beaucoup d'autres, la nature de la lumière active est liée à celle de la substance sur laquelle elle agit. Il est seulement un fait qui, jusqu'à présent, paraît tout à fait général : une radiation, en se transformant par fluorescence, devient toujours moins réfrangible. C'est ainsi que les rayons ultra-violets se transforment en rayons colorés; de même, les rayons bleus ou verts donneront lieu à une émission de lumière jaune au rouge, de moindre réfrangibilité. Il n'existe pas d'exemple bien démontré d'une modification inverse.

Revenons maintenant aux composés phosphorescents et soumettons-les aux épreuves précédentes : on les voit se comporter exactement comme les substances fluorescentes. Si l'on projette un spectre sur une couche de sulfure de baryum ou de calcium, la région ultra-violette devient aussitôt lumineuse et se colore de nuances variables selon la nature du composé soumis à l'expérience. Les mêmes rayons élémentaires sont donc capables de provoquer les deux phénomènes; la seule différence consiste en ce fait que la phosphorescence persiste un temps plus ou moins long après l'action des rayons excitateurs; la fluorescence au contraire cesse immédiatement après cette action.

Ces deux propriétés doivent par conséquent être confondues, car elles ne se distinguent l'une de l'autre par aucun caractère essentiel. Un fragment de fluorine émet sa lumière au moment même où il la produit, un sulfure phosphorescent l'emmagasine pour ainsi dire et la laisse dégager avec lenteur. Entre ces deux groupes de corps, si différents en apparence, se rangent ceux dont l'émission lumineuse a une très courte durée; ils établissent une transition naturelle entre la fluorescence proprement dite et la phosphorescence la mieux accentuée.

L'inégale puissance des rayons solaires dans la production de ces phénomènes fait prévoir des différences profondes dans l'activité relative des diverses sources lumineuses. Les plus riches en rayons très réfrangibles devront posséder au plus haut degré le pouvoir d'exciter la phosphorescence; celles au contraire où ils font défaut auront une action à peu près nulle. Il n'en est pas de plus énergique sous ce rapport que la lumière électrique. Les pâles lueurs des tubes de Geissler, malgré leur faible intensité, sont surtout remarquables par leur activité extraordinaire : elles se prêtent merveilleusement à une foule d'expériences difficiles à réaliser avec les rayons solaires.

Toutes les matières phosphorescentes introduites dans des tubes de Geissler s'illuminent très vivement pendant le passage des étincelles d'induction, et continuent à briller d'un grand éclat quand le flux électrique a cessé de traverser les appareils. M. Becquerel a souvent eu recours à ce procédé dans le cours de ses recherches : une série de

Fig. 89. — Tubes de Geissler contenant des matières phosphorescentes.

tubes, placés dans le même circuit, permettait de comparer aisément leurs différentes colorations et d'évaluer la durée relative de l'émission lumineuse. La figure 89 montre la disposition de l'expérience : les tubes, assujettis sur un même support, communiquent entre eux par des fils métalliques et reçoivent par les conducteurs M, N, le courant d'une bobine d'induction.

D'autres fois enfin, on produit des jeux de lumière extrêmement curieux en faisant entrer diverses espèces de verre dans la construction des tubes de Geissler : le cristal, le verre d'urane, le verre ordinaire même, habilement travaillés, se colorent par fluorescence et ajoutent leurs vives nuances aux effets déjà si merveilleux de ces lueurs électriques.

XI

NATURE DE LA LUMIÈRE

Hypothèse de Newton. — Système de l'émission. — Idées de Descartes. — Théorie des ondulations. — Comparaison de la lumière et du son. — Notions sur les phénomènes acoustiques. — Vibrations des corps sonores. — Qualités du son. — Propagation du son dans l'air. — Interférence des sons. — La lumière est le résultat d'un mouvement vibratoire. — Expérience de Grimaldi. — Expérience de Fresnel. — Longueur d'onde des divers rayons lumineux. — Explication des couleurs. — Cause de la phosphorescence. — Réflexion et réfraction de lumière.

Nous venons de faire une étude pour ainsi dire empirique des principales propriétés de la lumière : nous sommes loin, cependant, d'avoir épuisé la longue série des importants phénomènes de l'optique. Mais avant de nous engager plus avant dans cette étude, nous devons faire une halte et nous demander quelle est la cause d'où dérivent ces manifestations si diverses d'un même agent ; nous apprendrons ainsi à coordonner les connaissances déjà acquises, et nous pourrons aborder avec plus de profit la description des faits qui nous restent à examiner.

Qu'est-ce que la lumière ? Où est le moteur qui lui fait franchir des milliers de lieues avec une incroyable vitesse ? Comment s'établit cette communication merveilleuse entre les êtres qui voient et la nature qu'ils contemplent ? Quelle est la cause de ces couleurs si diverses dont se parent les objets éclairés ? Toutes ces questions devaient nécessairement se présenter à l'esprit des physiciens. L'optique expérimentale était à peine créée que l'on voit naître divers systèmes destinés à expliquer la nature de la lumière; les deux plus célèbres, ceux qui se sont partagé tour à tour la faveur des savants, sont le système de l'émission et celui des ondulations.

Le premier, imaginé par Newton et défendu par son auteur avec un immense talent, s'impose pendant plus d'un siècle à la science comme une vérité acquise; mais il ne devait pas résister longtemps au contrôle de l'expérience. On peut même dire que la théorie de Newton fut un grand malheur pour la science; elle lui fit un tort qu'un homme de génie seul pouvait rendre aussi grand. L'autorité de son nom, en protégeant ses œuvres contre toute critique, retarda longtemps l'admission définitive de la seconde théorie qui devait être le point de départ des plus importantes découvertes de notre époque.

Le système de l'émission suppose que les corps lumineux lancent dans toutes les directions une masse énorme de molécules lumineuses, semblables à de petits projectiles animés d'une prodigieuse vitesse. Ainsi, quand nous regardons le soleil, les molécules qui nous frappent seraient sorties de la matière même de l'astre huit minutes et quelques secondes auparavant, et auraient franchi dans cet intervalle les 40 millions de lieues qui nous séparent de lui. Ces particules peuvent, d'ailleurs, être très éloignées les unes des autres. On se rappelle en effet que l'impression produite par la lumière persiste dans notre œil pendant un dixième de seconde; il suffit, par conséquent, d'admettre la présence de 10 molécules lumineuses dans un espace de 77 000 lieues pour expliquer la continuité de l'impression. Cette hypothèse était nécessaire pour montrer comment les rayons peuvent s'entre-croiser sans se gêner mutuellement dans leur marche.

Dans la théorie de Newton, la diversité des couleurs résulterait de la dimension des particules. La réflexion serait analogue à celle des corps élastiques arrêtés par un obstacle. Enfin, la réfraction suppose que les milieux transparents laissent entre leurs molécules des espaces vides assez grands pour laisser passer librement les projectiles lumineux. Il faut admettre de plus, pour expliquer la déviation des rayons réfractés, une puissance attractive de la matière dont sont formés ces milieux sur les particules lumineuses en mouvement.

La théorie des ondulations rejette, au contraire, toute idée de mouvement de translation dans la matière lumineuse; pour elle, la lumière se propage par un mouvement de *vibration*, se communiquant de proche en proche avec une grande vitesse dans une substance, très subtile, uniformément répandue dans l'univers, à laquelle on donne le nom d'*éther*.

Ce médium, indispensable à la propagation de la lumière, nous ne pouvons, sans doute, ni le voir, ni le toucher; son existence est pourtant indiscutable, elle s'impose à nous par l'observation de tous les phénomènes placés sous sa dépendance.

L'éther enveloppe les corps et s'insinue dans leurs interstices; il est composé d'atomes qui se choquent les uns les autres et qui choquent les corps voisins; il forme ainsi un milieu universel qui exerce une pression incessante sur les molécules de la matière ordinaire et engendre par ses mouvements non seulement les phénomènes lumineux, mais probablement aussi toutes les actions physiques qui se manifestent dans la nature. L'éther est pour la lumière ce que l'air est pour le son, c'est-à-dire le véhicule nécessaire à sa transmission.

On trouve dans les œuvres de Descartes la première ébauche de cette théorie : « Les objets visibles, dit-il, ainsi que les yeux, par lesquels ils doivent être aperçus, sont toujours plongés dans un fluide qui s'étend sans interruption des uns aux autres. Cette matière intermédiaire est susceptible d'une espèce de mouvement qui lui est propre, et qui ne peut être senti qu'au fond de l'œil, de même qu'il ne peut être excité que par des corps flamboyants ou comme tels. Dès qu'elle est agitée de cette manière, l'organe placé en quelque endroit que ce soit de la sphère d'activité ne manque pas d'en être affecté, et à cette occasion l'âme aperçoit et juge à une certaine distance, et dans la direction du mouvement qui a fait impression, l'objet qui en est la cause. »

Les idées de Descartes, bien qu'antérieures de plus d'un demi-siècle à celles de Newton, furent rapidement oubliées ; c'est qu'elles avaient pour base de simples spéculations philosophiques où l'imagination jouait un plus grand rôle que l'observation et la critique des faits. En présence des arguments opposés par le génie inventif de Newton, elles furent bientôt classées au rang des conceptions poétiques, incapables d'apporter quelque clarté dans le domaine de la science.

Cependant, Newton ne tarda pas à rencontrer de puissants adversaires ; Euler et Huyghens reprennent l'hypothèse de Descartes en lui donnant une base solide ; les déductions de la théorie, soumises au calcul, font découvrir bientôt de nouveaux phénomènes incompatibles avec le système de l'émission.

Enfin le célèbre Thomas Young eut la gloire de montrer le premier avec quelle simplicité la théorie des ondulations permet de tout expliquer. Les recherches de Young sont continuées en France par Fresnel et Arago, puis plus récemment par MM. Fizeau et Foucault. Tous ces travaux ont eu pour résultat de battre en brèche les idées de Newton qui, aujourd'hui complètement abandonnées, ont définitivement cédé la place à la théorie ondulatoire, une des plus glorieuses conquêtes de l'esprit moderne.

Le mouvement qui produit la lumière est de tous points comparable à celui qui engendre le son : c'est dans l'étude des lois de l'acoustique qu'a pris naissance le système des ondulations ; c'est par une comparaison rigoureuse des phénomènes sonores et lumineux qu'il s'est fortifié. Examinons donc rapidement quelle est la nature du son, celle de la lumière nous apparaîtra ensuite avec plus de netteté.

Tout son a pour origine une agitation particulière du corps sonore, désignée sous le nom de mouvement vibratiore. Une tige élastique d'acier, fixée dans un étau par une de ses extrémités et ébranlée par l'extrémité opposée, offre un exemple très net de ce mode de mouvement; on la voit exécuter autour de sa position primitive une série d'oscillations régulières dont l'amplitude diminue peu à peu.

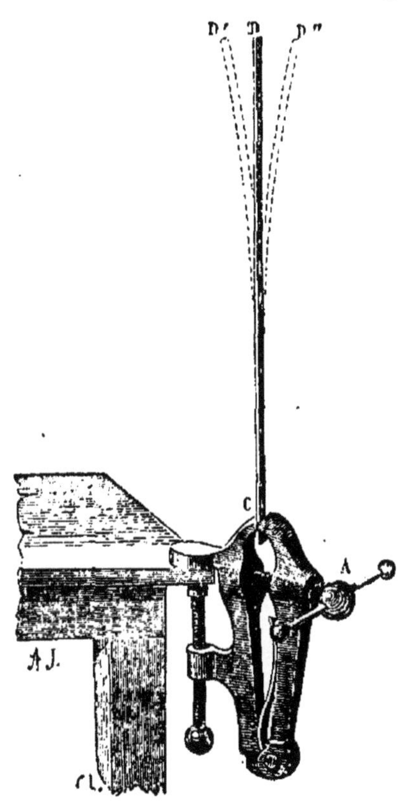

Fig. 90. — Mouvement vibratoire d'une verge d'acier.

Il ne suffit pas cependant qu'une substance élastique soit mise en vibration pour qu'elle engendre nécessairement un son; il faut encore que ce mouvement se produise périodiquement avec une vitesse déterminée et avec une certaine amplitude. Pour la plupart des oreilles un son devient perceptible si le nombre des vibrations est supérieur à trente, et il cesse ordinairement de l'être quand il dépasse 20000.

Rien de plus facile d'ailleurs que de démontrer l'existence de cet état vibratoire, de compter même le nombre de vibrations correspondant à un son donné. La science possède des moyens nombreux de résoudre un pareil problème : le suivant se recommande par sa simplicité.

Supposons que le corps sonore soit un diapason : sous l'influence du moindre ébranlement ses deux branches éprouvent des alternatives d'écart et de resserrement; elles vibrent et produisent un son musical. Un crayon léger, fixé sur l'une des branches, en partagera nécessairement tous les mouvements, et si la pointe du crayon effleure légèrement la surface d'une feuille de papier immobile, elle y tracera une ligne noire perpendiculaire à la branche du diapason. Si, au contraire, on donnait à la feuille de papier un mouvement uniforme de translation parallèle à l'axe du diapason pendant que celui-ci est en repos, le crayon tracerait encore une ligne droite, perpendiculaire à la première, il continuerait à écrire tant que le papier défilerait au-dessous de lui.

Enfin, si en même temps que le papier se meut le diapason est lui-même en vibration, la traînée rectiligne sera remplacée par une courbe sinueuse, à replis serpentants,

Fig. 91. — Tracé graphique des vibrations d'un diapason.

dont l'allure représentera fidèlement toutes les phases du mouvement sonore. A chaque vibration correspondra une sinuosité; celles-ci se presseront les unes contre les autres à mesure que les vibrations deviendront plus rapides; et, si l'on connaît la vitesse de translation du papier, on pourra sans peine, en comptant le nombre des sinuosités, en déduire celui des vibrations elles-mêmes.

On distingue dans les sons trois qualités fondamentales désignées sous les noms de hauteur, d'intensité et de timbre. Nous nous faisons tous une idée des sensations particulières qui correspondent à chacune de ces qualités; mais rien dans nos sensations ne nous indique leur origine; la science démontre qu'elles sont intimement liées à certaines particularités du mouvement sonore. L'intensité d'un son dépend de l'étendue de ce mouvement; son acuité est en rapport avec le nombre des vibrations. Ces faits peuvent être mis en évidence par une foule de méthodes dont la description serait hors de propos.

Divers sons peuvent présenter, quant à leur acuité, toutes les relations imaginables; arrêtons-nous seulement à un des cas les plus simples, celui où deux sons correspondent à des nombres de vibrations variant du simple au double : l'oreille perçoit alors deux sensations liées entre elles par une certaine analogie; elle entend la même note avec des acuités différentes; on dit alors que les deux sons sont à l'*octave* l'un de l'autre.

Entre le plus grave et le plus aigu on peut évidemment en intercaler une infinité d'autres, en faisant varier progressivement le nombre de leurs vibrations. Cet ensemble ou plutôt cette succession de notes formera une *gamme.*

Ainsi, au point de vue physique, une gamme comprend une série de sons illimités; mais comme notre oreille ne perçoit avec netteté que des sons assez différents les uns des autres, les musiciens ont composé leur gamme de sept notes principales auxquelles s'ajoutent des notes intermédiaires formées par les dièzes et les bémols.

Le timbre a son origine dans des conditions un peu plus compliquées; il constitue cette qualité particulière du son qui nous fait distinguer les uns des autres les divers instruments de musique. Une même note prend des caractères essentiellement différents selon qu'elle est produite par un piano, par un tuyau d'orgue ou par une clarinette, selon qu'elle est chantée par une voie d'homme, de femme ou d'enfant. Les sons des différentes voyelles, chantées sur le même ton ne sont que les timbres variés d'une même note fondamentale.

Quand on écoute avec attention un son un peu grave

produit par un instrument de musique, on ne tarde pas à percevoir, au-dessus de la note principale, d'autres sons plus aigus, souvent nombreux et d'une intensité variable. Une corde de piano, par exemple, faisant entendre un ut émet en même temps son octave aiguë, puis le sol de cette même octave, auquel s'ajoute l'ut suivant, puis encore les notes mi, sol, si bémol, ut et enfin presque toutes les notes d'une gamme supérieure. Une oreille exercée parvient dans certains cas à démêler 15 ou 20 sons partiels dans un son en apparence unique.

Examinés à ce point de vue, tous les sons de la nature sont plus ou moins compliqués, ils sont formés de notes élémentaires superposées au son fondamental ; on donne le nom d'*harmoniques* à ces sons additionnels. L'expérience démontre que les instruments de timbre différent doivent leur caractère propre à la présence constante d'harmoniques déterminés, variables avec la nature de l'instrument. Quand leur superposition constitue un assemblage de notes harmonieuses, le timbre possède un cachet particulièrement agréable ; il devient dur et strident quand les sons élémentaires sont en dissonance avec la note fondamentale. Enfin, dans quelques cas assez rares, les harmoniques manquent complètement ou s'effacent à cause de leur faiblesse ; le timbre, alors très doux, manque d'éclat et de mordant.

Telles sont les conditions essentielles qui se rattachent aux mouvements des corps sonores, mais ces données ne nous suffisent pas encore pour comprendre la production du son. Les fonctions de l'oreille s'exercent à une distance souvent considérable de la source sonore, il nous reste à expliquer par quel mécanisme s'effectue la transmission du mouvement vibratoire jusqu'à l'organe de l'audition. Nous avons à peine besoin de dire que dans les conditions ordinaires, c'est à l'air qu'est confiée cette mission ; le son ne se propage qu'à la condition d'avoir pour véhicule un milieu pondérable.

Peu de personnes ignorent cette expérience fondamentale d'acoustique démontrant l'influence de l'air sur la transmission du son : un timbre, frappé par un marteau mis en mouvement par un appareil d'horlogerie, est placé sous le récipient d'une machine pneumatique; le son se fait entendre distinctement tant que la chose contient de l'air, mais dès que ce gaz a été complètement extrait du récipient, le marteau tombe silencieusement sur le timbre, sans engendrer le moindre bruit. Examinons rapidement quel est le rôle de l'air pendant cette transmission.

Un phénomène bien vulgaire va nous en expliquer le mécanisme. Qui ne s'est bien des fois amusé à suivre à la surface d'une nappe d'eau ces ondulations mobiles, provoquées par le plus léger ébranlement? Quand on les examine avec attention on ne tarde pas à reconnaître dans ces mouvements si capricieux un ordre et une simplicité remarquables. On voit naître les ondes, autour du point ébranlé, sous la forme d'une série de cercles concentriques alternativement élevés et déprimés, cheminant régulièrement les uns à la suite des autres jusqu'à ce qu'un obstacle vienne modifier leur marche.

En observant de plus près le phénomène on constate que, pendant la propagation de ce mouvement ondulatoire, la masse liquide elle-même est dans un repos relatif; tout se passe pour elle dans des déplacements verticaux très peu étendus, pendant que les ondulations parcourent une distance infinie. Un petit flotteur de papier ou de liège occupe tantôt le sommet d'une crête, tantôt le fond d'une ride, sans éprouver aucun déplacement de translation. Il y a, en un mot, propagation d'une forme sans transport de la substance qui constitue les ondes. On appelle *longueur d'onde* la distance qui sépare deux éminences ou deux dépressions consécutives.

Le son se propage au sein de l'air par un mécanisme analogue : le corps sonore frappe l'air de chocs répétés et chacun d'eux est transmis de proche en proche à toutes les couches environnantes, jusqu'à l'oreille qui transforme ces pulsations en sensation auditive.

Tant qu'aucune cause ne vient entraver ses mouvements réguliers, l'onde sonore progresse en s'agrandissant sans cesse, mais dès qu'elle rencontre un obstacle, des phénomènes nouveaux se manifestent. Le mouvement, arrêté dans sa marche, rebrousse chemin en partie; il se réfléchit d'après les mêmes lois que la lumière et engendre le phénomène si connu des échos. Cette réflexion du mouvement vibratoire sonore se produit également dans des ondulations d'une masse liquide; on les voit revenir sur leurs pas quand elles se heurtent contre une surface résistante et s'entre-croiser avec les ondes directes sans gêner leur propagation.

Cette digression, déjà bien longue, dans le domaine de l'acoustique, pourra paraître hors de propos dans une étude relative à la lumière; nous ne tarderons pas à voir, cependant, chacun des faits énoncés ci-dessus trouver sa place dans la théorie des ondulations lumineuses. Qu'on nous permette encore, avant d'abandonner ce sujet, d'appeler l'attention sur quelques faits d'une importance capitale au point de vue qui nous occupe, car ils sont une conséquence nécessaire de tout mouvement vibratoire. Sur leur observation repose tout entière la découverte de la nature de la lumière. Nous voulons parler des phénomènes d'interférence : étudions-les rapidement dans ce qu'ils ont de plus essentiel.

Tout mouvement peut être détruit lorsqu'on lui oppose un autre mouvement directement opposé et de même intensité. Deux billes de billard, par exemple, de même masse, lancées l'une vers l'autre avec des vitesses égales, s'arrêteront brusquement en se rencontrant; à leur mouvement aura succédé le repos. Nous n'avons pas à rechercher ici ce qu'est devenu ce mouvement détruit, la physique nous enseigne qu'il est simplement transformé et qu'on le retrouve intégralement sous des formes nouvelles. Il nous suffit de constater sa disparition. Peu nous importent les produits de sa métamorphose.

Puisque le son est le résultat d'un mouvement particulier, on doit se demander ce qui arrivera lorsqu'à un mouvement sonore on opposera un autre mouvement de même nature et de sens opposé. La théorie indique évidemment qu'il doit être détruit et conduit à cette conclusion remarquable que deux corps sonores, en ajoutant leurs effets, peuvent, dans certains cas, produire le silence. Pour si paradoxale que puisse paraître cette déduction, elle n'en est pas moins rigoureuse : ce que la théorie fait prévoir, l'expérience le vérifie.

La science possède bien des moyens de démontrer ce fait intéressant ; nous citerons seulement une belle expé-

Fig. 92. — Expérience de M. Lissajoux sur l'interférence des sons.

rience de M. Lissajoux qui le met en évidence d'une manière simple et saisissante. La source sonore dont il fait usage est une plaque de métal, circulaire ou rectangulaire, fixée par son centre sur un support de bois. Quand on promène un archet sur le bord d'une pareille plaque, elle entre en vibration, et fait entendre un son musical. Si de plus on répand du sable fin à sa surface, on le voit sautiller d'abord, puis se réunir sur des lignes très nettes qui la partagent en un nombre toujours pair de secteurs égaux. Ces lignes sont évidemment des lieux de repos, puisque le sable y reste stationnaire. Les secteurs sont, au contraire, des centres de vibration, puisque le sable qui les recouvrait a été violemment projeté.

Or, on ne peut concevoir le mouvement vibratoire de deux secteurs consécutifs qu'en admettant que l'un s'abaisse pendant que l'autre s'élève, les lignes fixes jouant, pour ainsi dire, le rôle de charnières. Ainsi, deux secteurs voisins impriment à l'air ambiant des mouvements inverses. Pendant que l'un comprime l'air situé au-dessus de la plaque, l'autre le dilate, et la combinaison de ces deux effets contraires doit avoir pour résultat de détruire, en partie au moins, le mouvement ondulatoire et de diminuer l'intensité du son : c'est effectivement ce qui arrive. Il suffit, pour s'en convaincre, de recouvrir simplement avec les mains deux secteurs alternatifs pour augmenter d'une manière très notable l'intensité du son.

Ainsi, en sacrifiant une partie des vibrations on rend celles qui restent plus efficaces, ce qui démontre l'exactitude du principe énoncé plus haut. Toutes les fois que deux mouvements vibratoires se superposent ainsi, on dit qu'ils *interfèrent* et on appelle *interférences* les phénomènes qui en résultent.

Les faits de cet ordre sont beaucoup plus communs qu'on ne saurait le croire; ils prennent naissance dans une foule de circonstances et se produisent à chaque instant autour de nous. Dans un orchestre, par exemple, deux instruments voisins se nuisent très souvent, en agissant l'un sur l'autre par interférence, et ce n'est pas un des moindres talents du chef de savoir donner à chacun de ses musiciens la place la plus convenable pour ne rien perdre de l'effet qu'il veut produire.

Revenons maintenant à la lumière et voyons quels sont les faits qui militent en faveur de la théorie ondulatoire. L'expérience fondamentale qui a servi de point de départ et de base à tout le système est due à un physicien de Bologne, le père Grimaldi, qui publia ses recherches en 1665, au moment où la théorie de Newton régnait en souveraine dans la science.

Ayant dirigé deux minces filets de lumière dans une chambre obscure, à travers deux ouvertures très petites et très rapprochées l'une de l'autre, il remarqua que les images du soleil, reçues sur un écran blanc, présentaient un aspect tout à fait anormal. Au lieu de les voir nettement limitées sur leurs contours, comme on devait s'y attendre, il observa une série d'anneaux circulaires, alternativement clairs et sombres, correspondant à chacune des ouvertures. De plus, les deux séries de cercles concentriques étaient coupées par trois systèmes de bandes rectilignes, serrées les unes contre les autres, présentant également une succession d'obscurité et d'éclat. Toutes ces *franges* (c'est le nom qu'on leur donne) possèdent de brillantes couleurs irisées lorsqu'on fait usage de la lumière blanche du soleil; elles deviennent absolument noires par l'emploi d'une lumière homogène transmise par un verre rouge. Enfin, c'est là le point essentiel de l'expérience, les franges rectilignes disparaissent aussitôt qu'on bouche une des. ouvertures.

L'apparition de ces bandes noires par l'addition de nouveaux rayons lumineux était faite pour exciter vivement l'attention d'un physicien exercé; aussi n'est-ce pas sans un profond étonnement que le monde savant accueillit cette proposition en apparence paradoxale, formulée par Grimaldi : « De la lumière ajoutée à de la lumière produit en certains cas de l'obscurité. »

Grimaldi venait d'observer un fait très important, mais il ne sut pas l'expliquer. Il constate que le phénomène est sous la dépendance de l'action mutuelle de deux rayons voisins ; là s'arrête sa découverte. Le docteur Young signala le premier la cause de cette curieuse expérience : il fit voir que la théorie des ondes était seule capable d'en donner l'interprétation et il n'hésita pas à attribuer l'apparition des franges obscures à la destruction du mouvement vibratoire lumineux par un autre mouvement superposé au premier dans une phase convenable. Après lui, l'illustre Fresnel étudia de nouveau la question, compléta la théorie ébauchée par Young et en donna une démonstration éclatante par une mémorable expérience.

Une condition essentielle est de se procurer deux points lumineux identiques et très voisins l'un de l'autre. Pour réaliser ces conditions, Fresnel fit usage de deux faisceaux, émanés d'une même source et réfléchis par deux miroirs très légèrement inclinés, l'un par rapport à l'autre. En faisant varier convenablement l'angle des miroirs on pouvait rapprocher à volonté les deux faisceaux, de manière à superposer sur un même écran la lumière réfléchie par chacun d'eux.

On observe alors une série de bandes parallèles, alternativement sombres et brillantes quand on opère avec de la

Fig. 93. — Franges d'interférence.

lumière simple ; elles possèdent les nuances du spectre quand on se sert de la lumière blanche. La figure 93 montre l'aspect général du phénomène. Vient-on à intercepter, à l'aide d'un corps opaque, les rayons envoyés par l'un des miroirs, les franges disparaissent aussitôt et l'écran reste uniformément éclairé.

Cette expérience ne peut laisser le moindre doute sur la cause du phénomène. La lumière, comme le son, peut interférer, et si elle interfère, c'est qu'elle est le résultat d'un mouvement vibratoire.

Le mode de production des franges est facile à expliquer en partant de cette théorie. Si un rayon lumineux résulte réellement du mouvement vibratoire du milieu élastique auquel nous avons donné le nom d'*éther*, ce milieu doit être animé, comme l'air qui transmet un son, d'une certaine vitesse dans un sens, pendant la première moitié d'une ondulation, et de la même vitesse en sens contraire pendant la seconde moitié.

Si deux rayons d'intensité égale sont superposés et que l'un soit en retard sur l'autre d'une demi-ondulation, les atomes d'éther resteront immobiles au point de superposition, sollicités qu'ils sont à se mouvoir dans les deux sens. Il y aura donc en ce point absence de mouvement lumineux et, par conséquent, obscurité. Il en serait encore de même, si le retard d'un des rayons était égal à un nombre impair de demi-ondulations. Cette interprétation, appliquée à l'expérience précédente et développée par le calcul, rend compte de toutes les particularités d'un phénomène complètement inexplicable dans l'hypothèse de l'émission.

La découverte de Fresnel devait être féconde en conséquences. Si l'on emploie comme source lumineuse les divers rayons colorés du spectre, l'expérience conserve ses caractères généraux. Une différence essentielle se fait pourtant remarquer : avec les rayons les plus réfrangibles, tels que les rayons bleus ou violets, les franges se resserrent, tandis qu'elles s'élargissent dans la lumière rouge. La figure 94 montre la largeur relative des franges produites par les rayons de diverses couleurs.

On comprend, d'après cela, pourquoi la lumière blanche donne naissance à des bandes irisées ; cette coloration provient de la superposition des phénomènes partiels produits par chaque espèce de rayons.

Fresnel a montré que l'on peut, par des calculs peu compliqués, déduire de la simple largeur des franges la longueur d'onde correspondante aux vibrations des rayons qui les produisent, et ce résultat conduit naturellement à la détermination du nombre des vibrations exécutées dans l'unité de temps.

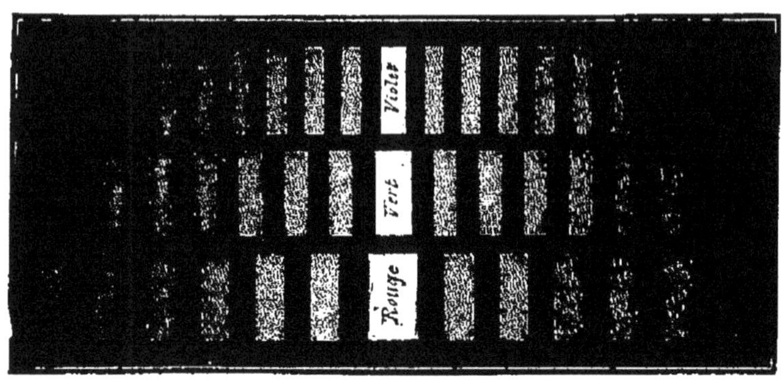

Fig. 94. — Largeur des franges d'interférence produites par la lumière de diverses couleurs.

L'imagination recule épouvantée devant les nombres qui représentent de pareilles quantités. C'est ainsi qu'un rayon rouge n'exécute pas moins de 480 trillions de vibrations en une seconde, et ce chiffre s'élève à 704 trillions pour la lumière violette. Réciproquement la longueur d'ondulation doit être d'une petitesse extrême, c'est par millioniémes de millimètres qu'elle s'évalue ; elle varie de 620 à 423 millioniémes depuis le rouge jusqu'au violet.

Nous voilà bien loin des grandeurs que fournissent les phénomènes sonores : les vibrations acoustiques cessent d'impressionner l'oreille quand leur nombre est supérieur à 20000, tandis que les vibrations lumineuses ne commencent à agir sur l'œil que si leur nombre atteint 480 trillions. Mais qu'importent ces valeurs absolues en présence de mouvements si différents, agissant sur des organes si disparates? Nous allons voir, en effet, sous le rapport de la rapidité du mouvement vibratoire, le son et la lumière présenter la plus grande ressemblance et les analogies se poursuivre jusque dans les moindres détails.

D'après les observations précédentes, la couleur de la lumière doit évidemment être mise en parallèle avec la hauteur des sons; l'une et l'autre sont sous la dépendance du nombre des vibrations. Sous ce rapport, un rayon rouge correspond à un son grave, un rayon violet à un son aigu. La série des nuances spectrales forme une gamme, comme une série de sons échelonnés dans un ordre croissant de rapidité vibratoire.

En comparant, à ce point de vue, les couleurs spectrales avec les notes de la gamme, on arrive même à saisir de curieuses relations, signalées par plusieurs physiciens : ainsi, le rouge, le jaune, le vert, le bleu, le violet, exécutent un nombre de vibrations dont le rapport est le même que celui des notes ut, ré, mi bémol, fa, sol, c'est-à-dire qu'en prenant comme tons fondamentaux acoustique et lumineux l'ut et le rouge, les sons et les couleurs résonneraient comme des intervalles de seconde, de tierce, de quarte et de quinte.

Remarquons en passant que les sons musicaux perceptibles comprennent une étendue de 10 octaves, tandis que la gamme des couleurs extrêmes embasserait seulement une quinte ; sous ce rapport l'oreille est supérieur à l'œil.

N'est-il pas surprenant, en présence de ces analogies, de voir les mots d'*harmonie*, de *gamme*, de *ton*, appliqués de tout temps aux couleurs comme à la musique? Ces expressions, que l'on retrouve dans toutes les langues, dit M. Bertin, feraient croire vraiment que la théorie moderne des vibrations lumineuses n'est pas une science nouvelle, mais une science retrouvée.

Comme le son, la lumière est rarement simple, c'est toujours à l'aide de procédés spéciaux que les physiciens obtiennent des rayons homogènes, tandis que toutes les nuances qui brillent dans la nature sont toujours le résultat d'un mélangede plusieurs couleurs élémentaires, faciles à séparer par l'analyse prismatique. Saurait-on trouver une comparaison plus juste que celle qui rapproche ces couleurs complexes du timbre des différents sons?

Dans chaque nuance on retrouve une couleur principale qui impressionne notre œil comme le fait la note fondamentale d'un son agissant sur notre oreille; c'est elle qui lui imprime son cachet spécial. Quant aux couleurs accessoires, elles apparaissent au second plan, comme les harmoniques sonores, et rendent le ton général agréable ou criard, doux ou sombre, selon qu'elles forment harmonie ou dissonance avec la couleur dominante. Le timbre, on l'a dit avec justesse, est la couleur des sons.

Le spectre solaire n'est pas limité, nous le savons, aux rayons visibles compris entre le rouge et le violet; il s'étale largement, au contraire, à chacune de ses extrémités; nous avons pu y constater la présence d'une radiation ultra-violette douée d'activité chimique et celle d'une radiation infra-rouge remarquable par ses effets calorifiques. Si ces rayons sont incapables d'impressionner notre œil, il faut admettre que leurs vibrations sont trop rapides pour les premiers, trop lentes pour les seconds.

L'acoustique n'offre-t-elle pas des relations du même ordre? Un corps sonore peut vibrer sans affecter notre oreille, mais les vibrations existent comme mouvement et peuvent produire certains effets mécaniques. De même les vibrations ultra-violettes et infra-rouges exercent des actions spéciales qui les mettent en évidence, et leur durée peut être mesurée aussi exactement que celle des vibrations lumineuses.

Pouvons-nous, d'ailleurs, déduire de ce qui se passe dans notre œil ou notre oreille ce qui arrive pour d'autres êtres vivants? Les rayons que nous ressentons comme chaleur, d'autres êtres les perçoivent peut-être comme lumière. Tel mouvement vibratoire trop rapide ou trop lent pour agir sur notre oreille affecte probablement celle de certains animaux; on ne peut guère douter qu'il en soit autrement pour les impressions sonores. Quant aux impressions lumineuses, cette hypothèse a tout au moins quelque vraisemblance.

Les phénomènes de phosphorescence nous offrent des analogies aussi frappantes. Il n'est personne qui n'ait bien souvent remarqué la communication des vibrations d'un corps sonore à un objet placé dans son voisinage. Certains carreaux de vitre frémissent lorsqu'un son musical se fait entendre à côté d'eux. Chose curieuse, tous les sons n'ont pas le privilège d'exciter ce frémissement : il n'est pas rare de trouver réunis dans un salon plusieurs objets répondant chacun à une note déterminée, et devenant silencieux dès que leur note favorite cesse de les provoquer.

D'autres fois, un instrument de musique résonne spontanément sous l'influence de sons émis à ses côtés; que l'on chante avec un peu de force devant les cordes d'un piano, celles-ci vibrent aussitôt et reproduisent avec une surprenante exactitude l'intonation, le timbre même de la voix qui leur parle. On dirait un écho répétant avec leurs mille nuances les sons qui arrivent jusqu'à lui ; mais cet écho ne s'éteint pas subitement; il continue à se faire entendre avec une certaine force, on le suit longtemps encore avant qu'il ne se taise complètement.

L'air est le messager de ces communications invisibles; ses ondulations se transmettent à tous les corps qui l'environnent; beaucoup sont étouffées sur leur route, mais celles qui rencontrent des objets capables de vibrer comme elles leur communiquent une partie de leur mouvement et les transforment en nouvelles sources sonores.

Il en est de même de la lumière : un rayon de soleil tombant sur une matière phosphorescente met en vibration l'éther qu'elle renferme et lui transmet ainsi la propriété d'émettre de la lumière. Tantôt cette émission ne dure qu'un temps très court, elle cesse en même temps que la cause qui la provoque ; d'autres fois, elle se prolonge pendant des heures entières et rappelle par son intensité décroissante les sons qui naissent par influence dans les instruments de musique. Il s'agit ici, bien entendu, de la phosphorescence déterminée par la lumière ; celle qu'engendrent les actions chimiques admet, nous le savons, une tout autre cause.

On peut encore rapprocher la phosphorescence de certains phénomènes calorifiques. On sait qu'un corps, exposé à l'action d'une source calorifique, s'échauffe et devient capable d'émettre à son tour de la chaleur par rayonnement quand il est soustrait à l'influence de cette source. Cette propriété présente avec la phosphorescence la plus étroite analogie. La chaleur est d'ailleurs, comme la lumière, le résultat d'un mouvement vibratoire, et l'on devait s'attendre à retrouver dans ces deux agents des manifestations de même nature.

Il est presque inutile d'ajouter que la réflexion de la lumière trouve une explication aussi simple dans le système ondulatoire que dans celui de l'émission. Quant à la réfraction, il faut admettre, pour la comprendre, que tous les corps transparents sont pénétrés jusque dans leurs parties les plus intimes par le fluide éthéré, capable de vibrer au milieu de la matière solide comme au sein de l'air ou dans le vide le plus parfait. Le fait une fois admis, la réfraction devient une conséquence nécessaire de la propagation vibratoire de la lumière. Le calcul fait prévoir toutes les conditions du phénomène ; il indique en particulier que le passage de la lumière dans les milieux transparents doit ralentir la vitesse de sa propagation.

Cette déduction théorique était en opposition formelle avec l'hypothèse de Newton : celle-ci exigeait, au contraire, qu'un rayon lumineux marchât plus vite dans l'eau que dans le vide. Il y avait donc un immense intérêt à résoudre expérimentalement une pareille question, mais combien de difficultés en apparence insurmontables ! La science a osé cependant aborder le problème. Il était réservé au génie de Foucault d'en donner une solution absolue et de vérifier par une mémorable expérience cette conséquence de la théorie. En montrant que la lumière ralentit sa marche quand elle pénètre dans les milieux transparents, Foucault a porté le dernier coup à une vieille hypothèse qui comptait encore quelques partisans parmi les savants les plus illustres.

XII

LA DIFFRACTION ET LES ANNEAUX COLORÉS

Effet généraux de la diffraction. — Les réseaux. — La parure des animaux. — La diffraction dans l'atmosphère. — Coloration des lames minces. — Les anneaux colorés. — Aperçu théorique de ces phénomènes. — Coloration des lames liquides. — Les bulles de savon.

Nous pouvons maintenant aborder l'examen d'une série de phénomènes fort intéressants, dont l'explication repose tout entière sur les données théoriques précédentes. L'interférence des rayons lumineux ne se produit pas seulement dans les conditions spéciales qui viennent d'être indiquées : dans une foule de circonstances, fréquemment réalisées par la nature, la lumière éprouve de curieuses modifications, toujours accompagnées de brillantes apparitions chromatiques, conséquences nécessaires et prévues du mouvement vibratoire lumineux.

Voici d'abord une expérience bien simple, que chacun peut aisément réaliser : Dans une carte à jouer découpons, par deux traits de canif parallèles, une fente très étroite, d'un quart de millimètre d'épaisseur environ ; plaçons-la verticalement devant un œil et regardons à travers cette mince ouverture la flamme d'une bougie placée devant un fond noir à une distance de 2 à 3 mètres. Nous verrons aussitôt apparaître de chaque côté de la flamme une série de bandes lumineuses colorées des nuances du spectre, d'un éclat de plus en plus faible, à mesure qu'elles s'éloignent de la source. On en compte aisément trois ou quatre de chaque côté ; les plus voisines de la flamme sont nettement isolées, tandis que les suivantes empiètent plus ou moins l'une sur l'autre. Cette apparence est d'autant plus brillante que la fente est plus resserrée et qu'on s'éloigne davantage de la bougie.

On obtient un résultat analogue lorsqu'à la fente étroite on substitue un fil très délié, tendu verticalement devant l'œil : un cheveu, un crin, un fil métallique extrêmement mince, conviennent très bien pour cette expérience, mais l'effet cesse de se produire si le corps opaque acquiert un diamètre plus considérable ; un fil à coudre ordinaire est déjà trop volumineux pour donner de bons résultats ; une ficelle ne produit plus aucun effet appréciable.

On observe encore des actions du même genre lorsqu'on regarde une bougie en clignant fortement les yeux : les cils se comportent alors comme autant de filaments très déliés et des franges lumineuses se montrent autour de la flamme. Un tissu serré, tel qu'un ruban de soie, une plume d'oiseau, une lame de verre recouverte de fines poussières, interposés entre l'œil et une source de lumière, donnent lieu à des apparences analogues. Ce sont tantôt des lignes brillantes de diverses formes, tantôt des spectres éclatants orientés de mille manières ; d'autres fois des cercles irisés rappelant les dispositions de l'arc-en-ciel. Toutes ces apparences, d'une admirable beauté, se produisent par le même mécanisme ; elles sont toutes une conséquence du mouvement vibratoire qui donne naissance à la lumière.

Ces expériences sont, on l'a déjà compris, une modification de celle de Grimaldi, invoquée plus haut pour expliquer la nature de la lumière. On peut engendrer des effets semblables par une foule de procédés différents : il suffit de diriger des rayons lumineux à travers des ouvertures étroites ou contre les bords d'écrans opaques pour donner naissance à des franges alternativement sombres et brillantes, dont la disposition générale rappelle toujours celles que nous venons de décrire. Les physiciens donnent le nom de *diffraction* à ces modifications remarquables, parce que les rayons lumineux semblent se briser ou s'infléchir vers les bords de ces écrans ou de ces ouvertures.

On produit ordinairement les phénomènes de diffraction en introduisant la lumière dans une chambre obscure par un très petit orifice. On remarque alors que l'ombre des corps ainsi éclairés, au lieu d'être nettement limitée, est toujours bordée de franges de diverses nuances. Si, de plus, les corps opaques sont suffisamment déliés, on voit dans l'*intérieur* de l'ombre des bandes alternativement sombres et brillantes, colorées comme les premières.

Les effets de la diffraction sont extrêmement variés; leur étude constitue aujourd'hui une des branches les plus importantes de l'optique. Nous ne saurions, malgré leur intérêt, les examiner tous sans entrer dans des considérations mathématiques trop élevées pour trouver ici leur place. Nous dirons seulement que les travaux de Fresnel en ont indiqué la véritable origine; ils dépendent de l'interférence des rayons lumineux, accompagnée d'un accroissement ou d'une destruction de lumière, selon leur mode de superposition. Nous devons toutefois fixer un instant notre attention sur quelques-uns de ces phénomènes dont l'intervention dans la nature donne souvent naissance à de brillantes manifestations; nous nous bornerons, bien entendu, à une simple description sans entrer dans les considérations théoriques qui s'y rattachent.

Les physiciens donnent le nom de *réseau* à un système de lignes, très fines et équidistantes, tracées sur un corps ordinairement transparent. On les obtient le plus souvent en traçant au diamant, sur une lame de verre, des traits parallèles assez rapprochés pour qu'il y en ait de 30 à 100 dans un seul millimètre; ces traits forment ainsi des intervalles opaques, laissant entre eux des espaces transparents. En plaçant un pareil réseau très près de l'œil et regardant, à travers ses stries, une fente vivement éclairée, on observe un phénomène d'une incomparable beauté.

On voit d'abord, au centre, une image blanche de la fente, nettement circonscrite, et dont l'aspect est le même que si le réseau n'existait pas ; puis, à droite et à gauche de cette image, sont deux espaces égaux complètement obscurs ; au delà de ces deux bandes sombres on distingue une série de spectres très brillants, ayant tous leur violet du côté de la fente. Le premier de ces spectres est séparé du second par une bande noire ; mais le rouge du second se superpose sur le violet du troisième, le rouge du troisième sur le violet du quatrième, et ainsi de suite. Ces spectres sont tellement purs qu'on reconnaît sans peine, surtout dans les premiers, qui sont les plus éclatants et les mieux isolés, les raies de Frauenhofer. Ce phénomène, facile à projeter sur un écran, constitue, sans contredit, une des plus belles expériences d'optique.

On peut varier à l'infini ces merveilleux effets en modifiant la nature du réseau ; si l'on superpose deux réseaux semblables au précédent, de manière à croiser leurs traits, on obtient un système à mailles carrées qui fournit la remarquable apparence représentée fig. 95. Ce sont des spectres très nombreux rayonnant tous autour d'un point central et se multipliant à mesure qu'ils s'éloignent de ce point. Les réseaux à mailles circulaires donnent des images plus compliquées encore et d'une richesse que l'œil ne peut se lasser d'admirer.

C'est à cet ordre de phénomènes qu'il faut rapporter l'expérience citée plus haut, consistant à regarder une bougie au travers des cils abaissés sur les yeux. Dans ce cas seulement, leur espacement irrégulier nuit à la pureté des spectres, qui se trouvent noyés dans une lueur blanchâtre. Les apparences obtenues à l'aide de tissus, de plumes d'oiseau, etc., sont également dues à la même cause.

Les vives couleurs des réseaux se produisent aussi par réflexion à la surface des corps recouverts de stries fines et régulières. Une lame métallique à demi polie brille souvent de reflets irisés, dus à une multitude de petits sillons tracés par la poudre qui a frotté leur surface. L'Anglais Bar-

Fig. 95. — Spectres de diffraction produits par un réseau à mailles carrées.

ton avait mis à profit cette curieuse propriété pour fabriquer des boutons d'habit d'un éclat extraordinaire. Ce sont de simples boutons de métal taillés dont les facettes, parsemées de stries invisibles à l'œil, donnent lieu, par leur habile disposition, à des jeux de lumière d'une grande vivacité; Brewster, dans un élan d'enthousiasme un peu exagéré sans doute, les compare aux feux des plus beaux diamants.

La nature, plus habile que la main de l'homme à travailler la matière, nous offre mille exemples de ces œuvres d'une délicatesse inimitable. Les couleurs chatoyantes de la nacre sont le résultat de stries d'une finesse inouïe provenant de sa structure lamellaire. Cette observation est due à Brewster : ayant fixé par hasard sur du mastic un fragment de nacre polie, il remarqua que l'empreinte laissée par cette substance possédait les mêmes reflets irisés. Il répéta alors l'expérience avec un grand nombre de matières fusibles; toutes les empreintes reproduisirent de vives colorations, à l'intensité près, qui dépendait du pouvoir réflecteur de la substance plastique dont il se servait. L'examen microscopique de la nacre justifie d'ailleurs cette explication; on remarque, en faisant usage d'un puissant grossissement, des stries fines et assez régulières, souvent entre-croisées et dont l'action sur la lumière ne saurait être méconnue.

La même cause intervient encore pour une très large part dans les riches colorations, aux reflets si mobiles, qui décorent les ailes des papillons. Il n'est personne qui n'ait vu s'attacher à ses doigts, après avoir saisi un de ces insectes, une poussière d'une excessive ténuité, dont l'éclat rappelle toutes les nuances de l'iris. Rien d'admirable comme la structure de ces organes infiniment petits : ce sont des écailles microscopiques, fixées dans l'aile par une sorte de canon analogue à celui d'une plume et imbriquées les unes sur les autres comme les tuiles d'un toit. Chacune de ces écailles est semée de stries longitudinales, très fines et très serrées, entre-croisées par une quantité innombrable de petites lignes perpendiculaires aux premières et dont l'ensemble forme un réseau à mailles carrées d'une extrême régularité. L'écartement des stries varie, suivant les espèces, de 8 à 30 dix-millièmes de millimètre; on rencontre même chez certains insectes d'un autre groupe des écailles analogues dont la délicatesse est telle que leurs stries n'atteignent pas un dix-millième de millimètre d'épaisseur. La figure 96 représente,

Fig. 96. Plumules de papillons. — Écailles de Forbicine.

à un très fort grossissement, quelques-unes de ces *plumules* appartenant à diverses espèces de papillons et d'insectes.

Les rayons lumineux, réfléchis par une pareille surface, subissent mille modifications dans leur marche. Les phénomènes de diffraction prennent naissance avec une remarquable intensité; de là ces couleurs vives et chatoyantes qui changent sans cesse, selon l'obliquité de la lumière qui parvient jusqu'à nos yeux.

Nous devons mentionner encore l'éclatante livrée d'un grand nombre d'oiseaux dont les noms seuls rappellent la beauté : c'est surtout chez les plus petits que la nature paraît avoir réuni tous ses efforts pour embellir ses œuvres. Il n'est pas de peinture ni de description capables de donner une idée du merveilleux aspect des colibris ou des oiseaux-mouches. L'un a reçu le nom de rubis-topaze, un autre est appelé grenat, un troisième améthyste. « En désignant sous le nom de *cheveux du soleil* l'inimitable parure de ces petits êtres, les indigènes du Pérou semblent vraiment avoir compris que ces riches nuances sont l'œuvre des rayons de l'astre se jouant dans les mille replis de leurs plumes délicates. » Leurs filaments, d'une finesse extrême, souvent recouverts de stries très rapprochées, décomposent la lumière par diffraction et ajoutent ainsi des reflets d'une excessive mobilité aux couleurs déjà si vives qu'elles réfléchissent par elles-mêmes.

La diffraction manifeste souvent ses effets au sein de notre atmosphère, où elle produit des météores parfois très éclatants. Il n'est pas rare d'observer, par un temps brumeux, autour du soleil ou de la lune, plusieurs cercles concentriques, revêtus des couleurs de l'iris ; on leur donne le nom de *couronnes*. Celles-ci présentent au premier abord une certaine analogie avec les halos, mais un examen attentif ne tarde pas à faire découvrir entre ces deux phénomènes des différences essentielles. Tandis que les halos sont bordés de rouge intérieurement, cette couleur occupe dans les couronnes la région extérieure ; de plus, le diamètre des couronnes n'a rien de constant, il varie de 1 à 4 degrés pour le premier cercle ; celui des halos est, au contraire, absolument invariable.

La présence de fines gouttes d'eau, suspendues dans l'atmosphère, est nécessaire à la production de ce météore comme à celle de l'arc-en-ciel, mais l'action qu'elles exercent sur la lumière est complètement différente.

M. Babinet a formulé le premier une théorie rationnelle des couronnes. Les gouttes d'eau agissent comme des corps opaques interposés entre notre œil et la source lumineuse. A cause de leur ténuité et de leur grand nombre, elles donnent naissance à des effets de diffraction, comme le feraient un grand nombre de petites ouvertures irrégulièrement espacées dans un écran opaque. Les cercles colorés des couronnes sont en réalité des bandes d'interférence, tandis que les vives couleurs de l'arc-en-ciel et des halos sont la conséquence de réfractions et de réflexions multiples.

On produit artificiellement les apparences des couronnes en projetant sur une lame de verre une poussière très fine telle que du lycopode, de la fécule ou toute autre substance pulvérulente; la seule condition essentielle est que le plus grand nombre des grains soient égaux entre eux. Une mince couche de sang, desséchée sur une plaque de verre, réalise parfaitement ces conditions : les globules remplissent alors le rôle de corps opaques. Quand on regarde une bougie à travers une lame ainsi préparée, on observe autour de la flamme trois ou quatre anneaux irisés ayant le violet en dedans et séparés par des intervalles égaux.

De même, la formation des couronnes exige que les gouttelettes d'eau aient toutes à peu près le même diamètre, ou du moins que celles qui sont égales l'emportent de beaucoup par leur nombre sur celles qui sont plus grosses ou plus petites. Il faut donc le concours de circonstances météorologiques déterminées pour préparer l'atmosphère à la production du phénomène. Ces conditions se trouvent assez ordinairement réunies dans les brouillards; tout le monde a pu observer bien des fois l'apparence singulière que prennent les becs de gaz d'une ville quand un brouillard se produit autour d'eux. Chacune des flammes est environnée de plusieurs cercles concentriques vivement colorés, reproduisant sur une petite échelle les apparences grandioses des couronnes.

Il faut rapporter à la même cause quelques observations fort intéressantes, bien faites pour mettre en jeu la superstition des esprits disposés à admettre le surnaturel. Nous avons déjà parlé, à propos de la propagation de la lumière, de la projection sur le ciel de l'ombre des objets terrestres, quand le soleil est peu élevé sur l'horizon ; nous avons vu des figures humaines donner lieu aux mêmes apparences ; la singulière apparition des spectres du Brocken nous en a montré un remarquable exemple.

Il n'est pas rare de voir ces apparitions entourées de circonstances plus merveilleuses encore. Quand le spectateur voit son ombre sur une masse de légères vapeurs nuageuses passant près de lui, non seulement cette image imite tous ses mouvements, mais sa tête est souvent environnée d'une auréole de lumière richement nuancée.

Voici comment Bouguer rend compte d'un phénomène de ce genre dont il fut témoin pendant son voyage au Pérou, sur le sommet du Pambamarca : « Ce qui nous étonna, dit-il, c'est que la tète de l'ombre était ornée d'une auréole formée de trois ou quatre petites couronnes concentriques d'une couleur très vive, chacune avec les mêmes variétés que le premier arc-en-ciel, le rouge étant en dehors. C'était comme une espèce d'apothéose pour chaque spectateur, et je ne dois pas manquer d'avertir que chacun jouit tranquillement du plaisir de se voir orné de toutes ses couronnes, sans rien apercevoir de celles de ses voisins. »

Le dessin de la planche 97 donne une idée de ce singulier météore, désigné sous le nom de cercle d'Ulloa, du nom d'un des compagnons de Bouguer à qui l'on en doit la première description.

Il n'est pas rare d'observer le même phénomène dans les régions supérieures de l'atmosphère pendant les voyages aérostatiques ; nous empruntons à M. Flammarion la relation suivante d'une de ces apparitions :

« Le 15 avril 1868, vers trois heures et demie du soir, nous sortions d'une couche de nuages, lorsque l'ombre du ballon nous est apparue environnée de cercles concentriques colorés, dont la nacelle formait le centre. Elle se détachait admirablement sur un fond jaune blanc. Un premier cercle bleu pâle ceignait ce fond et la nacelle en forme d'anneau. Autour de cet anneau s'en dessinait un second jaunâtre ; puis une zone rouge gris, et enfin, comme cir-

Fig. 97. — Cercle d'Ulloa.

conférence extérieure, un quatrième cercle, violet, et se fondant insensiblement avec la tonalité grise des nuages. On distinguait les plus petits détails : filet, corde de la nacelle, instruments. Chacun de nos gestes était instantanément reproduit par les sosies du spectre aérien. Je lève le

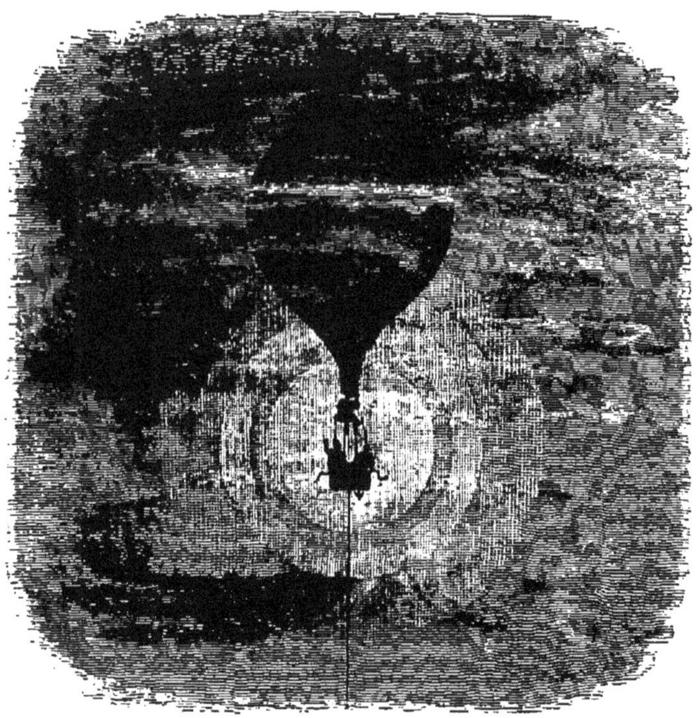

Fig. 98. — Couronnes observées en ballon.

bras par surprise : l'un des spectres aériens lève le sien. Mon aéronaute agite le drapeau français, le pilote de l'aérostat nous présente le même étendard. » La figure 98 représente cette ombre et ces cercles concentriques tels qu'ils se sont offerts aux observateurs placés dans la nacelle.

Ce sont encore les gouttes d'eau suspendues dans l'atmosphère, à l'état de nuages et de brouillards, qui sont la cause de ces singulières auréoles. Le phénomène admet la même explication que celui des couronnes solaires et lunaires. La seule différence consiste en ce que nous l'observons par réflexion sur l'écran aérien placé devant nous, au lieu de le voir par transmission à travers les particules liquides nageant dans l'atmosphère. Une plaque recouverte de lycopode donne, en effet, naissance à des couronnes aussi bien sous l'action des rayons réfléchis que dans la lumière transmise, leur éclat est seulement un peu plus faible.

La diffraction n'est pas seule capable d'engendrer d'aussi brillants effets. Les interférences de la lumière interviennent souvent d'une façon bien différente, pour provoquer de remarquables phénomènes de coloration qui s'ajoutent aux précédents. Il n'est personne qui n'ait joué dans son enfance avec de légères bulles de savon sans admirer leurs vives irisations : le vert, le rouge, le bleu, se jouent dans cette fragile enveloppe ; les couleurs les plus éclatantes disparaissent sans cesse pour faire place à d'autres plus brillantes encore. Quelques mots d'explication sont ici nécessaires pour faire comprendre par quel mécanisme se produisent ces colorations si variées et si puissantes.

Rappelons d'abord qu'un rayon de lumière tombant à la surface d'une lame transparente éprouve plusieurs modifications simultanées. Une portion est réfléchie par la première surface, une autre pénètre en se réfractant dans l'intérieur du milieu transparent. Celle-ci rencontre bientôt la surface inférieure où elle subit un nouveau dédoublement ; une partie traverse définitivement la substance, la seconde se réfléchit et revient sur ses pas, pour ajouter ses effets à ceux de la première portion. C'est ainsi que nous avons expliqué (poge 108) les images multiples formées par un miroir étamé dans lequel on regarde obliquement un objet vivement éclairé.

Ces deux rayons réfléchis cheminent ordinairement côte à côte à une distance d'autant plus grande que la lame est plus épaisse et ils se propagent librement sans réagir l'un sur l'autre. Mais si la lame devient plus mince, ils se rapprochent ; ils finiront même par suivre sensiblement la même route, si l'épaisseur devient infiniment petite. Ils seront alors dans les conditions les plus favorables pour interférer, et selon que leurs mouvements vibratoires seront en concordance ou en discordance, ils produiront un accroissement ou un affaiblissement dans l'intensité lumineuse.

Cette explication a besoin cependant d'être un peu modifiée dans le cas où la lumière incidente est très oblique; l'interférence se produit alors par la superposition de deux rayons réfléchis provenant de deux faisceaux incidents très voisins, mais c'est toujours la même cause qui donne naissance au phénomène. Un exemple fera mieux comprendre comment les choses se passent.

Newton appela le premier l'attention des physiciens sur un fait remarquable dont il découvrit les lois sans en indiquer la véritable cause. Quand on place sur un morceau de verre plan une lentille très légèrement convexe (fig. 99),

Fig. 99. — Anneaux colorés.

on observe, au point de contact, une tache obscure entourée d'un assez grand nombre d'anneaux irisés, dont les couleurs se succèdent toujours dans le même ordre.

Ces nuances sont vives et pures quand elles sont produites par la lumière solaire, directe ou diffusée. Mais, si l'on éclaire l'appareil par une lumière homogène, le phénomène, tout en conservant son caractère général, prend un aspect un peu différent. Toute irisation disparaît alors, les anneaux sont alternativement sombres et brillants, et la couleur de ces derniers est toujours celle des rayons qui les forment.

On remarque enfin que, pour une même lentille, le diamètre des cercles concentriques est un peu plus grand pour la lumière rouge que pour la lumière violette. On donne le nom d'*anneaux colorés* à l'ensemble de ces phénomènes; voici comment on les explique :

C'est dans la mince couche d'air comprise entre le plan et la lentille de verre que prennent naissance les anneaux colorés. Les deux surfaces réfléchissantes sont ici la surface convexe de la lentille et celle de la lame plane sur laquelle elle repose. Quant à la couche d'air, son épaisseur va en augmentant à mesure qu'on s'éloigne du point de contact.

Si nous considérons deux faisceaux incidents voisins du point de contact, on conçoit que le chemin parcouru dans l'air par le rayon qui le traverse deviendra nécessairement égal en un certain point à une demi-ondulation, il interférera donc à sa sortie avec le premier rayon réfléchi et détruira son mouvement. Il en sera de même un peu plus loin, là où la différence de marche sera de trois demi-ondulations, et le même phénomène se reproduira assez loin du centre, tant que les rayons réfléchis capables d'interférer pourront se superposer deux à deux. Quant aux irisations qui se manifestent dans la lumière blanche, elles sont une conséquence nécessaire de l'inégal diamètre des anneaux, correspondant aux différentes couleurs.

Cet aperçu théorique, bien incomplet sans doute, donne une idée de la cause des colorations qui se développent dans les corps transparents réduits en lames d'une grande ténuité : que ces corps soient solides, liquides ou gazeux, les mêmes apparences se manifestent toujours.

Nous venons d'observer le phénomène avec une régularité pour ainsi dire théorique dans une couche d'air d'une épaisseur graduellement croissante; il se produit encore avec éclat en dehors de conditions aussi rigoureuses. Quand on applique l'un sur l'autre deux morceaux de verre plans, il est rare de ne pas apercevoir de vives irisations se déplaçant en changeant de nuance quand on soumet les deux fragments à une compression plus ou moins forte; on ne fait qu'augmenter ou diminuer ainsi l'épaisseur de l'air interposé, ce qui modifie la manière dont naissent les interférences.

Les corps solides fournissent de nombreux exemples de ces colorations; on peut même affirmer que toute substance transparente, susceptible d'être réduite en lame mince, devient, par ce seul fait, apte à provoquer le phénomène. Quand on souffle à la lampe d'émailleur une boule de verre au point de la faire éclater, on obtient une pellicule imperceptible dont les débris brillent des plus vives nuances; le mica, qui se clive avec une extrême facilité, permet également de constater le même fait.

On rencontre fréquemment aussi des objets en verre dont la surface, altérée par le temps, est recouverte d'une mince couche irisée, extrêmement éclatante; cet effet s'observe presque toujours sur les fragments de verre qui sont restés quelque temps enfouis sous le sol.

Les ailes membraneuses de beaucoup d'insectes doivent à leur faible épaisseur leurs riches couleurs; c'est ce qui arrive pour les libellules, vulgairement appelées *demoiselles*, si communes dans le voisinage des eaux. Souvent même, ces effets se combinent avec ceux des réseaux et rehaussent ainsi l'éclat et la variété des tons. Mentionnons encore les écailles des poissons, dont les formes sont ordinairement d'une extrême élégance, et les fils d'araignée, qui atteignent souvent une telle ténuité, qu'il en faudrait, dit-on, plus de quatre cent mille pour former un faisceau d'un diamètre égal à celui d'un cheveu.

Enfin, beaucoup de corps, opaques dans les circonstances ordinaires, deviennent transparents quand ils sont réduits en couches suffisamment ténues, et donnent lieu aux mêmes colorations. Tout le monde a pu remarquer cette belle nuance bleue que possède quelquefois l'acier poli; elle est le résultat d'une oxydation convenablement ménagée de la surface métallique. La pièce d'acier, chauffée à 200 ou 300 degrés au contact de l'air, se recouvre d'une pellicule d'oxyde très mince qui passe tour à tour par une série de tons variés, selon que son épaisseur devient de plus en plus grande. D'abord jaune paille, puis orangée, elle devient bientôt violette, bleue, et enfin verte. Ces colorations, variables avec la température à laquelle elles se produisent, servent de guide dans l'industrie pour apprécier le degré de recuit convenable aux divers instruments d'acier, d'après l'usage auquel ils sont destinés.

Les arts ont cherché à utiliser cette remarquable propriété pour la décoration de certains objets métalliques. On doit à Nobili des recherches intéressantes sur ce sujet; il a obtenu des dépôts irisés d'une très grande beauté en oxydant, par les procédés électro-chimiques, des plaques de divers métaux; il est même parvenu à produire, par des dispositions particulières, d'élégants dessins, remarquables par la vivacité de leurs couleurs.

Les liquides se prêtent mieux encore que les solides à ces curieuses expériences. Une goutte d'huile, placée sur l'eau, s'étale en une mince couche, colorée de brillantes nuances. Ces effets sont plus saisissants encore quand, à la goutte d'huile, on substitue une goutte d'éther; si le liquide est employé en trop grande quantité, il ne produit d'abord aucun résultat; mais sa rapide évaporation ne tarde pas à donner à la couche une épaisseur convenable, et aussitôt apparaissent les couleurs d'interférence qui passent en un clin d'œil par tous les tons imaginables, à mesure que l'éther se dissipe dans l'atmosphère.

Nous avons déjà parlé des bulles de savon; nous pouvons maintenant nous rendre compte de leurs singulières apparences. Newton, en les étudiant avec attention, reconnut que leur coloration obéit aux mêmes lois que celle des anneaux colorés; mais pour observer le phénomène dans ses conditions normales, il fallait en écarter toutes les influences capables de le compliquer.

Quand on gonfle une bulle sans précautions particulières, comme le font les enfants dans leurs jeux, elle reste incolore tant que ses parois conservent une certaine épaisseur. L'enveloppe, distendue peu à peu à mesure que la bulle grossit, devient bientôt assez mince pour se colorer ; on voit d'abord apparaître des reflets rouges, puis du vert, du bleu, du violet. Ces nuances sont d'ailleurs dans une agitation continuelle ; elles se succèdent rapidement l'une à l'autre, se répétant un grand nombre de fois et envahissant la surface de la bulle de la manière la plus irrégulière.

On comprend aisément la cause de cette extrême mobilité : elle est due à des inégalités d'épaisseur de la couche liquide ; l'eau de savon, s'écoulant vers le bas de la

Fig. 100. — Bulle de savon.

bulle, dans un air qui n'est jamais calme, forme à sa surface des nappes irrégulières qui en modifient sans cesse l'épaisseur ; l'eau s'évapore plus rapidement en un point qu'en un autre ; tout concourt, en un mot, pour rompre constamment l'uniformité de la pellicule. La production des couleurs doit nécessairement se ressentir de cette agitation perpétuelle. De là ces changements subits de nuance qui donnent à l'expérience sa principale beauté.

Les choses se passent tout autrement si les bulles sont placées dans un air calme et saturé d'humidité ; Newton les recouvrait d'une cloche de verre immédiatement après leur formation et pouvait ainsi les observer à loisir ; il est préférable de les souffler directement dans une cloche ou dans un ballon, à l'aide d'un tube traversant un bouchon de liège, comme l'indique la fig. 100.

On voit alors les couleurs apparaître par zones horizontales extrêmement régulières, partant du sommet pour s'abaisser graduellement vers la base ; ces zones passent insensiblement par toutes les teintes, à mesure que l'épaisseur de l'enveloppe diminue, jusqu'à ce qu'enfin se montre une tache noire à la partie supérieure ; la bulle est alors trop mince pour résister longtemps et elle ne tarde pas à éclater. Si l'on éclaire l'appareil avec de la lumière simple, les bandes irisées sont remplacées par des zones alternativement noires et lumineuses présentant la même disposition.

Sous cette forme, le phénomène présente, on le voit, les plus grandes analogies avec celui des anneaux colorés ; Newton a démontré qu'ils obéissaient l'un et l'autre aux mêmes lois. Il chercha à les expliquer par une hypothèse fort ingénieuse sans doute et qui a joui pendant longtemps d'une grande faveur, mais elle ne pouvait résister devant la théorie beaucoup plus simple des interférences. Dans le système des ondulations tout s'explique avec une merveilleuse facilité ; toutes ces brillantes manifestations sont une conséquence nécessaire du mouvement vibratoire de la lumière, et cette observation, futile en apparence, ce jeu d'enfant ramené à ses lois naturelles, apporte une éclatante confirmation aux données les plus fondamentales de la science.

XIII

DOUBLE RÉFRACTION. — POLARISATION

Propriétés du spath d'Islande. — Images ordinaire et extraordinaire. — Section principale. — Axe optique. — Double réfraction du verre comprimé. — Expérience d'Huyghens. — Prisme de Nicol. — Polarisation de la lumière. — Notions théoriques. — Découverte de Malus. — Polarisation par réflexion. — Polarisation de l'atmosphère. — Appareils de polarisation. — Colorations produites par la lumière polarisée.

Quand un rayon de lumière rencontre la surface polie d'un corps transparent, il éprouve, nous le savons, deux modifications simultanées que nous avons étudiées sous les noms de réfraction et de réflexion. Les lois très simples d'après lesquelles s'effectuent ces deux phénomènes nous ont suffi jusqu'à présent pour expliquer les faits si nombreux et si variés qui se sont présentés à nous, mais il est des cas où ces lois semblent complètement en défaut. La lumière la plus vive devient, dans certaines circonstances, incapable de se réfléchir sur la surface la mieux polie ou de traverser le milieu le plus transparent. D'autres fois un rayon se bifurque en pénétrant dans une substance diaphane et les deux faisceaux résultant de ce dédoublement, définitivement séparés, possèdent des allures toutes spéciales.

Ces propriétés nouvelles, dont rien ne nous a encore révélé l'existence, forment deux chapitres importants de l'optique ; les physiciens les étudient sous les noms de *polarisation* et de *double réfraction*. La théorie en est trop compliquée pour que nous puissions l'aborder ici dans tous ses détails ; nous allons seulement essayer de décrire brièvement quelques-uns des phénomènes qui en dérivent.

Vers la fin du dix-septième siècle, un voyageur revenant d'Islande rapporta à Copenhague de magnifiques cristaux d'une substance naturelle qu'il remit à un physicien des plus distingués de l'époque, Erasme Bartholin. Cette substance, connue sous le nom de spath, n'était autre chose que du carbonate de chaux, cristallisé en volumineux fragments, ayant tous la même forme et limités par des faces losangiques d'une grande régularité ; ces cristaux ont reçu des minéralogistes le nom de Rhomboèdres.

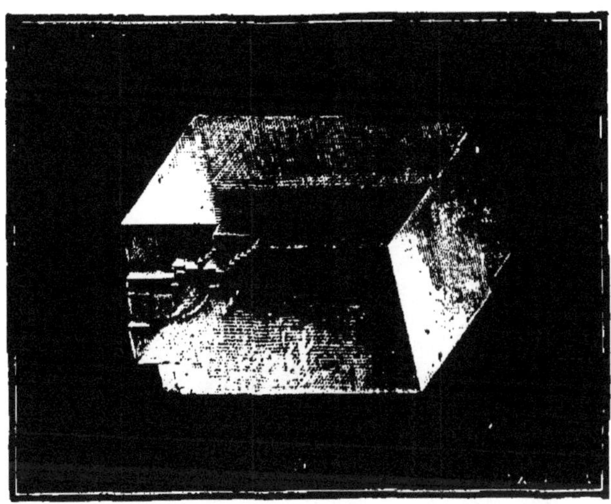

Fig. 101. — Échantillon de spath d'Islande.

Leur limpidité parfaite inspira à Bartholin l'idée de les utiliser pour l'étude de la réfraction, dont les lois étaient mal établies ; quelle ne fut pas sa surprise lorsqu'il vit un rayon lumineux se dédoubler en les traversant ! Il venait de découvrir la *double réfraction*, un des phénomènes les plus intéressants de l'optique.

Les expériences de Bartholin furent aussitôt répétées par tous les savants de l'Europe ; on ne tarda pas à constater cette curieuse propriété du spath, à des degrés divers, dans un grand nombre de substances cristallisées naturelles ou artificielles, et l'on reconnut qu'elle était liée à leur forme cristalline. Les corps qui la possèdent sont même beaucoup plus nombreux que ceux qui en sont dépourvus. A l'exception des corps, tels que le verre, qui ont subi la fusion, ou de ceux dont la forme cristalline peut être rapportée au cube, tous les autres sont doués de la double réfraction. Parmi les premiers, nous citerons le diamant, le rubis, le sel gemme, l'alun; parmi les seconds, le corindon, l'émeraude, le quartz ou cristal de roche, la tourmaline, la glace, la topaze, le mica, le soufre, etc.

Le spath d'Islande est cependant resté le type des substances biréfringentes. Son abondance dans la nature, le volume énorme de ses cristaux et leur transparence parfaite expliquent assez ce privilège dont il jouit aux yeux des physiciens.

Rien n'est d'ailleurs plus facile que de reproduire avec

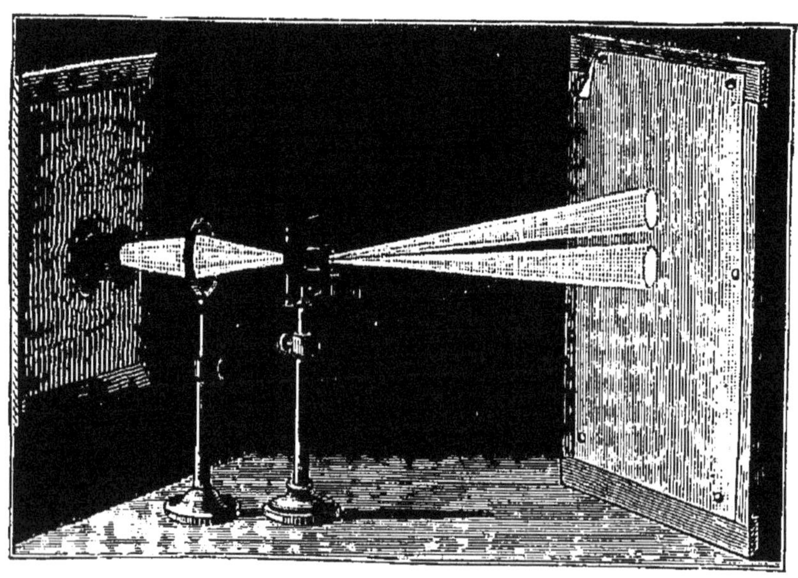

Fig. 102. — Projection des phénomènes de double réfraction.

le spath les expériences fondamentales de la double réfraction. Prenons un cristal un peu épais et plaçons-le sur une feuille de papier blanc portant un petit point noir; ce point, vu à travers le cristal, paraît double, et les deux images sont d'autant plus écartées l'une de l'autre que le cristal est plus épais. On obtient le même résultat en plaçant le spath sur une feuille imprimée; tous les caractères sont doublés, mais dans ce cas leurs images sont ordinairement superposées en partie. On peut encore placer le cristal devant l'œil et regarder un point lumineux, tel qu'une bougie, placée à quelques mètres de distance. On voit alors distinctement deux bougies, plus ou moins écartées l'une de l'autre selon les conditions de l'expérience.

Enfin, un procédé d'observation plus commode encore consiste à recevoir sur la substance biréfringente un faisceau lumineux introduit dans une chambre obscure par une petite ouverture; les rayons, dédoublés à leur émergence, sont ensuite recueillis par une lentille qui projette sur un écran deux images nettes de l'ouverture. La fig. 102 montre la disposition de l'expérience.

Arrêtons-nous un instant sur ces curieux phénomènes. Reprenons le petit point noir tracé sur un fond blanc : si nous faisons tourner le cristal sur lui-même, nous remarquerons qu'une des deux images reste complètement immobile pendant que la seconde décrit un cercle autour de la première. Il existe donc une différence essentielle entre ces deux images : le cristal ayant ses deux faces parallèles, il est évident que celle qui est immobile obéit aux lois ordinaires de la réfraction, tout se passe pour elle comme si le spath était un simple morceau de verre; on lui a donné, pour cette raison, le nom d'*image ordinaire*. Quant à la seconde, elle est formée par des rayons qui n'obéissent plus aux lois de la réflexion simple; on l'appelle *image extraordinaire*.

Remplaçons maintenant notre point noir par une petite ligne (fig. 103), et recommençons l'expérience; les mêmes faits se reproduiront encore, mais on remarquera de plus que, pour certaines positions du cristal, les deux images sont exactement sur le prolongement l'une de l'autre. En examinant alors les situations relatives du cristal et des images, on reconnaît que cette coïncidence correspond toujours au cas où la ligne des deux images est dans la direction de la petite diagonale du losange

Fig. 105. — Double réfraction du spath d'Islande (section principale).

qui forme la face supérieure du cristal. Un plan vertical passant par cette direction jouit de la propriété remarquable de contenir à la fois les deux images ; on donne à ce plan le nom de *section principale*.

Voilà ce qui se passe dans un cristal naturel dont on n'a pas altéré la forme géométrique; mais on peut encore tailler la substance de bien des manières et obtenir ainsi des faces artificielles, orientées de toutes les façons imaginables. En suivant la marche de la lumière dans un spath ainsi transformé, on observe généralement encore la même bifurcation des rayons qui le traversent. Le rayon ordinaire suit toujours les lois de la réfraction simple, le second a toujours une marche beaucoup plus compliquée. Mais il est un cas fort intéressant qui mérite d'être signalé.

Les six losanges qui forment les faces d'un cristal naturel possèdent chacun deux angles aigus et deux angles obtus; l'intersection de ces six faces produit nécessairement six sommets, comprenant chacun trois de ces angles. Or, parmi ces sommets, il en est deux, opposés l'un à l'autre, constitués par trois angles obtus égaux entre eux. Enfin, on peut concevoir une ligne droite traversant le cristal et réunissant ces deux sommets égaux; cette ligne se nomme *axe* du cristal.

Taillons maintenant deux faces artificielles, perpendiculaires à cet axe, et observons la marche d'un rayon lumineux suivant cette direction. Dans ce cas, le rayon ne se bifurque plus. Un point lumineux, vu à travers un spath ainsi taillé, apparaît simple, pourvu que la lumière tombe normalement sur le cristal. Cette direction privilégiée se distingue donc par l'absence des propriétés biréfringentes. De là le nom d'*axe optique* sous lequel on la désigne.

Quelle peut être la cause de ces singulières propriétés? N'est-il pas surprenant de voir une substance, aussi pure et aussi limpide que le spath, imprimer à la lumière des modifications si curieuses? Tous ces phénomènes sont dus à la structure particulière des cristaux, à un véritable défaut d'homogénéité de leur substance. Les molécules qui les forment sont plus rapprochées dans certaines directions, plus éloignées dans d'autres. Ce fait est attesté par un grand nombre d'observations et l'acoustique peut encore ici nous aider de ses lumières.

Savart, en faisant vibrer des plaques de quartz, taillées dans divers sens dans des cristaux volumineux, remarqua que du sable fin, projeté à leur surface, y dessinait des lignes nodales de formes très différentes selon que les plaques étaient perpendiculaires, parallèles ou obliques à l'axe, et il en conclut que l'élasticité n'était pas la même dans ces diverses directions.

Plus tard, M. de Sennarmont démontra que la conductibilité pour la chaleur et l'électricité était soumise à des anomalies du même ordre. Enfin la manière dont les cristaux se dilatent offre des différences analogues : pour le spath d'Islande, par exemple, la dilatation suivant la petite diagonale est plus grande que dans toutes les autres directions.

Tous ces faits ne peuvent être expliqués qu'en attribuant à la matière des cristaux biréfringents des condensations inégales dans les différents sens, et cette simple hypothèse suffit à les comprendre tous. Il faut seulement admettre en même temps, comme une conséquence forcée de cet agencement moléculaire, que l'éther qui pénètre leur substance participe lui-même à ces variations de densité. Dès lors la double réfraction n'a plus rien de surprenant, la lumière cheminera avec des vitesses variables selon la résistance du milieu dans lequel elle se propage, et à ces différences de vitesse doivent correspondre des réfractions d'intensité variable.

Il résulte de cette explication qu'une substance, dépourvue de la double réfraction dans son état normal, devra acquérir subitement cette propriété si on la comprime dans une direction seulement. Fresnel a vérifié par l'expérience cette prévision théorique : en soumettant des blocs de verre à une forte pression, il les a rendus momentanément biréfringents ; il leur rendait leurs propriétés optiques primitives en supprimant la compression. Nous allons rencontrer d'ailleurs de nouveaux phénomènes qui contribueront à éclaircir dans l'esprit du lecteur cette question délicate.

Huyghens, en répétant, un siècle après Bartholin, les expériences relatives à la double réfraction, remarqua un fait extrêmement curieux dont il ne comprit pas la portée, mais qui a acquis une grande importance depuis que les travaux de Malus ont groupé autour de lui d'autres phénomènes analogues.

Prenons, comme l'a fait Huyghens, un premier cristal de spath placé sur le trajet d'un rayon solaire ; nous obtiendrons, sur un écran placé à distance, deux images distinctes. Recevons maintenant les deux rayons sur un second cristal semblable au premier ; chacun d'eux se dédoublera à son tour et nous aurons quatre images au lieu de deux.

Jusqu'ici rien d'imprévu dans l'expérience ; elle est d'accord avec les phénomènes déjà décrits de double réfraction.

Mais faisons tourner un des deux rhomboèdres sur lui-même, nous verrons aussitôt deux des images s'affaiblir graduellement, puis s'éteindre et disparaître. Si nous examinons alors la position relative des deux cristaux, nous constaterons que leurs petites diagonales sont ou parallèles ou perpendiculaires entre elles, ce qui revient à dire que leurs sections principales coïncident, ou sont placées à angle droit, l'une par rapport à l'autre.

Entre ces deux positions, qui donnent lieu à l'extinction de deux des images, existent d'ailleurs une foule d'orientations intermédiaires pour lesquelles chacune d'elles passe par tous les degrés d'intensité.

L'expérience de Huyghens donne, on le voit, des résultats assez complexes ; cependant, sans l'approfondir davantage, elle nous montre déjà un fait important : les deux rayons lumineux sortis d'un premier spath ne se comportent plus, par rapport à un second, comme la lumière naturelle ; tantôt ils traversent librement ce dernier, d'autres fois ils refusent de se transmettre ; tout dépend de l'orientation relative des deux cristaux. Cette expérience peut être simplifiée à l'aide d'un ingénieux artifice imaginé par un physicien anglais nommé Nicol. Sous cette nouvelle forme, elle va devenir beaucoup plus facile à saisir.

On désigne sous le nom de *prisme de Nicol* un fragment de spath d'Islande, travaillé de telle façon qu'une des deux images auxquelles il donne naissance puisse seule le traverser. La seconde est éliminée hors du champ de la vision par une réflexion totale, de sorte qu'en regardant au travers de ce cristal on ne voit jamais que l'image extraordinaire. Sauf cette modification, ce prisme conserve d'ailleurs, comme un cristal naturel, toutes ses propriétés fondamentales ; il possède comme lui une section principale coïncidant encore avec la direction des petites diagonales de ses deux faces losangiques.

Un prisme de Nicol est donc, en apparence, dépourvu de la double réfraction ; il se comportera, par rapport à la lumière naturelle, comme un simple morceau de verre. Mais répétons avec deux de ces prismes l'expérience précédente de Huyghens, nous verrons apparaître, sous une forme beaucoup plus simple, les mêmes phénomènes.

Les deux prismes sont-ils l'un au devant de l'autre, de manière que leurs sections principales coïncident, ils agissent comme deux morceaux de verre ordinaire ; la lumière transmise par le premier traverse intégralement le second. Croisons, au contraire, les deux sections principales, la lumière s'éteint aussitôt, le second prisme devient, pour les rayons qui le frappent, aussi opaque qu'un morceau de bois ou de métal. Il n'y a donc pas à en douter, la lumière acquiert, en traversant une substance biréfringente, des propriétés particulières ; on dit qu'elle est *polarisée*.

Voilà une expression qui se présente à nous pour la première fois, nous devons chercher à l'expliquer. Jusqu'à présent, nous nous sommes borné à admettre que la lumière est le résultat d'un mouvement vibratoire ; cette interprétation nous a été imposée par de nombreux phénomènes : mais une vibration peut s'effectuer de deux manières essentiellement différentes. La transmission du son dans l'air, par exemple, se fait par une suite de compressions et de dilatations de la masse gazeuse, et ces mouvements s'exécutent dans le sens même de la propagation. C'est ce qu'on nomme des vibrations longitudinales.

Au contraire, les ondes qui naissent sur une nappe liquide sont perpendiculaires à sa surface, et le mouvement se propage alors dans une direction perpendiculaire à ces ondes ; ces vibrations sont transversales.

Dans lequel de ces deux cas doit-on ranger les vibrations lumineuses ? Ni les interférences, ni aucun des phénomènes que nous avons étudiés ne peuvent répondre à la question; ils trouvent tous une explication aussi facile, qu'on admette l'un ou l'autre de ces modes de mouvement. La polarisation, au contraire, ne peut s'interpréter qu'à la condition d'attribuer le mouvement lumineux aux vibrations transversales de l'éther. La comparaison suivante, empruntée à M. Vundt, aidera à faire comprendre la manière différente dont se comportent ces deux modes de vibrations.

Imaginons qu'on laisse tomber des aiguilles sur un crible dont le fond horizontal porte une série de fentes rectilignes et parallèles entre elles; si les aiguilles ont leurs axes dirigés verticalement, c'est-à-dire perpendiculairement au plan du crible, elles passeront à travers ce dernier, quelle que soit l'orientation des fentes. Si, au contraires, les aiguilles ont leurs axes horizontaux, celles-là seules qui sont parallèles aux fentes traverseront le crible, supposons enfin que les aiguilles soient horizontales et parallèles entre elles, pour une certaine position du crible, elles le traverseront toutes; enfin, il n'y en aura plus une seule qui pourra passer, si on fait tourner le crible d'un angle droit.

Un prisme de Nicol se comporte à l'égard de la lumière comme le crible dont nous venons de parler par rapport aux aiguilles qui se présentent pour le traverser. On doit considérer un faisceau de lumière naturelle comme le résultat de vibrations toujours transversales, mais s'exécutant dans toute sorte de directions, c'est le cas des aiguilles ayant toutes leurs axes horizontaux, mais orientés dans tous les sens.

Quand un pareil rayon rencontre la surface du prisme, perméable seulement aux vibrations dirigées dans un certain plan, celles-là seules qui seront convenablement orientées pourront le traverser, mais il y en aura toujours un certain nombre capable de le faire. Celles-ci, une fois tamisées, conserveront leur direction et resteront toujours parallèles les unes aux autres, de sorte qu'elles ne pourront pénétrer dans le second prisme que s'il leur présente sa surface dans la position qui leur convient, c'est ce qui arrive lorsque les deux sections principales coïncident. Mais, si elles sont en croix, aucune de ces vibrations ne saurait le traverser; elles sont alors dans le cas des aiguilles parallèles entre elles, qui rencontrent les fentes du crible dans une direction perpendiculaire à leur axe.

Cette comparaison grossière donne une idée des phénomènes de polarisation dans la théorie ondulatoire. Malus, à qui l'on doit les premières découvertes relatives à ce sujet, avait essayé de les expliquer par l'hypothèse de l'émission. Il supposait dans les molécules lumineuses l'existence de deux pôles comparables à ceux d'un aimant, et d'après lui la double réfraction avait pour effet d'orienter tous ces pôles dans une direction commune. De là le mot de *polarisation*, qui découle de l'hypothèse qu'il adoptait. Mais les travaux de Fresnel et d'Arago ne tardèrent pas à montrer l'insuffisance de cette explication et leurs ingénieuses expériences donnèrent une base inébranlable à la théorie de la polarisation, telle que nous venons de la présenter.

Nous avons souvent interverti dans ce qui précède l'ordre chronologique des découvertes, afin de mettre mieux en relief les relations naturelles des faits. En réalité, l'expérience d'Huyghens datait déjà de plus d'un siècle quand une observation inattendue conduisit Malus à formuler les lois de la polarisation; cette observation a trop d'importance pour ne pas nous arrêter un instant.

Malus regardait un jour de sa maison, située rue d'Enfer, à travers un cristal de spath, l'image du soleil couchant réfléchie par les vitres du Luxembourg, lorsqu'il remarqua qu'en faisant tourner le prisme, les deux images changeaient d'intensité; l'une s'affaiblissait, s'éteignait même presque complètement, pendant que l'autre augmentait d'éclat. Il rapprocha aussitôt cette observation de l'expérience d'Huyghens. Ce fut là le point de départ de la découverte de la polarisation.

Ainsi, la lumière simplement réfléchie par une lame de verre jouit des mêmes propriétés que celle qui a été tamisée par un cristal biréfringent, elle est polarisée. Cependant, cette influence de la réflexion sur l'orientation des vibrations lumineuses est loin d'être aussi complète que celle de la double réfraction. La quantité de lumière ainsi polarisée dépend d'une foule de circonstances importantes à noter; elle augmente graduellement jusqu'à une certaine limite, quand le rayon lumineux incident s'incline sur la surface réfléchissante, puis elle diminue quand son obliquité devient plus grande.

Dans le cas d'un miroir de verre, par exemple, on obtient le maximum d'effet quand le rayon incident forme avec la surface un angle de 35 degrés et demi environ. Mais, même dans ce cas, la polarisation n'est jamais complète. On appelle *angle de polarisation* d'une substance celui qui convient le mieux à la production du phénomène; cet angle varie d'ailleurs d'une matière à une autre; il est de 37 degrés un quart pour l'eau, de 22 degrés pour le diamant, etc.

Enfin, la nature du miroir exerce aussi une très grande influence sur la proportion de la lumière polarisée contenue dans le faisceau réfléchi. Tandis que l'eau, le verre, le marbre, le bois poli, etc., produisent une polarisation énergique, les métaux, au contraire, ont une action à peu près nulle.

La réfraction ordinaire n'est pas moins efficace que la réflexion à modifier la lumière. Tout rayon lumineux qui traverse une simple lame de verre en sort plus ou moins polarisé. C'est encore à Malus que l'on doit cette observation, et ce qu'il y a de plus remarquable, c'est que l'étude comparative de la portion de lumière réfléchie et de la portion transmise par un milieu transparent établit une grande analogie entre ces deux portions et les deux faisceaux fournis par la double réfraction.

Ainsi réflexion, réfraction simple ou double, tout polarise la lumière, et comme nous recevons bien peu de rayons qui n'aient subi au moins une de ces modifications, on doit s'attendre à retrouver partout de la lumière polarisée. Les phénomènes de polarisation sont donc extrêmement communs; ils se produisent sans cesse autour de nous, et si l'on a été si longtemps à les découvrir, c'est que l'œil est incapable de distinguer directement un rayon de lumière naturelle d'un rayon polarisé. Il doit s'armer d'instruments spéciaux pour apprécier leurs caractères; ces instruments ont reçu le nom d'*analyseurs*. Un cristal biréfringent, un prisme de Nicol, suffisent à résoudre le problème.

A l'aide d'un simple analyseur, Arago a reconnu que la lumière réfléchie par l'atmosphère par un ciel serein est constamment polarisée. Quand on regarde le ciel à travers un prisme de Nicol convenablement orienté, on ne tarde pas à constater des signes de polarisation qui vont en augmentant jusqu'à 90 degrés de l'astre. Ils diminuent ensuite pour devenir nuls vers 150 degrés et reparaissent au delà de cette limite. M. Weatsthone a fondé sur cette observation un instrument qu'il nomme *horloge polaire*, destiné à donner l'heure d'après la distribution des effets de polarisation dans l'atmosphère.

Toutes les surfaces capables de réfléchir ou de diffuser la lumière sont aussi, dans la nature, de puissantes sources de polarisation. Voici une application remarquable, due encore à Arago, qui montre l'importance pratique de faits qui semblent au premier abord n'avoir qu'un intérêt théorique. « Humboldt raconte qu'un jour qu'il était assis avec Arago sur le rivage de la mer d'Espagne, il s'endormit profondément. Pendant ce temps, son compagnon rêvait; il cherchait à plonger son œil ardent dans l'épaisseur des flots, mais il n'apercevait rien, rien que le ciel et les nuages réfléchis par la surface de la mer. Soudain il lui vient à l'idée qu'en éteignant ces rayons réfléchis avec un analyseur, il pourrait voir au fond de l'eau, et Humboldt put admirer à son réveil la sagacité de son illustre ami. Ce procédé, qui consiste à regarder à travers un Nicol dont la diagonale est dans un plan vertical, peut être utile aux marins pour découvrir les écueils submergés qui les menacent; c'est une application ingénieuse des expériences fondamentales de Malus [1]. »

Les lois de la polarisation étaient à peine connues, que tous les savants comprirent l'immense intérêt qui s'attachait à cette partie de la science. Leurs recherches se multiplièrent à l'envi, et bientôt l'Optique se trouva enrichie de nombreuses et importantes découvertes.

L'action de la lumière polarisée sur les corps transparents cristallisés donne lieu, en effet, à des phénomènes extrêmement remarquables dont nous ne pouvons malheureusement indiquer ici que les plus saillants. On se sert pour cette étude d'appareils spéciaux, très variés dans leurs formes, mais toujours composés de deux organes essentiels : le *polariseur* et l'*analyseur*. Le premier prépare pour ainsi dire le rayon lumineux en le polarisant; le second sert, nous le savons déjà, à observer les modifications survenues dans la lumière; entre ces deux parties de l'instrument, on place la substance que l'on veut étudier.

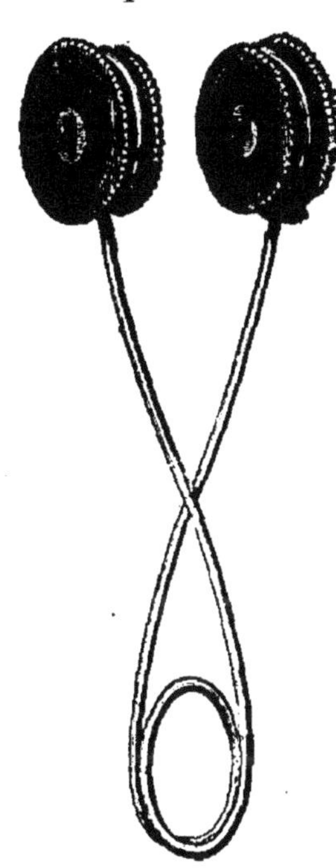
Fig. 104.
Pince à tourmalines.

L'appareil de polarisation le plus simple est représenté fig. 104. Il est connu sous le nom de pince à tourmalines. La tourmaline est une substance naturelle, qui se présente sous la forme de prismes à six pans d'une grande régularité. Taillée en lame *très mince*, elle est biréfringente comme le spath d'Islande et donne, comme lui, deux images des objets vus à une certaine distance. Mais, dès que son épaisseur devient un peu considérable, elle se comporte tout autrement, et on pourrait alors la confondre avec un milieu transparent homogène. Elle n'a

1. Bertin, *Revue des Cours scientifiques.*

cependant rien perdu de ses propriétés, car la lumière qui la traverse est toujours polarisée.

Cette disparition complète d'une des deux images est due à un phénomène remarquable d'absorption qui éteint l'image ordinaire, de sorte que l'extraordinaire est seule transmise. Une tourmaline est donc comparable à un prisme de Nicol; elle pourra servir indistinctement soit de polariseur, soit d'analyseur. Deux tourmalines superposées constituent, en effet, à elles seules, un appareil complet de polarisation.

On les dispose d'habitude sur les branches d'une pince à ressort, dans des anneaux qui permettent de les faire

Fig. 105. — Appareil de Norremberg.

tourner sur elles-mêmes. Leurs sections principales sont-elles en coïncidence, elles laissent passer sans difficulté la lumière incidente. Sont-elles, au contraire, croisées l'une sur l'autre, le système devient d'une opacité absolue. Malheureusement les tourmalines, toujours plus ou moins colorées, communiquent aux rayons lumineux une teinte qui masque souvent la pureté des phénomènes.

L'appareil suivant, imaginé par Norremberg, se prête merveilleusement aussi à l'étude des effets de la polarisation. La lumière est d'abord reçue sur une glace sans tain où elle se polarise par réflexion; elle rencontre ensuite un miroir horizontal, placé sur le socle de l'instrument, qui la dirige verticalement dans un analyseur disposé près de l'œil de l'observateur, et formé par un cristal de spath, par une tourmaline ou par un prisme de Nicol. Enfin une tablette horizontale, percée d'une ouverture circulaire, sert de support aux cristaux ou aux lames transparentes soumis à l'examen. Cet instrument est représenté dans la figure 105.

Une des apparences les plus remarquables est celle que présentent les lames très minces de certains cristaux, soumises à l'action de la lumière polarisée. Le mica et le gypse se prêtent admirablement à ces sortes d'expériences à cause de la facilité extrême avec laquelle on peut les cliver.

Une lame de gypse, par exemple, placée sur le support de l'appareil de Norremberg ou dans la pince à tourmalines, prend, si elle est assez mince, une vive coloration. Le phénomène est surtout intéressant à étudier quand l'analyseur est un prisme biréfringent, les deux images possèdent alors des nuances complémentaires; si l'une est rouge, l'autre est verte. Mais, si on fait tourner l'analyseur, les deux images échangent leurs couleurs; elles prennent des intensités différentes, sans qu'on voie jamais apparaître d'autres nuances que le rouge et le vert. On conçoit dès lors que, si au prisme biréfringent on substitue un Nicol, l'image unique passera, pendant la rotation, par des alternatives de rouge et de vert.

L'épaisseur de la lame a une importance capitale dans la nature de la couleur qui se développe. Selon qu'elle est plus ou moins mince, elle peut prendre tous les tons imaginables, et quand des inégalités d'épaisseur, presque imperceptibles à l'œil, se trouvent réunies sur un même échantillon, elles se traduisent dans la lumière polarisée par de riches nuances qui donnent au phénomène une admirable beauté.

On donne souvent à cette expérience une forme pittoresque en faisant intervenir le talent de l'artiste dans la distribution des épaisseurs variées de la lame. Sur un fragment de gypse on dessine un oiseau, une fleur, un papillon, puis on enlève avec beaucoup de soin des couches plus ou moins minces en tel ou tel point, d'après l'effet que l'on veut produire. Le dessin terminé est presque invisible dans la lumière ordinaire, c'est à peine s'il se trahit par quelques légers contours; placé au contraire dans

Fig. 106. — Coloration des lames minces dans la lumière polarisée.

l'appareil de polarisation, il apparaît aussitôt, illuminé de couleurs vives, se transformant subitement quand on fait tourner l'analyseur. La figure 106 donne une idée de ces curieuses transformations.

Toutes les substances cristallines réduites en fines lamelles donnent lieu à des phénomènes analogues, pourvu qu'elles soient douées de la double réfraction; il n'est pas de caractère plus sensible pour distinguer rapidement une substance biréfringente d'une matière à structure homogène. On fait un très fréquent usage de ces propriétés pour reconnaître au microscope la nature de certains objets très petits ; l'instrument doit alors être transformé en un véritable appareil de polarisation, ce qui ne présente aucune difficulté. Toutes les substances biréfringentes apparaissent alors immédiatement avec des caractères spéciaux d'une grande netteté, qui empêchent de les confondre avec d'autres objets en apparence analogues.

Ce mode d'analyse ne s'applique pas seulement aux matières cristallines ; il suffit que la substance possède dans ses différentes directions des condensations différentes pour qu'elle agisse sur la lumière polarisée et donne lieu à la production de franges ou de couleurs ; c'est ainsi que la corne, les cheveux, les os, la nacre, la gélatine même, se comportent, à cet égard, comme des corps biréfringents.

Les colorations dues à la polarisation chromatique peuvent revêtir d'autres formes encore selon l'orientation et la nature des cristaux qui la produisent. Un mot sur quelques-uns de ces phénomènes.

Dans les cas que nous venons d'examiner, la lame mince avait ses faces parallèles à l'axe du cristal, les apparences prennent un tout autre aspect si elles lui sont perpendiculaires. Prenons pour exemple un pareil fragment taillé dans un cristal de spath d'Islande et plaçons-le soit dans la pince à tourmalines, soit sur l'appareil de Norremberg, on voit aussitôt apparaître de magnifiques cercles irisés rappelant par leur disposition les anneaux colorés de Newton.

Pour une certaine position de l'analyseur, tous ces cercles sont traversés par une croix noire d'une opacité complète. Vient-on à déplacer l'analyseur, les anneaux lumineux s'étalent et viennent prendre la place des anneaux obscurs pendant que la croix noire, s'effaçant peu à peu, se transforme en une croix blanche. Ces deux apparences sont représentées dans la figure 108.

Rien ne saurait dépeindre la beauté d'un pareil phénomène, mais ce n'est pas seulement le côté artistique qui doit nous intéresser; selon la nature du cristal, ces élégants anneaux affectent mille dispositions : les croix se modifient et prennent des apparences nouvelles; tantôt les anneaux sont groupés autour de deux centres séparés ; d'autres fois ils deviennent elliptiques et sont traversés par des bandes noires affectant la forme de courbes régulières et symétriques

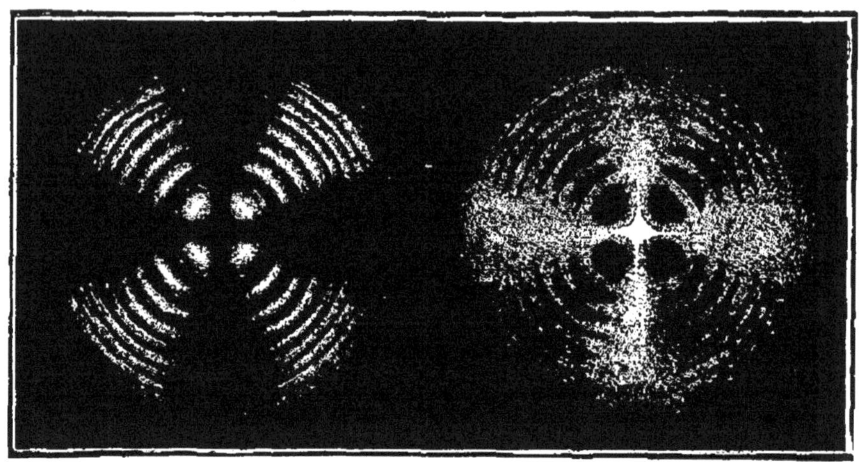

Fig. 107. — Anneaux colorés et croix du spath dans la lumière polarisée.

Toutes ces formes, pour si complexes qu'elles paraissent, étudiées avec soin, ont chacune leur signification ; elles sont pour le minéralogiste un précieux moyen d'étude, surpassant par sa précision les procédés les plus parfaits dont dispose la science.

Voilà bien des merveilles engendrées par la lumière, et cependant nous sommes loin d'avoir épuisé la description de toutes celles qu'elle est capable de produire. La polarisation pourrait nous fournir encore le sujet de mille observations intéressantes.

Nous aurions à montrer tout le parti que les chimistes ont su tirer de l'emploi de la lumière polarisée, comment les astronomes l'ont appliquée à leurs études sur la constitution des astres. Pour le chimiste comme pour le physicien, il n'existe pas de moyen plus puissant ni plus délicat de sonder les mystères de la constitution de la matière. Nous craindrions d'abuser de l'attention du lecteur en insistant plus longtemps sur un pareil sujet, ce rapide exposé suffira, nous l'espérons, à donner une idée de l'ensemble des phénomènes et à montrer par quel enchaînement d'idées le génie de l'homme a su graduellement s'élever de l'observation des faits les plus simples aux conceptions les plus grandioses.

XIV

L'ŒIL ET LA VISION

Le nerf optique et la rétine. — Sensation lumineuse. — Les posphènes. — Vision chez les animaux inférieurs. — Œil composé des insectes. — Description de l'œil humain. — Mécanisme de la vision. — Accommodation de l'œil aux distances. — Anomalies de la vision. — Sensibilité de la rétine. — Tache jaune. — Tache aveugle ou *punctum cæcum*. — Renversement de l'image rétinienne. — Vision binoculaire. — Vision double et vision simple. — Perception du relief. — Le stéréoscope. — Illusions de l'œil. — Durée de l'impression lumineuse. — Diapasons de M. Lissajoux. — Repos apparent d'un corps en mouvement. — Le phénakisticope.

L'étude physique de la lumière vient de nous initier aux lois et aux causes des principaux phénomènes de l'optique. Nous avons considéré l'agent lumineux en lui-même, en faisant abstraction, pour ainsi dire, de l'action qu'il exerce sur nos organes, sans nous demander par quel mécanisme se produisaient en nous ces sensations dont le résultat définitif est de nous mettre en relation incessante avec le monde extérieur. Toutes ces brillantes manifestations de la nature nous seraient cependant inconnues, si nous n'étions doués d'un admirable organe destiné à recueillir les rayons lumineux et à les diriger sur une membrane sensible, qui nous transmet à son tour ses impressions. Il nous reste à examiner ce côté physiologique de la question : sans en faire une étude complète, nous allons essayer au moins de l'aborder dans ses points les plus essentiels.

L'œil constitue, chez l'homme et les animaux supérieurs, un appareil d'une extrême complication en même temps que d'une merveilleuse simplicité. Réduit à ses éléments essentiels, il peut être comparé à une chambre noire en miniature dont l'écran serait capable de sentir ; mais quand on examine de près toutes les pièces qui le composent, on reste confondu devant la perfection de chacune d'elles. La nature semble avoir épuisé toutes ses ressources dans la construction de ces organes délicats, aussi bien que dans le mécanisme qui les met en jeu.

Il s'en faut cependant que tous les êtres animés aient à leur disposition un instrument aussi parfait ; chez un grand nombre, l'œil a une structure beaucoup plus simple, quoique tout aussi admirable. Sa complication diminue à mesure que l'animal lui-même s'abaisse dans la série zoologique ; l'organe finit même par disparaître entièrement chez les êtres rudimentaires qui occupent les premiers degrés de l'échelle.

Cependant l'absence des yeux n'entraîne pas nécessairement la privation des sensations lumineuses, beaucoup d'animaux, aveugles en apparence, ne le sont pas dans l'acception rigoureuse du mot ; mais chez eux la vision, si elle mérite encore ce nom, est tellement obtuse qu'elle leur permet tout au plus de distinguer le jour de la nuit.

La physiologie nous enseigne que toutes nos sensations sont sous la dépendance absolue d'organes particuliers, connus sous le nom de nerfs ; leur ensemble constitue le système nerveux sensitif. Chez les animaux supérieurs, ces nerfs se distribuent dans des appareils spéciaux affectés chacun à un ordre particulier de sensations ; ce sont les organes des sens.

Le nerf qui préside à la vision a reçu le nom de *nerf optique* ; il s'épanouit au fond de l'œil où il forme une membrane d'une extrême délicatesse appelée *rétine* par les anatomistes.

Au point de vue de leur structure, tous les nerfs se ressemblent. Ils sont tous construits sur le même modèle ; rien dans leur apparence ne saurait faire préjuger leur mode d'action. Mais chacun aboutit à une région particulière du cerveau et de cette origine dépend leur activité propre. Leur caractère le plus remarquable réside en effet dans la manière spéciale de sentir, dévolue à chacun d'eux. La peau est incapable de voir ou d'entendre, l'oreille est insensible aux odeurs ou aux saveurs. De même le nerf optique est seulement apte à recevoir les impressions lumineuses : tous les ébranlements qu'il éprouve, il les transforme aussitôt en sensations de lumière. Un choc, une piqûre, une brûlure de la rétine, ne provoquent ni douleur, ni sentiment de chaleur, elles se traduisent invariablement par l'apparition de phénomènes lumineux.

Ce fait, pour si étrange qu'il paraisse au premier abord, peut être établi par une expérience très simple dont on trouve les premières indications dans les écrits de Newton. « Si dans l'obscurité, dit-il, on presse le coin de l'œil avec le doigt, et qu'en même temps on tourne l'œil du côté opposé, on voit un cercle de couleurs fort semblables à celles de la queue d'un paon. Si on tient l'œil et le doigt en repos, ces couleurs disparaissent en une seconde de temps, mais si l'on remue le doigt avec un mouvement tremblotant, elles reparaissent encore. »

L'interprétation de ce phénomène, désigné sous le nom de *phosphène* par la science moderne, est facile à saisir. La compression du doigt se transmet jusqu'à la rétine par l'intermédiaire des milieux de l'œil, et cette membrane, soumise à une sorte de contusion momentanée, traduit sous la forme de sensation lumineuse l'ébranlement qu'elle reçoit.

Du reste, la dimension et l'apparence du phosphène sont liées à la forme et au volume du corps qui produit la compression. La pointe d'un crayon donne lieu à une lueur très circonscrite, tandis que le doigt fait naître une image diffuse et plus étendue. Quant à la coloration, comparée par Newton à celle des plumes de paon, elle n'est pas un résultat nécessaire de l'expérience ; la lueur observée est au contraire le plus souvent grise ou bleuâtre.

Cette expérience est, pour ainsi dire, la traduction scientifique d'un accident dont chacun a certainement été victime, et que le langage décrit sous une forme pittoresque : qui n'a éprouvé un de ces coups violents sur les yeux ou dans leurs voisinages qui font *voir les étoiles en plein midi?* Voilà, sans doute, une démonstration brutale d'un phénomène physiologique, mais elle est l'expression fidèle d'une vérité affirmée par la science.

Envisagée comme sensation, la lumière est donc l'état d'excitation du nerf optique ; l'obscurité, au contraire, est la sensation de son repos. Cet état particulier d'excitation peut être accidentellement produit par des actions mécaniques d'un ordre quelconque, mais, dans les conditions normales, les objets lumineux ont seuls le privilège de lui donner naissance.

Il est facile maintenant de se rendre compte de la manière dont fonctionne l'organe de la vision chez les divers animaux, et de saisir la signification de cette fonction dans la série zoologique. Chez les êtres les plus simples, le nerf optique envoie des ramifications à la surface du corps, et chacune d'elles forme pour ainsi dire une rétine infiniment petite, capable de recueillir les impressions lumineuses.

Ces organes, recevant la lumière extérieure dans toutes les directions, ne peuvent donner à l'animal aucune notion des objets environnants ; leur rôle se borne à établir pour lui une différence entre la clarté et les ténèbres. Cette diffusion de l'appareil de la vision a fait dire à quelques physiologistes que les animaux inférieurs voyaient par la peau ; c'est là, on le comprend, une interprétation erronée : il serait tout aussi exact de dire que l'homme et les mammifères voient avec la tête.

A mesure que l'organisation générale des animaux se perfectionne, la fonction visuelle se localise et l'on voit en même temps se compliquer l'appareil destiné à son accomplissement. Sans décrire ici les modifications successives de l'œil dans la série zoologique, nous dirons seulement un mot de la remarquable disposition qu'il présente chez les insectes.

Toutes les collections d'objets microscopiques renferment une préparation d'une grande beauté, désignée sous le nom de *cornée de mouche*. Observée avec une simple loupe, elle apparaît comme une membrane, délicate et transparente, sur laquelle des traits d'une extrême finesse dessinent un nombre infini d'hexagones parfaitement réguliers. Cette membrane n'est autre chose que

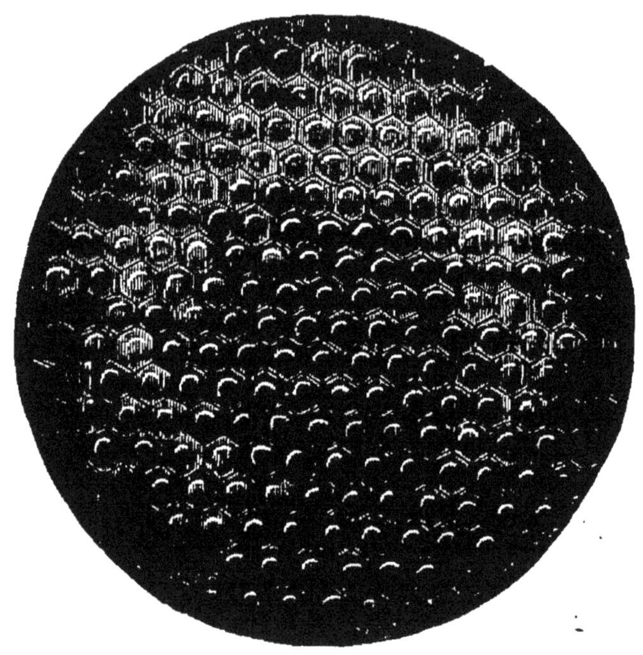

Fig. 108. — Cornée de mouche.

l'enveloppe extérieure et brillante qui protège les yeux ordinairement si volumineux de la plupart des insectes ; quant aux facettes hexagonales, leur nombre peut atteindre un chiffre prodigieux : on en compte près de neuf mille dans l'œil du hanneton et vinq-cingt mille au moins dans celui de certains insectes.

Si, dans un œil complet, on regarde au-dessous de la membrane, on y trouve des cloisons formant par leur réunion une multitude de petites pyramides creuses dont les bases aboutissent à chacune des facettes, tandis que leur sommet va s'implanter sur une sorte de mamelon convexe formé par les extrémités des divisions du nerf optique ; ce mamelon est une véritable rétine ; l'ensemble de ces tubes prismatiques juxtaposés constitue ce qu'on appelle un œil composé.

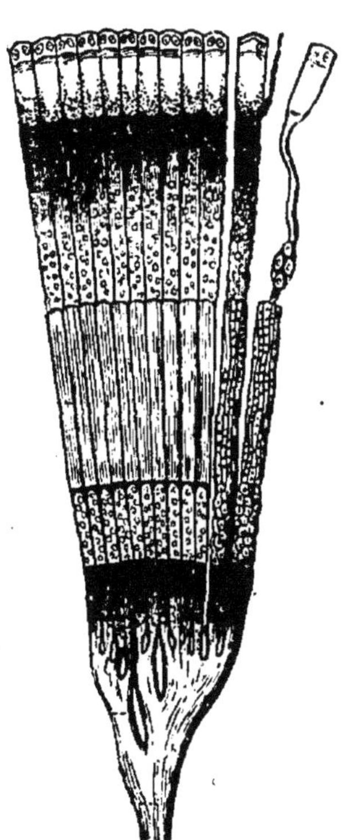

Fig. 109.— Structure de l'œil composé des insectes.

Le mode de fonctionnement d'un semblable organe doit être fort compliqué ; on peut cependant se faire une idée assez exacte de ce que doit être la vision chez les animaux pourvus d'un pareil instrument.

Les rayons émanés d'un point lumineux, après avoir rencontré la surface de l'œil, ne pénètrent pas tous jusqu'à la rétine ; les plus obliques sont arrêtés et absorbés par les cloisons opaques : ceux qui suivent la direction des tubes arrivent seuls au fond de l'organe. Il se produit ainsi, selon l'heureuse expression de M. Giraud-Teulon, une véritable *canalisation de la lumière*.

Chaque facette peut donc, avec le tube qui la suit, représenter un œil fixe qui ne voit que dans une seule direction, celle de l'axe du tube ; et toutes les impressions qui en résultent, juxtaposées sur le nerf optique, y produiront une image plus ou moins nette des objets extérieurs ; la netteté sera nécessairement d'autant plus grande que les facettes seront plus nombreuses et les tubes plus longs, mais en même temps il y aura plus de lumière perdue sans profit pour la vision et la sensation doit être relativement faible.

D'un autre côté, la convexité considérable de l'organe,

son volume énorme, faisant saillie sur la tête de l'animal, lui permettent de voir pour ainsi dire dans toutes les directions. Chez beaucoup de crustacés, tels que les langoustes, les crabes, les homards, ces yeux, presque sphériques, sont portés par des pédoncules que l'animal dirige à son gré dans tous les sens ; un crabe peut, sans changer de place, regarder presque aussi aisément en arrière qu'en avant.

L'œil subit, dans la série zoologique, mille transformations en harmonie avec le genre de vie des animaux, pour atteindre finalement chez l'homme son plus haut degré de perfection.

Considéré dans son ensemble, il a la forme d'un globe sensiblement sphérique, logé dans une cavité du crâne qu'on appelle l'*orbite*. Son enveloppe extérieure, solide et résistante, a reçu le nom de *cornée opaque* ou *sclérotique ;* c'est elle qui, visible entre les deux paupières, constitue le blanc de l'œil. En avant, elle s'amincit au point de devenir transparente en même temps qu'elle prend une forme plus convexe ; c'est la *cornée transparente*, enchâssée comme un verre de montre dans une ouverture circulaire de la sclérotique, à travers laquelle pénètrent les rayons lumineux.

L'intérieur du globe oculaire est divisé en deux compartiments inégaux par une cloison verticale, au centre de laquelle se trouve le cristallin, véritable lentille biconvexe, remplissant, au point de vue de la vision, une fonction très importante. De ces deux compartiments, le plus petit, situé en avant, a reçu le nom de chambre antérieure ; il est rempli d'un liquide transparent qui est presque de l'eau pure et qui, pour cette raison, est appelé *humeur aqueuse*. Le second, beaucoup plus vaste, constitue la chambre postérieure; il contient l'*humeur vitrée*, masse gélatineuse d'une faible consistance, limpide comme du cristal.

En avant du cristallin se trouve un écran opaque, l'*iris*, percé d'une ouverture centrale, la *pupille*. L'iris possède une couleur variable selon les sujets ; c'est lui qui donne aux yeux leur teinte bleue, brune ou grise ; quant à la pupille, elle paraît noire parce qu'elle est suivie de milieux transparents au travers desquels apparaît le fond obscur de l'œil.

La chambre postérieure est tapissée par la *choroïde*, membrane parcourue par de nombreux vaisseaux sanguins,

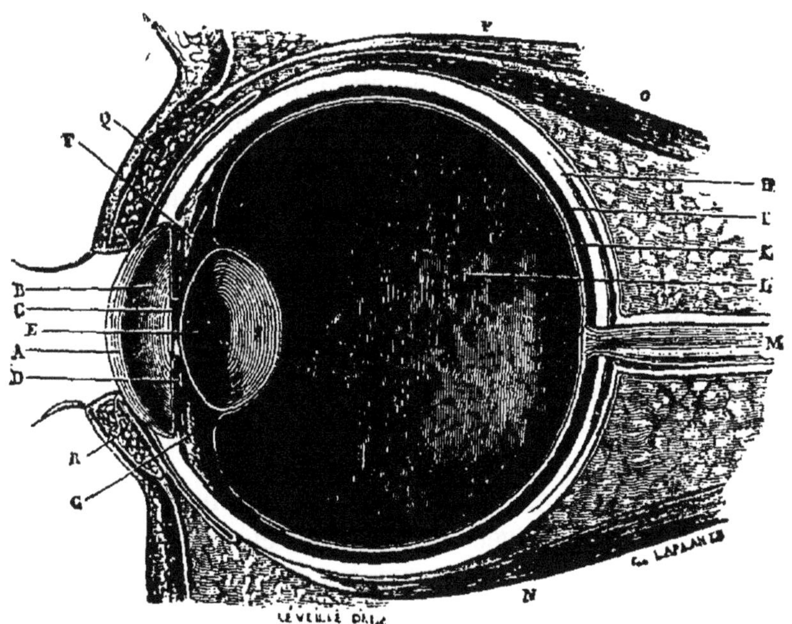

Fig. 110. — Coupe verticale d'un œil humain.

A. Cornée transparente. — B. Chambre antérieure. — C. Pupille. — D. Iris. — E. Cristallin. — F, G. Procès ciliaires. — H. Cornée opaque ou sclérotique. — I. Choroïde. — K. Rétine. — L. Chambre postérieure. — M. Nerf optique. — N, O. Muscles moteurs de l'œil. — P. Muscle de la paupière supérieure. — Q. Paupière supérieure. — R. Paupière inférieure.

et recouverte d'un enduit noir qui semble destiné à absorber les rayons lumineux inutiles ou nuisibles à la pureté de la vision. Enfin, au fond de l'œil et sur la choroïde, s'épanouit le nerf optique, sous forme d'une fine couche de filets nerveux, transparents pendant la vie, c'est la *rétine*, ou membrane sensible de l'œil.

Cette description succincte nous fait prévoir le rôle de ces divers éléments dans l'accomplissement des fonctions de l'œil. Les milieux transparents forment par leur réunion un assemblage de lentilles convergentes, comparable par son mode d'action à l'objectif d'une chambre noire photographique. La rétine est l'écran qui reçoit l'image; quant à la pupille, elle sert de diaphragme; en éliminant les rayons obliques, elle diminue l'intensité trop vive de la lumière et augmente en même temps la netteté des images.

Cette assimilation de l'œil à une chambre noire soulève cependant une difficulté sérieuse dont la solution complète s'est longtemps fait attendre; elle exigeait en effet des connaissances anatomiques approfondies qu'une étude minutieuse de l'organe pouvait seule dévoiler.

Pour que l'image formée par une lentille se peigne *nettement* sur un écran, il faut, nous le savons, que cet écran soit à une distance de la lentille, déterminée par sa longueur focale et par la position de l'objet. Si l'objet s'éloigne, l'écran doit se rapprocher de la lentille; s'il s'en rapproche, l'écran doit s'en écarter.

Or, dans les conditions ordinaires de la vision, tous les objets nous apparaissent avec une égale netteté, quelle que soit leur distance. Il faut donc que l'œil *s'accommode*, par un mécanisme particulier, aux conditions si diverses et si mobiles qui agissent sur lui.

On a admis pendant longtemps que la rétine pouvait se déplacer, pour se mettre d'elle-même au point correspondant à la plus grande netteté; d'autres physiologistes ont attribué au cristallin un mouvement de translation en avant ou en arrière; mais toutes ces hypothèses, en harmonie sans doute avec les lois physiques, sont en flagrant désaccord avec l'observation. La rétine et le cristallin occupent dans l'œil une situation invariable; ils ne peuvent ni se rapprocher ni s'éloigner l'un de l'autre. Il fallait donc chercher ailleurs la cause de l'accommodation.

Descartes, le premier, soupçonna qu'elle pouvait résider dans des changements de forme du cristallin. Cette opinion, fécondée par les travaux des physiologistes modernes, est devenue, grâce aux démonstrations expérimentales les plus rigoureuses, l'expression d'une vérité incontestable.

Le cristallin n'est pas, comme son nom semble l'indiquer, formé d'une matière dure et cassante; sa substance, douée d'une certaine flexibilité, peut céder, au contraire, à la pression d'un appareil musculeux spécial qui en embrasse les contours, et dont l'action se traduit par une augmentation ou une diminution de courbure.

Ces modifications dans la forme de la lentille, entraînant nécessairement des changements correspondants dans sa longueur focale, compensent rigoureusement les variations de distance des objets exposés à nos regards. L'œil est-il fixé vers des plans éloignés, l'appareil musculaire se relâche, et le cristallin, aplati, est, pour ainsi dire, à l'état de repos. Notre attention se dirige-t-elle, au contraire, sur des objets voisins, le muscle de l'accommodation entre instinctivement en jeu; la lentille, devenue plus sphérique, rend les rayons plus convergents, et forme toujours sur la rétine une image d'une excessive netteté.

Ce mécanisme ne suffit cependant pas toujours à rendre chez tous les individus la vision constamment nette et distincte. Les yeux sont sujets à des vices de conformation très communs qui exercent une influence considérable sur leur manière de fonctionner. Dans l'œil normalement constitué, la rétine occupe derrière le cristallin la position qui correspond à la vision nette des objets très éloignés; dans ce cas, l'appareil de l'accommodation est en repos. Mais il arrive souvent que le globe oculaire est trop allongé ou trop aplati, de sorte que la rétine ne reçoit plus qu'une image vague et diffuse. Il en résulte dans les deux cas l'impossibilité de voir distinctement les objets éloignés: l'œil est alors ou *myope* ou *hypermétrope*.

Il est myope quand le globe oculaire est trop long: on remédie à cette anomalie par l'emploi de lunettes concaves qui accroissent dans un rapport convenable la longueur focale de tout le système optique. L'œil hypermétrope, au contraire, doit faire usage de lentilles convexes qui, ajoutant leur action à celle des milieux de l'œil, augmentent la convergence des rayons et forment une image nette sur la rétine malgré sa position anormale. La vision, ainsi corrigée par des verres d'une courbure convenable, reprend ses caractères normaux, et l'accommodation se produit ordinairement d'une manière régulière,

Il est enfin une dernière infirmité à laquelle bien peu de personnes échappent, et qu'il ne faut pas confondre avec les précédentes. Vers l'âge de quarante ou quarante-cinq ans, nous commençons à éprouver une certaine difficulté à voir nettement les objets rapprochés : pour lire une feuille imprimée, par exemple, nous sommes forcés de la placer plus loin de nos yeux que nous ne le faisions à un âge moins avancé ; cette modification de la vue s'accentue de plus en plus à mesure que nous vieillissons : nous devenons *presbytes*.

L'œil conserve pourtant, dans ce cas, les mêmes dimensions relatives ; ses milieux réfringents ne sont l'objet d'aucune altération ; la faculté d'accommodation a seule diminué. Nous devenons incapables de donner au cristallin la convexité nécessaire pour la vision à courte distance ; il faut recourir à l'emploi de lunettes convexes. On confond très souvent la presbytie avec l'hypermétropie ; on voit cependant que ces deux affections sont essentiellement différentes : la première est une infirmité acquise de l'appareil de l'accommodation, la seconde dépend d'un vice de conformation naturel ; elles peuvent d'ailleurs coexister simultanément chez le même individu : un œil peut même être à la fois myope et presbyte.

Telles sont, dans leur ensemble, les conditions purement physiques qui président à la vision. Un mot maintenant sur les phénomènes d'ordre physiologique qui complètent la fonction. Une des qualités les plus essentielles de l'œil est de nous montrer dans un objet ses plus minutieux détails, sans que les impressions voisines se troublent mutuellement. Cette faculté, variable selon les individus, a reçu le nom d'acuité de la vision ; elle est une conséquence de la constitution de la rétine.

Cette membrane est formée par un nombre considérable de cellules nerveuses juxtaposées, et d'une telle petitesse, qu'un millimètre carré en contient plus de 150 000 dans la portion la plus sensible de l'organe. Il résulte de cette extrême division de la substance nerveuse que la rétine peut recevoir autant d'impressions distinctes qu'il y a d'éléments séparés à la surface. Sous ce rapport, elle est infiniment supérieure à tous les autres organes des sens ; celui du toucher, en particulier, présente à cet égard une obtusion remarquable, qu'une expérience bien simple permet de mettre en évidence :

Que l'on pique légèrement la surface de la peau avec les *deux pointes* d'un compas : on remarquera que, pour un certain écartement des deux branches, on éprouve la sensation d'une piqûre unique. Cet écartement varie d'ailleurs selon la région du corps explorée : il est de 2 millimètres environ pour la pulpe des doigts, de 22 sur le front, de plus de 60 sur le dos ; la rétine, au contraire, est encore sensible à deux impressions rapprochées l'une de l'autre de quelques dix millièmes de millimètre seulement.

Il suffit donc, pour que nous voyions distinctement les détails d'un objet, que leurs images se forment au fond de l'œil à des distances au moins égales. En dehors de cette condition, les sensations doivent nécessairement se confondre, et l'on est forcé, pour les rendre distinctes, d'avoir recours à des instruments grossissants, tels que le microscope, la loupe, les télescopes, dont le rôle essentiel est d'amplifier les images qui se peignent sur la rétine.

Il s'en faut de beaucoup que toutes les parties de la rétine jouissent d'une aussi exquise sensibilité ; cette faculté est, au contraire, limitée en un point très restreint de l'organe, désigné en anatomie sous le nom de *tache jaune*, et situé à peu près dans la direction de l'axe de l'œil. C'est ce point que nous dirigeons toujours instinctivement vers les objets que nous regardons.

Toute la surface qui l'entoure est incapable de nous procurer une sensation nette des images qu'elle reçoit ; elle nous avertit simplement de la présence d'objets visibles, en nous donnant des notions confuses sur leur forme et leurs détails. La ligne qui joindrait l'objet considéré au centre de la tache jaune a reçu le nom d'*axe optique*.

Il est une région de la rétine tout aussi remarquable, et qui se distingue par son insensibilité absolue : cette région correspond précisément au point par lequel pénètre le nerf optique ; elle a reçu le nom de *tache aveugle* ou de *punctum cæcum*.

Les propriétés de la tache aveugle ont été signalées pour la première fois par l'abbé Mariotte, vers le milieu du dix-septième siècle. Ses expériences firent une telle sensation à cette époque, que l'auteur dut les répéter, en 1668, devant le roi d'Angleterre, dont elles avaient excité la curiosité. Voici d'ailleurs un moyen très simple de vérifier cette singulière propriété de la rétine. Fermons l'œil gauche, et fixons attentivement avec le droit la petite croix

Fig. 111. — Expérience du *punctum cæcum*.

blanche de la figure 111, en plaçant le livre à une distance de 20 à 25 centimètres, on trouvera une certaine position où le cercle blanc disparaît entièrement, et où le fond noir paraît continu. Il suffit, pour faire réussir l'expérience, de ne pas laisser errer le regard de côté et d'autre, autour du point de mire, et de maintenir le dessin à une distance convenable. Dans ce cas, l'image du cercle blanc se peint sur la tache jaune et sa disparition démontre clairement l'insensibilité de cette région. En deçà ou au delà de cette position, le cercle blanc reparaît.

La grandeur de la tache aveugle dans le champ visuel est assez considérable pour qu'à une distance de 2 mètres environ une figure humaine y disparaisse en entier. Onze pleines lunes pourraient s'y ranger à la file sans dépasser son diamètre.

L'assimilation de l'œil à une chambre obscure, très satisfaisante au point de vue physique, semble en contradiction avec la manière dont fonctionne la vision. Il résulte, en effet, de cette comparaison que tous les objets extérieurs doivent peindre sur la rétine leur image renversée, comme cela arrive dans la chambre noire ordinaire. Cette conséquence, pour si extraordinaire qu'elle paraisse, est vérifiée par l'expérience; aussi a-t-elle été longtemps pour les physiologistes l'objet d'un profond étonnement.

Comment se fait-il que nous voyions les objets dans leur position réelle, quand l'impression qu'ils produisent sur la rétine est d'un sens diamétralement opposé? On a cherché à expliquer cette contradiction en faisant intervenir l'influence de l'habitude et d'une éducation primitive de l'œil; mais cette interprétation est incompatible avec l'observation physiologique, car un aveugle de naissance, assez heureux pour guérir de son infirmité, voit les objets dans leur véritable direction aussitôt qu'il devient capable d'en apprécier la forme.

Il n'est pas nécessaire d'aller chercher si loin la solution du problème. Ce n'est pas l'image rétinienne que nous voyons, c'est l'objet qui la produit. Le renversement de l'image est l'œuvre des lois géométriques de la propagation de la lumière, mais il n'entraîne nullement le renversement de la sensation. La rétine, ébranlée par un mouvement lumineux venant d'en haut ou d'en bas, nous transmet l'impression qu'elle reçoit, et nous la rapportons à la direction même des rayons qui frappent la membrane sensible. Il y a eu à ce sujet, dans les interminables discussions des savants, une singulière confusion qui ne mérite plus aujourd'hui la peine d'être discutée.

Il est une autre particularité remarquable de la vision qui a vivement préoccupé les physiologistes : les deux yeux dont nous sommes pourvus reçoivent chacun une image semblable des objets extérieurs, et cependant ces deux images produisent en nous une sensation unique. Ce n'est que dans des conditions exceptionnelles, et toujours anormales, que l'association des deux yeux donne lieu à une double perception. Nous ne saurions aborder ici l'explication de cette intéressante question sans entrer dans des considérations physiologiques d'un ordre trop élevé pour trouver place dans cet exposé sommaire ; nous devons nous borner à décrire rapidement quelques-uns des phénomènes qui se rattachent à la vision binoculaire.

On remarque tout d'abord que cette impression unique exige, pour se produire, des conditions particulières dans la direction des deux yeux : ces conditions, nous les réalisons instinctivement, mais nous pouvons aussi les faire varier à notre gré. Avec un peu d'attention, il est même facile de se convaincre que nous voyons double sans nous en douter, pendant toute notre vie, la plupart des objets qui nous entourent.

L'œil n'est pas immobile dans son orbite ; sous l'influence de muscles particuliers, il peut subir certains déplacements qui le portent en dedans ou en dehors, en haut ou en bas. Ces mouvements nous permettent de diriger toujours l'axe optique vers l'objet que nous voulons voir nettement. Dans la vision binoculaire, les deux yeux s'orientent spontanément de façon à faire converger leurs deux axes optiques vers l'objet considéré, et le point de croisement de ces deux axes jouit seul de la propriété d'être vu simple ; tout ce qui est situé en deçà ou au delà nous apparaît double.

Voici une expérience démonstrative à cet égard, qui n'exige aucun appareil spécial. Prenons deux corps peu volumineux, deux crayons, par exemple, et plaçons-les verticalement devant nos yeux, l'un derrière l'autre, à une certaine distance. Si nous fixons attentivement l'un des deux crayons, le second nous apparaît double aussitôt; on peut alternativement les dédoubler l'un ou l'autre, selon que l'attention se fixe sur le plus rapproché ou le plus éloigné.

Cet effet se manifeste nécessairement pour nous d'une manière constante, et si, dans les conditions ordinaires, nous parvenons à nous débarrasser de ces illusions, c'est que l'habitude nous a appris à faire abstraction de ces images multiples, pour fixer seulement notre attention sur le point où convergent nos deux axes optiques. Disons cependant que les directions voisines de ces axes jouissent aussi de la faculté de fusionner les deux impressions, de sorte que nous sommes capables de voir simples des surfaces d'une certaine étendue.

On a cru pendant longtemps que les deux images rétiniennes étaient identiques, et l'on avait fondé sur cette hypothèse une ingénieuse théorie pour expliquer le fusionnement des deux impressions; les choses sont loin de se passer ainsi. On n'a, pour s'en convaincre, qu'à regarder un objet quelconque en fermant alternativement chacun des yeux; on reconnaîtra sans peine que l'œil gauche voit un peu plus du corps sur la gauche, tandis que l'œil droit embrasse davantage sur la droite. La figure 112 montre quelle est l'apparence d'un dé cubique ou d'une pyramide à quatre faces, selon qu'on les regarde avec les deux yeux ou avec chacun d'eux séparément. Ce ne sont donc pas deux impressions identiques, mais bien deux impressions différentes, qui se combinent en une seule dans la vision binoculaire.

Léonard de Vinci paraît être le premier à avoir signalé ce fait; ses observations étaient tombées dans l'oubli, lorsque M. Weatsthone eut l'occasion de faire la même remarque; il fut ainsi conduit à créer un charmant instrument d'optique, le *stéréoscope*, qui est aujourd'hui dans toutes les mains.

Weatsthone a d'abord démontré, par de nombreuses expériences, que la dissemblance des deux tableaux rétiniens est la principale cause de la notion du relief. Elle n'est certainement pas la seule, car la disposition des ombres et des lumières joue aussi un rôle fort important; mais

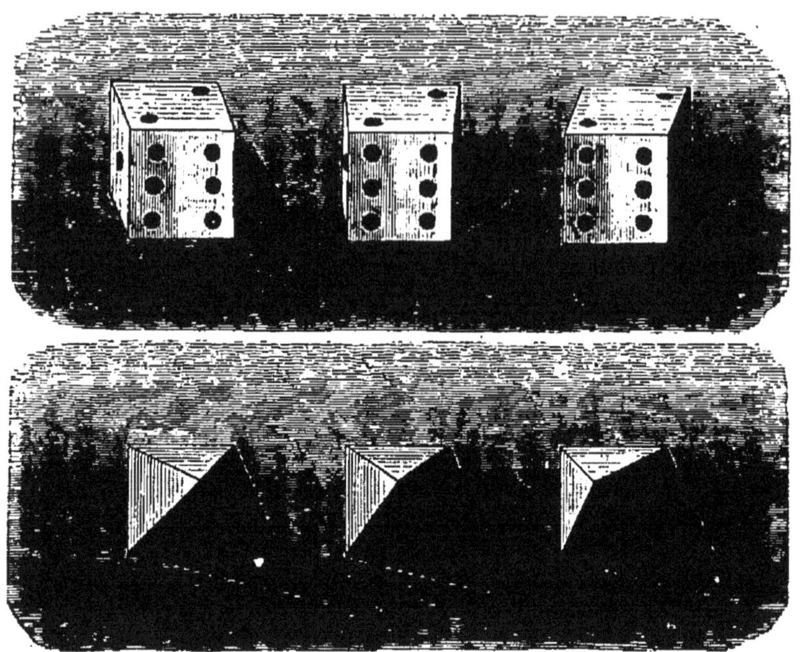

Fig. 112. — Différence entre la vision monoculaire et binoculaire.

elle exerce, on ne saurait en douter, une action prépondérante dans nos appréciations. Le stéréoscope démontre ce fait d'une manière fort élégante. Le but de cet instrument est de former simultanément sur chacune des rétines deux images identiques à celles que produirait un objet solide, vu successivement par chacun des yeux.

Supposons, par exemple, qu'on ait pris deux photographies d'un dé à jouer dans deux positions peu différentes, représentant exactement les deux perspectives correspondant à l'œil droit et à l'œil gauche : il sera indifférent pour la sensation visuelle d'opérer le fusionnement des deux dessins, ou celui des images rétiniennes fournies par l'objet lui-même : ce fusionnement des dessins s'obtient sans peine à l'aide du stéréoscope.

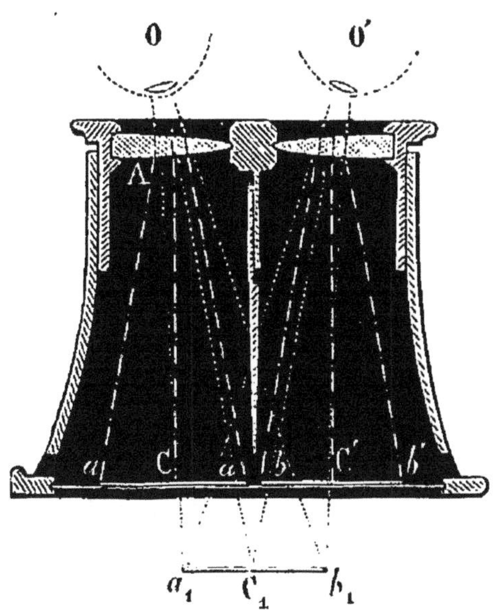

Fig. 113. — Marche des rayons lumineux dans le stéréoscope.

La figure 113 indique la marche des rayons lumineux

Fig. 114. -- Stéréoscope de Weatsthone.

dans cet appareil, représenté dans son ensemble fig. 114;

VUE GÉNÉRALE DE LA SALLE DU GLADIATEUR. — MUSÉE DU LOUVRE.

Fig. 115. — Fac-similé d'une photographie stéréoscopique.

les deux dessins sont placés à côté l'un de l'autre à une distance égale à celle des yeux; on les observe à travers deux prismes d'un angle convenable, opposés par leurs sommets. Les rayons, déviés à la sortie des prismes, semblent se croiser en un point unique placé sur la ligne centrale de l'instrument. C'est là que nous croyons voir une image simple résultant de la superposition des deux impressions rétiniennes, et cette image nous apparaît avec un relief extraordinaire. On donne ordinairement aux faces du prisme une légère courbure qui les transforme en véritables loupes, ce qui augmente la grandeur des images, dont la dimension est nécessairement limitée par l'écartement des deux yeux.

La figure 115 est une reproduction de deux photographies obtenues dans des conditions stéréoscopiques; on peut facilement obtenir le relief en les regardant à travers un stéréoscope; on arrive au même résultat, plus simplement encore, sans l'intermédiaire d'aucun instrument, en louchant légèrement en dedans pendant qu'on les examine. Avec un peu d'habitude on parvient ainsi à fusionner deux images et à confondre les deux impressions en une sensation unique.

Il est inutile d'insister sur les merveilleux effets du stéréoscope; ils sont trop connus pour qu'il soit nécessaire de les décrire; remarquons seulement en passant l'impuissance de la peinture à produire d'aussi saisissantes illusions. Réduite à imiter des dégradations d'ombres et de lumières, des perspectives linéaires dictées par la géométrie, elle peut sans doute aborder une importante partie du problème; mais l'artiste, quel que soit son talent, restera toujours inhabile à représenter sur une simple toile ce qui, dans la vision, constitue le caractère fondamental du relief.

Nous avons l'habitude d'accorder une grande valeur aux renseignements que nous fournit la vue; cette confiance est bien loin d'être toujours méritée. L'œil nous conduit souvent à porter de faux jugements, et sans aller plus loin nous venons d'en trouver un remarquable exemple dans la sensation fournie par le stéréoscope. Voilà deux images planes, de simples lignes géométriques tracées sur du papier, qui éveillent en nous l'idée d'un si puissant relief, que, si nous n'étions familiarisés avec l'instrument qui le fait naître, nous serions incapables de distinguer l'illusion de la réalité.

L'état de notre rétine est, en effet, la seule chose dont nous ayons conscience; quel que soit le moyen mis en jeu pour la modifier, le jugement que nous portons dépend uniquement de l'impression qu'elle éprouve. Quand nous voyons un objet dans une glace, nous sommes l'objet d'une illusion du même ordre. Les rayons réfléchis par le miroir affectent notre œil comme le ferait l'objet lui-même, et, bien que prévenus par une longue habitude des pièges que nous tendent les surfaces réfléchissantes, nous nous laissons prendre bien souvent aux apparences trompeuses qu'elles présentent à nos yeux. Parmi ces illusions, résultant d'une fausse interprétation des phénomènes de la vision, il en est quelques-unes de très remarquables dont nous dirons un mot en terminant.

On a déjà vu page 126 que la rétine conserve durant un certain temps les impressions qu'elle reçoit, de sorte qu'un objet est encore visible pendant un instant très court après qu'il a cessé d'agir sur notre œil. Newton s'est appuyé sur ce principe pour effectuer, à l'aide de ses disques rotatifs, la synthèse de la lumière blanche. Nous ne reviendrons pas sur ce sujet. Les physiologistes et les physiciens ont cherché à déterminer avec précision la durée absolue de cette impression; sans entrer ici dans les détails de ces recherches délicates, nous dirons seulement que la persistance de la sensation lumineuse peut être évaluée à un dixième de seconde environ; le fait une fois admis, étudions-en les conséquences les plus intéressantes.

Voici d'abord une heureuse application, destinée à rendre visibles certains phénomènes qui, par leur nature, échappent à nos sens. Un gros diapason (fig. 116) est muni sur l'une de ses branches d'un petit miroir léger, participant à tous ses mouvements; ce miroir reçoit un rayon solaire qui se réfléchit, et vient rencontrer un second miroir que nous supposerons d'abord immobile. Là il subit une nouvelle réflexion qui le dirige finalement sur un écran, où

Fig. 116. — Courbe lumineuse représentant le mouvement vibratoire d'un diapason.

il dessine une petite image lumineuse. Le diapason est-il mis en vibration, le rayon incident l'accompagne dans tous ses mouvements et l'image exécute sur l'écran des excursions dont l'amplitude est nécessairement amplifiée. Enfin, si les vibrations sont assez rapides, l'image se transforme en une bande lumineuse verticale et immobile; jusqu'ici nous n'avons fait que reproduire sous une autre forme l'expérience bien connue du charbon incandescent tournant en fronde autour d'une ficelle.

Mais pendant que le diapason vibre, déplaçons brusquement le miroir fixe, dans un sens horizontal, le phénomène prend aussitôt un tout autre aspect. Le trait lumineux, d'abord assujetti à se mouvoir verticalement, est maintenant entraîné en même temps dans une direction horizontale. De sorte que l'image oscillante, au lieu de décrire une simple ligne droite, produit une courbe sinueuse d'une admirable netteté.

Le lecteur a déjà rapproché les résultats de cette expérience de ceux que nous avons mentionnés (page 245) en parlant du tracé graphique des mouvements vibratoires; la cause première en est en effet la même. Ils diffèrent seulement par la nature des procédés employés et la courbe lumineuse pourrait servir, aussi bien que le tracé graphique, à déterminer le nombre et la forme des vibrations.

La méthode optique a pris entre les mains de M. Lissajoux une importance d'une grande valeur scientifique, en permettant de déterminer, avec une rigueur absolue, l'intervalle musical de deux sons simultanés. M. Lissajoux fixe les deux miroirs sur les branches de deux diapasons dont l'un est vertical, l'autre horizontal; de sorte que le rayon lumineux, forcé d'obéir aux mouvements périodiques des deux corps en vibration, décrit une courbe fermée dont la forme est intimement liée au rapport qui existe entre le nombre relatif des vibrations des deux diapasons. La figure 117 montre quelques-unes de ces élégantes figures pour les intervalles musicaux les plus simples.

Montrons encore quelques intéressantes applications de la persistance de l'impression lumineuse. Reprenons comme exemple un corps animé d'un mouvement rapide, tel qu'un disque à secteurs colorés de Newton. La superposition des images qui se peignent au fond de l'œil nous empêche, on le sait, de percevoir la forme des dessins disposés à sa surface; on peut, cependant, par un artifice très simple, donner à l'appareil, pendant sa rotation, l'apparence de l'immobilité. Il suffit de le placer dans l'obscurité et de l'éclairer durant un temps assez court pour qu'il n'ait pas le temps de se déplacer sensiblement ; une étincelle électrique convient très bien pour produire cet éclairage instantané. Malgré la durée inappréciable de l'éclairage, l'œil reçoit une impression assez persistante pour nous permettre de distinguer les principaux détails du disque en mouvement.

Fig. 117. — Représentation optique des intervalles musicaux.
1. Unisson. — 2. Octave. — 3. Quinte. — 4. Tierce.

Imaginons maintenant que les étincelles électriques se succèdent périodiquement à des intervalles réguliers, égaux au temps employé par le disque pour faire un tour complet : celui-ci se trouvera éclairé d'une façon intermittente, mais chaque étincelle le rencontrant toujours dans la même position, il paraîtra encore dans une immobilité complète et nous le verrons d'une manière permanente.

Si les étincelles se succèdent *un peu plus lentement* que le mouvement du disque, l'éclairage sera un peu en retard sur chaque révolution, les secteurs sembleront alors marcher avec lenteur dans le sens du mouvement réel; si, au contraire, elles se produisent *un peu plus rapidement*, l'éclairage sera en avance et le disque semblera rebrousser chemin avec une vitesse plus ou moins grande, selon que le désaccord sera plus ou moins prononcé.

Cette curieuse expérience peut être réalisée de plusieurs manières : l'emploi des étincelles électriques est peu commode, sauf quelques cas spéciaux, à cause de la difficulté de régler les intermittences. Voici un moyen qui se recommande par sa simplicité. L'appareil nécessaire peut être facilement construit par tout le monde. Prenons un disque de carton blanc traversé par un axe en fil de fer, autour duquel il puisse tourner librement. Ce disque est percé, sur une circonférence, d'ouvertures équidistantes en nombre quelconque, supposons qu'il y en ait dix. Mettons-nous enfin devant une glace et regardons l'image réfléchie du disque en plaçant l'œil derrière une des ouvertures.

Si l'on imprime à l'appareil un mouvement de rotation, l'image des ouvertures paraîtra toujours en repos, quelle que soit la rapidité du mouvement; cela doit être, puisque les ouvertures qui passent successivement devant notre œil nous permettent de voir le disque chaque fois qu'il s'est déplacé d'un dixième de tour, c'est-à-dire quand il occupe des positions en apparences identiques.

Perçons maintenant sur le même disque deux autres rangées de trous, l'une de onze, l'autre de neuf, et regardons toujours à travers une des ouvertures de la première série, nous assisterons alors à un curieux spectacle. Tandis que la rangée de dix restera toujours immobile, celle de onze paraitra marcher lentement dans le sens du mouvement réel, et celle de neuf semblera rebrousser chemin avec une vitesse égale.

Un dernier mot sur une illusion du même ordre, mais dans laquelle le phénomène est pour ainsi dire renversé. Nous venons de réduire à l'immobilité apparente des objets en mouvement. On peut, en modifiant un peu la méthode, donner une sorte d'animation à des images immobiles.

Considérons un homme occupé à un exercice quelconque, un sauteur à la corde, par exemple, et supposons qu'il fasse régulièrement un saut par seconde ; supposons, de plus, qu'il soit éclairé dix fois en une seconde par de la lumière intermittente. Nous continuerons à le voir d'une manière permanente, mais il est évident qu'il nous apparaîtra à chaque dixième de seconde dans une phase différente de son mouvement. L'œil percevra donc dix impressions dissemblables dont la succession régulière éveillera en nous l'idée réelle du mouvement.

On conçoit enfin que l'on puisse obtenir par le dessin dix portraits de notre acrobate correspondant chacun à une

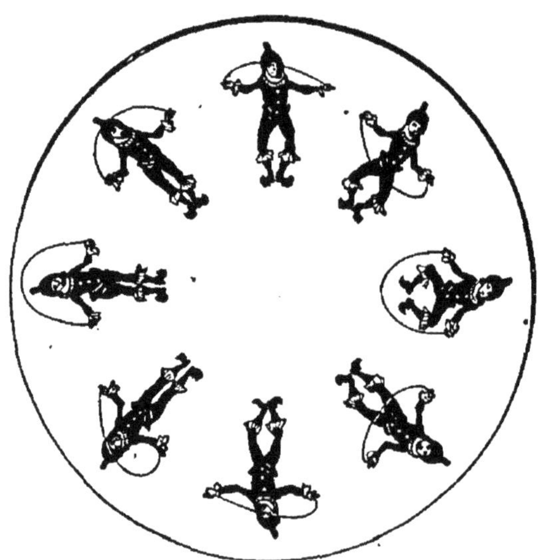

Fig. 118. — Disque du phénakisticope.

des périodes de son exercice ; c'est ce que l'on a fait dans le dessin de la figure 118. Si nous parvenons à présenter devant les yeux les dix images en une seconde, l'effet produit sera le même que si nous regardons directement le sauteur de corde; nous verrons une image unique qui nous paraîtra animée.

M. Plateau a donné une forme saisissante à cette expérience à l'aide d'un ingénieux appareil qui a reçu le nom un peu barbare de *phénakisticope*[1]. Deux disques de carton (fig. 119) sont assujettis sur un même axe ; sur l'un

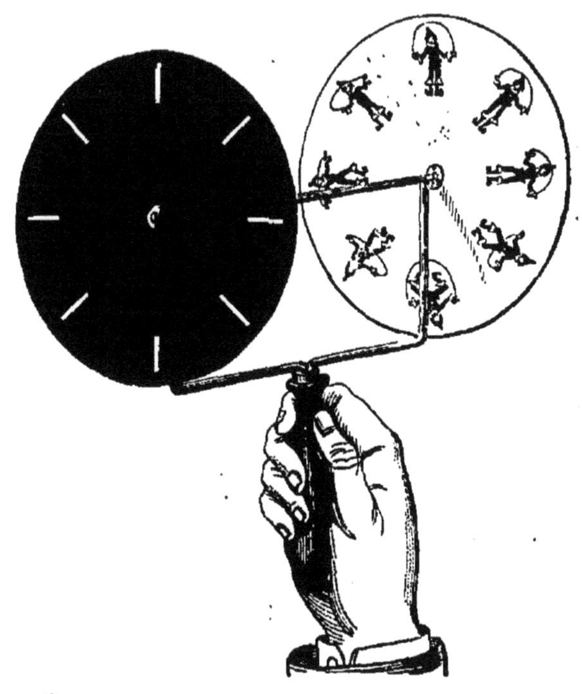

Fig. 119. — Le phénakisticope.

sont collés, à des distances égales, les dessins représentant les diverses phases du sujet; l'autre est percé d'un égal nombre de fentes dirigées suivant les rayons du cercle. Pendant que l'on fait tourner le système avec rapidité, on regarde à travers une des fentes les images qui se présentent successivement à l'œil; on éprouve alors l'impression d'un dessin unique qui semble animé d'un mouvement réel.

1. Cette expression bizarre a pour étymologie deux mots grecs dont l'un, φέναξ, signifie *trompeur;* le second, σκοπεῖν, signifie *voir.*

On donne souvent aujourd'hui à cet instrument une forme un peu différente : les dessins sont disposés dans l'intérieur d'un cylindre creux mobile autour d'un axe vertical ; on les observe à travers des fentes pratiquées sur les parois du cylindre. Plusieurs personnes peuvent ainsi voir simultanément le phénomène.

Nous sommes loin d'avoir épuisé l'étude de tous les faits qui se rattachent à la vision ; il nous resterait encore à décrire de nombreuses propriétés de l'œil, à montrer comment il apprécie la distance, la grandeur, la couleur des corps ; à rendre compte d'une foule de curieuses illusions, à faire voir comment l'habitude et l'éducation de l'organe nous aident à les rectifier ; à signaler même des vices de construction manifestes dans un instrument d'une si grande perfection ; mais nous ne saurions insister plus longuement sur ce sujet. Nous souhaitons d'avoir assez vivement excité la curiosité du lecteur pour lui inspirer le désir d'approfondir une question que nous n'avons pu qu'ébaucher.

XV

LA LUMIÈRE ET LA VIE

Relations des êtres vivants avec l'atmosphère. — Développement des végétaux. — Activité de la lumière. — Solidarité des plantes et des animaux. — Fleurs héliotropes. — Sommeil des feuilles. — Horloge de Flore. — La lumière et les animaux. — Les races humaines. — Les animaux aveugles. — La lumière et la pensée.

Les poètes de tous les âges ont admis instinctivement une intime corrélation entre la lumière et la vie. Leur imagination pouvait-elle longtemps méconnaître ce saisissant contraste que nous offre la nature vivement illuminée des contrées tropicales, comparée à la triste monotonie des sombres régions polaires? D'un côté une luxuriante végétation, des arbres gigantesques, des fleurs aux brillantes corolles exhalant de suaves parfums, des oiseaux au plumage éclatant, des milliers d'animaux enfin se disputant leur place sur cette terre privilégiée ; de l'autre, une flore pauvre et languissante, quelques humbles végétaux rampant à la surface du sol, de rares animaux pâles et indolents, oubliés par la nature dans ces régions désertes. Depuis l'origine du monde, la lumière, dit Buchner, est restée la compagne assidue de la vie. Ce que pressent le sentiment du poète, l'œil du naturaliste le reconnaît et le voit, et la science, qui travaille et cherche toujours, affirme comme une incontestable vérité ce qui, pendant longtemps, a été une simple intuition.

Les premières observations sérieuses relatives à cette question datent d'un siècle tout au plus. Bonnet, Priestley, Ingenhousz, firent tour à tour à cet égard d'importantes découvertes; leurs recherches incomplètes avaient à peine pris rang dans la science, que le génie de Lavoisier leur assignait leur véritable caractère. « Les expériences qui ont été faites sur la végétation, dit-il, donnent lieu de croire que la lumière se combine avec quelques parties des plantes, et que c'est à cette combinaison qu'est due la couleur verte des feuilles et la diversité de couleur des fleurs. Il est au moins certain que les plantes qui croissent dans l'obscurité sont étiolées, et qu'elles sont absolument blanches; qu'elles sont dans un état de langueur et de souffrance, et qu'elles ont besoin, pour reprendre leur vigueur naturelle et pour se colorer, de l'influence immédiate de la lumière.

« On observe quelque chose de semblable sur les animaux eux-mêmes; les hommes, les femmes, les enfants s'étiolent jusqu'à un certain point dans les travaux sédentaires des manufactures, dans les logements resserrés, dans les rues étroites des villes. Ils se développent au contraire et acquièrent plus de force et de vie dans la plupart des occupations champêtres et dans les travaux qui se font en plein air.

« L'organisation, le sentiment, le mouvement spontané, la vie, n'existent qu'à la surface de la terre et dans les lieux exposés à la lumière. On dirait que la fable du flambeau de Prométhée était l'expression d'une vérité philosophique qui n'avait point échappé aux anciens. Sans la lumière la nature était sans vie, elle était morte et inanimée : un Dieu bienfaisant, en apportant la lumière, a répandu sur la surface de la terre l'organisation, le sentiment et la pensée. »

La vie végétale est liée à l'action de la lumière par des connexions beaucoup plus étroites que la vie animale. L'homme peut à la rigueur se passer de lumière sans souffrir de cette privation d'une manière dangereuse. Bien des industries condamnent leurs ouvriers à passer la plus grande partie de leur vie dans des lieux que le soleil ne visite jamais, et cependant il n'est pas rare de trouver chez ces ouvriers, aussi bien que chez les vigoureux paysans de nos campagnes, de véritables types athlétiques, lorsque l'intempérance et la débauche ne viennent pas ébranler leur santé.

Il ne faudrait pas conclure de là que la lumière soit absolument inutile à l'évolution de la vie animale ; elle joue, au contraire, un rôle d'une haute importance et qui ne saurait être méconnu, mais elle intervient dans bien des cas d'une manière pour ainsi dire secondaire, et cela d'autant plus que l'être vivant occupe un rang plus élevé dans l'échelle zoologique. Pour les végétaux, au contraire, la lumière est la cause première de leur existence. Soustraites à cet agent d'une nécessité absolue, les plantes s'étiolent et meurent d'inanition, comme un animal privé de nourriture.

Priestley fit le premier une observation d'un intérêt fondamental : ayant exposé aux rayons du soleil un vase de verre rempli d'eau pure, il vit, au bout de quelques jours, le fond du vase se recouvrir d'une vase verte, tandis que la même eau, conservée dans l'obscurité, restait limpide sans donner lieu à aucune production colorée. Cette vase, désignée souvent encore aujourd'hui sous le nom de *matière verte de Priestley*, offre à l'œil du micrographe le plus merveilleux spectacle : elle est formée de tout un petit monde d'êtres infiniment petits. Les uns, immobiles, possèdent tous les attributs de la végétation, d'autres s'agitent dans le liquide, comme le feraient des êtres animés. A vrai dire, il serait bien difficile de se prononcer sur leur nature d'après ces simples apparences, tant les deux règnes tendent à se confondre à l'origine dans leurs représentants les plus rudimentaires. Peu nous importe pour le moment : animaux ou végétaux, leurs germes, disséminés dans l'air ou nageant au sein de l'eau, viennent de recevoir de la lumière l'impulsion indispensable à leur évolution.

Une fois développés, ces êtres microscopiques conservent avec la lumière d'incessantes relations, mais en même temps s'accentue leur manière de vivre selon le groupe auquel ils appartiennent. C'est surtout dans leurs rapports avec l'atmosphère que l'on voit se dessiner des différences caractéristiques ; ils vivent tous à ses dépens ; ils puisent parmi ses éléments la source de la vie, et cependant ils exercent sur cette atmosphère des actions dia-

Fig. 120. — Infusoires microscopiques de la matière verte de Priestley.

métralement opposées. Ce que fait l'animal, le végétal le détruit, ce qui est nuisible à l'un devient pour l'autre l'agent vivifiant, et, au milieu de ces transformations continuelles, la matière subit, en devenant vivante, les lois que lui imposent la chaleur et la lumière émanées du soleil.

L'air que nous respirons est un mélange de plusieurs gaz, en proportions fort inégales ; l'oxygène et l'azote en forment la partie essentielle ; il contient, de plus, de la vapeur d'eau, de l'acide carbonique et un grand nombre de substances dont le rôle est beaucoup moins connu. L'air, supposé sec, renferme environ le cinquième de son volume d'oxygène et les quatre cinquièmes d'azote. L'oxygène est, pour tous les êtres de la création, l'élément vital par excellence ; sans lui, pas de vie possible, et cette propriété physiologique d'entretenir tout mouvement vital est corrélative d'une importante propriété chimique, celle d'entretenir la combustion.

La vie s'éteint comme la flamme dans une atmosphère dépourvue d'oxygène. Quant à l'azote, il joue dans ce mélange un rôle purement passif; il doit être considéré comme un gaz inerte, destiné à modérer la trop grande activité de l'oxygène.

Enfin, l'acide carbonique n'entre que pour quelques dix-millièmes dans la constitution de l'atmosphère ; dix mille litres d'air en contiennent en moyenne 5 à 6 litres seulement, et cependant, ce gaz exerce, malgré sa faible proportion, un rôle immense dans les phénomènes de la nature.

Les animaux consomment, dans l'acte respiratoire, d'énormes quantités d'oxygène. Ce gaz, introduit dans le sang par l'intermédiaire des poumons, s'y combine avec ses matériaux et se transforme finalement en eau et en acide carbonique qui sont exhalés dans l'atmosphère. Il y a là un échange continuel de produits gazeux dont la conséquence est de diminuer sans cesse la proportion de l'oxygène de l'air et d'augmenter, dans le même rapport, celle de l'acide carbonique. Remarquons, en passant, que ce dernier gaz est impropre à la respiration et qu'une atmosphère devient mortelle pour l'homme et les animaux dès qu'elle en contient plus de quelques centièmes.

Les végétaux ont avec l'atmosphère des relations beaucoup plus compliquées. Priestley observa le premier, en 1772, un fait du plus haut intérêt, qui fit une immense sensation à l'époque de sa découverte : de nombreuses expériences lui permirent d'affirmer que les plantes, loin de vicier l'air comme le font les animaux, sont au contraire capables de le purifier et de lui rendre ses propriétés primitives, quand il a été altéré par la respiration. Il n'hésita pas à voir dans ces actions opposées des plantes et des animaux la cause la plus puissante de l'homogénéité permanente de l'atmosphère. Mais l'observation de Priestley reste isolée ; s'il en prévoit les conséquences, il s'inquiète peu de l'origine du phénomène ; la gloire de compléter cette découverte était réservée à un savant hollandais, Ingenhousz, qui démontra que la lumière est l'agent indispensable de cette purification.

Voici une expérience bien simple, facile à réaliser, résumant celles d'Ingenhousz et de ses devanciers. Dans un grand flacon de verre rempli d'eau ordinaire, ou mieux d'une faible dissolution d'acide carbonique, on introduit des feuilles vertes; un tube recourbé, ajusté sur le goulot du flacon, permet de recueillir sous une cloche les gaz qui peuvent se dégager.

L'appareil est-il exposé aux rayons du soleil, on voit aussitôt se former, à la surface des feuilles, de fines bulles, semblables à des perles, qui ne tardent pas à s'élever au sein du liquide et à se réunir dans la cloche; mais dès que la lumière cesse d'agir, tout dégagement gazeux s'arrête.

On peut ainsi, en plaçant alternativement l'appareil à l'ombre ou au soleil, provoquer ou interrompre à volonté le développement des bulles gazeuses. Quant au gaz recueilli sous la cloche pendant l'action des rayons solaires, il est aisé d'en reconnaître la nature : il rallume une allumette présentant un point en ignition; c'est là une des propriétés caractéristiques de l'oxygène.

Cette expérience, variée de mille manières, donne toujours les mêmes résultats : elle réussit aussi bien dans l'air que dans l'eau, avec toutes les espèces de végétaux, pourvu qu'on opère sur des parties vertes. Ainsi, sous l'influence de la lumière, la végétation verse toujours dans l'atmosphère d'énormes quantités d'oxygène; mais d'où vient ce gaz? Il n'est évidemment pas créé par la plante, et puisqu'il constitue une matière simple, il ne peut provenir que de la destruction d'un corps composéoxygéné. Senebier, pasteur à Genève, a définitivement résolu le problème en montrant que l'acide carbonique de l'air est la matière première d'où dérive cet oxygène. Après lui, bien des savants ont étudié la question sous toutes ses faces, leurs recherches ont mis hors de doute l'affirmation de Senebier.

L'acide carbonique, si réfractaire aux agents de nos laboratoires, se dissocie en ses deux éléments sous l'influence d'une chétive feuille, aidée par l'action de la lumière; l'oxygène est rendu à l'atmosphère; quant au carbone, il pénètre dans le végétal dont il forme pour ainsi dire la charpente. Le bois, la sève, les gommes, les essences odorantes, ces mille produits que les plantes nous fournissent à profusion, ont au nombre de leurs éléments fondamentaux ce même carbone que les animaux rejettent par leurs organes respiratoires, et cette circulation continue de la matière est l'œuvre des rayons du soleil.

Est-il rien de plus admirable que cette étroite solidarité, unissant par des liens intimes toutes les créations de la nature? Isolés à la surface du globe, la plante comme l'animal finiraient par épuiser tôt ou tard l'abondante source de vie répandue autour d'eux, mais leurs actions opposées se contrebalancent sans cesse et conservent à l'atmosphère ses propriétés vivifiantes. Remarquons enfin que le règne animal tout entier emprunte aux végétaux sa nourriture; ces aliments, la plante les prépare avec la collaboration de la lumière, de sorte que la vie des animaux est elle-même sous la dépendance absolue de la radiation solaire.

On devait se demander si les rayons de diverses couleurs intervenaient pour une égale part dans ces phénomènes physiologiques. La décomposition de l'acide carbonique par les feuilles semble, en effet, jusqu'à un certain point, comparable aux actions chimiques exercées par la lumière sur la plupart des substances photogéniques; on pouvait donc attribuer, *à priori*, aux rayons bleus et violets une influence prépondérante.

L'expérience a montré cependant que les choses se passent d'une manière toute différente : contrairement à la prévision, les rayons jaunes et orangés semblent avoir le privilège exclusif d'effectuer cette décomposition, tandis que la lumière violette ou bleue est inactive comme l'obscurité. Ce fait est aujourd'hui confirmé par de nombreuses recherches; ne pourrait-il pas servir à comprendre cette végétation frêle et languissante qu'on observe à l'ombre des forêts? Déjà affaiblie par son passage à travrs les feuilles, l'activité de la lumière est encore diminuée par ses nombreuses réflexions sur des surfaces vertes.

Telle est, dans ses traits les plus essentiels, le rôle immense que la lumière exerce sur la vie des plantes ; mais là ne se borne pas son influence : si on pénètre dans les détails, on la voit intervenir dans toutes les phases de leur développement et accomplir mille actions des plus remarquables. Toutes les couleurs dont se parent les végétaux, depuis la fraîche verdure de leur feuillage jusqu'à l'éblouissant éclat de leurs corolles, ont avec les rayons lumineux les rapports les plus intimes. Placée dans un lieu obscur, une plante pousse des rameaux pâles et décolorés ; ses fleurs, si elle a la force d'en produire, sont rabougries et sans éclat. Qu'on lui rende au contraire l'excitation bienfaisante du soleil, elle renaît aussitôt ; à cette langueur maladive succède la vigueur de la santé, les feuilles puisent dans ce bain de lumière l'aliment de leur couleur, et les fleurs ne tardent pas à revêtir leur riche livrée.

Ce qui est vrai des couleurs l'est aussi des saveurs et des parfums. Les fruits les plus savoureux, les condiments aromatiques, les substances à odeurs vives, nous viennent des régions du globe que le soleil inonde de ses rayons. La végétation des montagnes ou des lieux très éclairés donne des produits mieux élaborés que celle des plaines ou des endroits obscurs. L'agriculture a, de temps immémorial, tiré instinctivement profit de cette activité de la lumière pour modifier à son gré les végétaux destinés à nous servir d'aliments.

Tantôt le jardinier étale en espalier les branches de ses arbres dans le but d'utiliser le moindre rayon de soleil ; d'autres fois il enfouit dans le sol ou recouvre d'abris opaques les plantes dont il veut atténuer la saveur trop prononcée. Souvent même il parvient, par la culture, à modifier les propriétés naturelles d'une espèce végétale et à l'approprier ainsi aux exigences de nos goûts et de nos caprices. Dans un grand nombre de plantes potagères, par exemple, telles que les diverses variétés de choux, certaines salades, etc., un développement exubérant des feuilles protège les parties centrales contre l'action de la lumière ; de là résulte un étiolement, un véritable état pathologique qui les rend propres à notre alimentation.

Il est un autre mode d'action de la lumière qui ne pouvait échapper à l'attention des poètes, encore moins à celle des naturalistes : dans toutes ses manifestations, la vie des plantes trahit un amour instinctif pour la lumière ; le végétal semble la chercher et la suivre dès que la clarté du jour succède aux ténèbres de la nuit.

Les noms de Tournesol, d'Héliotrope, rappellent les curieuses facultés que possèdent certaines fleurs de suivre le soleil dans sa marche diurne. Beaucoup d'espèces végétales présentent à des degrés divers cette singulière propriété, mais il n'en est pas de plus remarquable sous ce rapport que le Grand Soleil (Helianthus annuus), devenu célèbre par la régularité de ses mouvements. Ses larges têtes fleuries s'inclinent vers l'orient le matin, dès le lever de l'astre, et le regardent toujours en face jusqu'à ce qu'il disparaisse à l'occident.

Ces mouvements mécaniques sont plus surprenants encore quand on examine individuellement les divers organes des végétaux. Tout le monde connaît cette gracieuse petite plante à qui son extrême irritabilité a valu le nom de *sensitive*. Ses folioles, largement étalées au soleil, ne peuvent souffrir le moindre attouchement sans réagir vivement contre la cause qui trouble leur repos ; elles se ferment brusquement comme pour témoigner de leur inquiétude et s'ouvrent lentement quelques instants après, lorsque le calme s'est rétabli autour d'elles.

Ces mouvements ne sont pas l'œuvre exclusive des excitations mécaniques, l'obscurité les produit avec tout autant d'énergie et d'une manière plus durable. La sensitive s'endort aussitôt que le soleil s'abaisse à l'horizon ; ses pétioles rabattus sur la tige, ses folioles pressées l'une vers l'autre lui donnent l'aspect d'une herbe à moitié desséchée, mais dès que le jour reparaît, elle s'éveille, s'épanouit de nouveau et semble renaître à la vie.

La lumière artificielle se comporte à cet égard comme la clarté du jour, pourvu qu'elle soit assez intense; on parvient même aisément à changer les habitudes de la plante en la plaçant dans une pièce obscure, éclairée pendant la nuit seulement. Elle se fait en peu de temps à ce nouveau régime; on la voit alors ouvrir ses feuilles le soir et les fermer le matin quand commence pour elle cette nuit artificielle.

Fig. 121. — Feuille de sensitive.

Le sommeil des feuilles est un phénomène très commun chez les végétaux, bien qu'il soit rarement aussi accentué que dans la sensitive. La plupart des plantes de la famille des légumineuses en fournissent des exemples; on peut l'observer journellement dans les acacias de nos jardins, sur les baguenaudiers, les trèfles, les mélilots, etc. Toutefois ces mouvements n'ont rien de constant dans leur direction; on constate, au contraire, chez ces diverses plantes, toutes les variétés imaginables. Tantôt les feuilles s'abaissent ou se couchent sur la tige, d'autres fois elles se relèvent et l'enveloppent; dans certains cas les folioles tournent l'une vers l'autre leur face supérieure, dans d'autres elles s'affaissent sur le pétiole et se regardent dos à dos.

Les fleurs ont, comme les feuilles, leurs heures de veille et de sommeil; mais ici, l'on observe des effets de la plus étrange diversité. Si un grand nombre de plantes fleurissent indistinctement à toute heure du jour et paraissent indifférentes sous ce rapport à l'intensité de la lumière, il en est d'autres dont les corolles s'épanouissent à des heures à peu près fixes, et sur lesquelles la hauteur du soleil exerce certainement une large influence.

Tantôt la fleur s'ouvre aux premiers rayons de l'aurore et se referme le soir; puis, après le repos de la nuit, elle s'étale de nouveau et recommence pendant plusieurs jours ces alternatives de veille et de sommeil. D'autres, comme le liseron, la belle-de-nuit, étalent leur élégante corolle à la tombée de la nuit et se flétrissent pour toujours aux premières atteintes de la lumière; d'autres enfin s'épanouissent à heure presque fixe, et l'heure de leur réveil semble déterminée par la nature.

Linné avait groupé un certain nombre de plantes d'après les heures auxquelles s'épanouissent leurs fleurs et formé ce qu'il appelait l'*horloge de Flore*. Il est presque inutile d'ajouter qu'il ne peut rien y avoir d'absolu et d'invariable dans ces propriétés encore inexpliquées. En admettant même un rapport constant entre l'intensité lumineuse et le moment de la floraison, il est facile de voir que l'horloge de Linné devra avoir une marche particulière pour chaque climat. Telle fleur qui s'épanouit au Sénégal dès six heures du matin sera encore fermée à huit heures sous le ciel de Paris et s'ouvrira plus tard encore à des latitudes plus élevées.

Tous ces faits démontrent de la manière la plus évidente les relations immédiates qui rattachent la vie végétale à l'activité lumineuse : que les parties vertes répandent dans l'atmosphère de l'oxygène à profusion; que le carbone pénètre dans le tissu des plantes pour y former le bois, les racines, les sucres, les essences odorantes; que les fleurs, les feuilles et les fruits se nuancent de mille couleurs; que les brillantes corolles resserrent ou épanouissent leurs délicates membranes, tous ces phénomènes sont l'œuvre de la lumière.

Si le soleil perdait tout à coup son éclat, pour ne lancer sur notre globe que des rayons calorifiques obscurs, la végétation disparaîtrait en même temps que la lumière; tout au plus resterait-il encore quelques-unes de ces espèces rudimentaires, placées si bas dans l'échelle des êtres que nous osons à peine leur donner le nom de plantes.

Les animaux n'échappent pas à l'influence de la lumière. Il faut pourtant le reconnaître, elle n'est pas pour eux, comme pour les végétaux, une condition indispensable d'existence. L'animal possède à un degré très élevé la faculté de réagir contre les agents extérieurs et de se plier aux conditions les plus variables. L'homme vit indistinctement sous tous les climats : de l'équateur aux pôles, on trouve des populations saines et vigoureuses. Un grand nombre d'espèces animales sont également remarquables par leur aptitude à s'accommoder des climats les plus disparates.

D'un autre côté, il est difficile, au milieu des éléments si nombreux et si mobiles, qui tous ont un rôle essentiel dans les phénomènes de la vie, d'isoler la part qui revient aux rayons lumineux. Quand on cherche à diminuer ou à exagérer leur action, pour en étudier les effets, interviennent des conditions nouvelles dont l'ensemble, en apportant des modifications profondes dans l'accomplissement des fonctions vitales, masque toujours plus ou moins l'activité spéciale de la lumière.

On a souvent comparé, au point de vue de l'hygiène, la prospérité des populations de la campagne, vivant dans un milieu constamment inondé de lumière, avec l'état misérable de ces malheureux, condamnés à passer leur existence dans des réduits obscurs où ne pénètrent presque jamais les rayons du soleil. D'un côté, une santé robuste, la force et l'agilité, un développement rapide, une longévité remarquable ; de l'autre l'indolence, mille difformités, une vie chétive et languissante, toujours menacée par la maladie et la mort. Il faut remarquer cependant que l'absence de lumière n'est pas seule justiciable de cette inégalité : ces demeures, que le soleil ne visite jamais, sont presque toujours froides et humides ; les privations de toute nature, la misère, et, trop souvent le vice, sont le triste partage des infortunés qui les habitent.

Malgré la difficulté d'aborder expérimentalement une pareille étude, les recherches de plusieurs physiologistes ont démontré d'une manière irrécusable l'action de la lumière sur la vie animale. Edwards a fait voir que des œufs de grenouille se développent facilement sous l'influence des rayons lumineux, tandis que leurs embryons restent à l'état rudimentaire, quand les œufs sont conservés dans l'obscurité. La même expérience, répétée sur des têtards, a montré que la lumière favorise leurs métamorphoses, tandis que l'obscurité les ralentit où les arrête.

Plus récemment, M. Béclard a signalé des faits du même ordre sur le développement des œufs de la mouche ordinaire. Signalons encore les expériences de M. Moleschott sur des grenouilles adultes : d'après les recherches de ce savant, la proportion d'acide carbonique exhalé par la peau de ces animaux serait en relation avec l'intensité lumineuse. La lumière exerce donc une influence directe sur les fonctions vitales : elle les excite, tandis que l'obscurité les ralentit.

La science n'a pu pénétrer plus avant dans les causes encore mystérieuses de cette étroite solidarité ; mais l'observation la moins attentive nous révèle à chaque instant, par mille exemples saisissants, le rôle puissant de la lumière dans les phénomènes de la vie.

La lumière, a-t-on dit, est le grand coloriste de la nature ; les mammifères et les oiseaux des régions tropicales sont tous remarquables par la vivacité de leurs couleurs ; dans les contrées polaires, au contraire, leur pelage décoloré semble se mettre en harmonie avec le milieu qui les entoure. Les reptiles, les insectes, les mollusques même, n'échappent pas à cette influence : la lumière dont ils s'abreuvent reparaît dans leur parure sous mille formes éblouissantes.

L'homme ne reste pas indifférent à l'excitation des rayons solaires. Il est presque inutile d'insister sur les modifications que la lumière fait subir à nos organes : le teint hâlé du campagnard contraste singulièrement avec la pâleur habituelle de l'habitant des villes. Les mains, le visage, constamment exposés à l'action de la lumière, acquièrent par cela même une coloration plus foncée. On ne saurait attribuer ces effets à la chaleur qui accompagne habituellement la lumière, car beaucoup d'ouvriers, condamnés par leur profession à subir l'action presque continue d'une température élevée, conservent la blancheur de leur peau malgré la chaleur excessive qui agit sur leur corps.

Une vive insolation peut, dans certains cas, donner lieu à une inflammation légère de la peau désignée sous le nom de coup de soleil. Ici encore, la chaleur n'est pas l'agent provocateur de cet accident, car beaucoup de personnes en sont atteintes au printemps, par une température relativement douce.

Les rayons violets et ultra-violets sont surtout doués, sous ce rapport, de propriétés énergiques. La lumière de l'arc voltaïque, si riche en rayons très réfrangibles, est d'une activité remarquable. M. Despretz raconte que, sous l'influence d'une lumière produite par une pile de 600 éléments, lui et ses préparateurs ont eu la figure brulée comme par un fort coup de soleil.

La part des rayons ultra-violets dans cette action est mise en évidence par une observation de M. Brown-Sequard : il suffit, d'après ce savant de tamiser la lumière de l'arc voltaïque à travers une plaque de verre d'urane pour absorber les rayons les plus réfrangibles, et la priver ainsi de son action irritante.

On s'est demandé si l'influence longtemps prolongée des rayons solaires n'intervenait pas dans la coloration de la peau chez les diverses races humaines. On a remarqué, il est vrai, que la peau du nègre subit, comme celle des

Européens, des variations dans sa couleur selon l'intensité de la lumière : elle devient plus noire après une longue insolation.

Il est peu probable cependant qu'une pareille cause puisse expliquer des modifications profondes et permanentes, caractéristiques des diverses races. Dans les contrées méridionales de l'Afrique, où se trouvent des populations indigènes nègres, les Arabes et les Kabyles, qui appartiennent à la race blanche, ont conservé, depuis les temps historiques, leurs allures habituelles; leur teint, seulement basané, diffère entièrement de celui des races nègres proprement dites.

De tous nos organes, le plus vivement impressionné par la lumière est celui de la vision. Il ne s'agit plus ici de l'aptitude spéciale de l'œil à recueillir les impressions lumineuses; abstraction faite de ses fonctions, il est soumis, comme tous nos organes extérieurs, à l'influence directe de la radiation solaire; plus que tous les autres il en subit les effets. Un éclairage trop vif le surexcite et le fatigue.

Combien de voyageurs n'ont-ils pas eu à souffrir de l'éclatante réverbération de la neige dans une plaine inondée de lumière. Rien n'est plus dangereux pour l'œil que le passage brusque d'une obscurité profonde à un éblouissant éclairage. Un des supplices imaginés par la barbarie de Denys le Tyran consistait, dit-on, à introduire dans une chambre vivement éclairée des prisonniers enfermés depuis longtemps dans de sombres souterrains : la violence du contraste suffisait pour les rendre aveugles.

Le développement des yeux est ordinairement en harmonie avec le degré d'excitation qu'ils reçoivent de la lumière. La nature fournit de nombreux exemples d'animaux aveugles, ou pourvus d'yeux rudimentaires, incapables d'exercer leurs fonctions naturelles : tous habitent des régions inaccessibles aux rayons du soleil.

Un des plus curieux sous ce rapport est le *protée* des mares souterraines de la Carniole : ce singulier reptile, presque décoloré, possède des yeux atrophiés, sans utilité pour l'animal. Il en est de même d'un grand nombre de poissons et de crustacés qui habitent les lacs souterrains de l'Amérique du Nord. On trouve chez quelques mammifères inférieurs des anomalies du même genre, toujours en rapport avec leur genre de vie.

Ces modifications profondes, dans un organe aussi essentiel, ont justement excité l'étonnement des naturalistes. Pour expliquer un fait aussi curieux, les uns se bornent à admettre que la nature a créé tous nos organes en vue d'une fonction spéciale : pourquoi alors aurait-elle donné des yeux à des animaux condamnés à passer leur vie dans une nuit éternelle?

D'autres considèrent les organes comme le résultat même de l'action des agents extérieurs. Pour les savants de cette école, l'œil serait, pour ainsi dire, l'œuvre de la lumière ; le protée, comme les autres animaux aveugles, n'aurait pas toujours vécu dans l'obscurité où ils sont aujourd'hui relégués; l'organe de la vision, développé chez eux quand ils subissaient l'action de la lumière, aurait disparu peu à peu, par une longue privation de l'excitation lumineuse.

Nous ne saurions aborder la discussion de ces idées philosophiques sans toucher aux questions les plus délicates et les plus controversées des sciences biologiques. Bien que la plupart des faits connus semblent donner raison à la seconde hypothèse, il serait imprudent, dans l'état actuel de nos connaissances, de la considérer encore comme l'expression d'une vérité absolue. Nous nous bornerons à signaler à ce propos une observation inattendue, embarrassante pour la science, dont les doctrines précédentes sont l'une et l'autre impuissantes à donner l'interprétation.

Dans un récent voyage scientifique autour du monde[1], la corvette anglaise *Challenger* a sondé les abîmes de l'Océan, et fait connaître un grand nombre d'animaux et de plantes

1. Voyez *Revue des Deux Mondes*, 1874; *Voyage scientifique de la corvette anglaise* Challenger, par Charles Martins.

vivant à des profondeurs considérables. Au grand étonnement des naturalistes, des étoiles de mer, des oursins, des mollusques aux vives couleurs, ont été retirés de ces régions sous-marines où la lumière ne pénètre jamais. Parmi les crustacés recueillis par la drague, les uns étaient complètement aveugles, comme les écrevisses des profondes cavernes des États-Unis. Ces animaux, vivant dans une obscurité complète, à 3400 mètres au-dessous de la surface éclairée, confirmaient par leur structure les lois généralement admises ; mais, chose plus singulière, la drague du *Challenger* retira un jour d'une profondeur de 3600 mètres deux espèces d'un genre nouveau, remarquables par le développement de leurs yeux. Voilà des organes inutiles, construits avec un luxe inusité, chez des animaux incapables d'en faire usage.

Dans l'état actuel de nos connaissances, des faits aussi contradictoires se dérobent à toute explication. Ces anomalies, qui nous surprennent, sont peut-être une conséquence naturelle des mœurs, encore inconnues, de ces curieux animaux : elles rentreront probablement dans la règle commune le jour où une observation plus attentive nous aura fait connaître les diverses phases de leur existence.

L'activité bienfaisante de la lumière n'a pas seulement pour effet d'agir sur nos organes, d'exercer sur leur développement une salutaire influence : au point de vue intellectuel, bien plus encore qu'au point de vue physique et matériel, l'homme en subit la domination d'une manière irrésistible.

« La pensée, enchaînée et muette dans un endroit obscur, se dégage et s'anime le soir dans une salle éblouissante de clarté. Nous ne pouvons pas éviter les fâcheuses dispositions que provoque un temps sombre et pluvieux, ni résister à l'élan joyeux que donne le spectacle d'une journée radieuse. Il faut ici confesser notre esclavage, aimable servitude, au demeurant, et qui ne nous procure que des douceurs. Et pourquoi ne nous mettrions-nous pas à l'unisson de toutes les choses animées et inanimées, qui, sitôt que la lumière les touche, vibrent, tressaillent et manifestent dans mille langages divers la volupté stimulante et enchanteresse de ce contact? C'est instinctivement et spontanément que nous la recherchons partout, et que nous sommes toujours heureux de la découvrir. Aussi, quel rôle elle joue et quel charme elle introduit dans les œuvres de la poésie et de l'art!

« Ce n'est point ici le lieu de développer ce chapitre attrayant, et presque inédit, de l'esthétique, de montrer, par l'examen des milieux cosmiques et de grands maîtres de toutes les époques, les relations de l'atmosphère et de l'art, non pas d'après un ensemble d'analogies empiriques et de remarques subtiles, mais d'après une sévère physiologie et une rigoureuse optique. Il y aurait là un beau tableau à tracer de ces aspects multiples et variables du ciel et de tous les caprices de l'illumination atmosphérique, dans leur influence sur le physique et le moral des peintres, des poètes et des musiciens[1]. »

1. Fernand Papillon, *La nature et la vie.*

TABLE DES GRAVURES

TABLE DES MATIÈRES

IV. — Réfraction de la lumière.

V. — Le spectre solaire.

VI. — Les couleurs dans la nature.

VII. — L'analyse spectrale.

VIII. — Les rayons invisibles.

IX. — La photographie.

X. — Phosphorescence et fluorescence.

XI. — Nature de la lumière.

1122 — Imprimerie A. Lahure, rue de Fleurus, 9, à Paris.

www.ingramcontent.com/pod-product-compliance
Ingram Content Group UK Ltd.
Pitfield, Milton Keynes, MK11 3LW, UK
UKHW021846190726
13855UKWH00001B/180